EASY RL
强化学习教程

王琦 杨毅远 江季 编著

人民邮电出版社
北京

图书在版编目（CIP）数据

Easy RL ：强化学习教程 / 王琦，杨毅远，江季编著. -- 北京 ：人民邮电出版社，2022.3
ISBN 978-7-115-58470-0

Ⅰ. ①E… Ⅱ. ①王… ②杨… ③江… Ⅲ. ①机器学习—教材 Ⅳ. ①TP181

中国版本图书馆CIP数据核字(2021)第278286号

内容提要

强化学习作为机器学习及人工智能领域的一种重要方法，在游戏、自动驾驶、机器人路线规划等领域得到了广泛的应用。本书结合了李宏毅老师的“深度强化学习”、周博磊老师的“强化学习纲要”、李科浇老师的“世界冠军带你从零实践强化学习”公开课的精华内容，在理论严谨的基础上深入浅出地介绍马尔可夫决策过程、蒙特卡洛方法、时序差分方法、Sarsa、Q 学习等传统强化学习算法，以及策略梯度、近端策略优化、深度 Q 网络、深度确定性策略梯度等常见深度强化学习算法的基本概念和方法，并以大量生动有趣的例子帮助读者理解强化学习问题的建模过程以及核心算法的细节。此外，本书还提供较为全面的习题解答以及 Python 代码实现，可以让读者进行端到端、从理论到轻松实践的全生态学习，充分掌握强化学习算法的原理并能进行实战。

本书适合对强化学习感兴趣的读者阅读，也可以作为相关课程的配套教材。

◆ 编　　著　王　琦　杨毅远　江　季
　责任编辑　郭　媛
　责任印制　王　郁　焦志炜

◆ 人民邮电出版社出版发行　　北京市丰台区成寿寺路 11 号
　邮编　100164　　电子邮件　315@ptpress.com.cn
　网址　https://www.ptpress.com.cn
　涿州市般润文化传播有限公司印刷

◆ 开本：720×960　1/16
　印张：16.75　　　　2022 年 3 月第 1 版
　字数：286 千字　　　2025 年 3 月河北第 15 次印刷

定价：99.90 元

读者服务热线：(010)81055410　印装质量热线：(010)81055316
反盗版热线：(010)81055315

Recommendation 推荐辞

在认识本书编著者之前，我就已经在网络上注意到他们的教程"Easy-RL"，因为"Easy-RL"有部分内容改编自我在台湾大学开授的"深度强化学习"上课视频。当第一次看到"Easy-RL"时，我的第一个想法是：这群人把强化学习的知识整理得真好，不仅有理论说明，还加上了程序实例，同学们以后可以直接读这套教程，这样我上课也就不用再讲强化学习的部分了。很高兴王琦、杨毅远、江季三位编著者能够把"Easy-RL"以图书的形式出版。

——李宏毅，台湾大学副教授

很欣喜三位编著者能整合和升华我与另外两位老师的强化学习公开课资料，编著出这本实用的强化学习入门教程。这本教程专注于强化学习理论与实践相结合，通过生动的例子和动手实践帮助读者深入理解各种算法。以强化学习为代表的机器智能决策是人工智能的重要方向之一，希望未来更多优秀的同学可以通过这本教程和强化学习的公开课，开启自己的研究之旅，实现类似于 AlphaGo 系列的开创性工作。

——周博磊，加利福尼亚大学洛杉矶分校（UCLA）助理教授

还记得我当初自学强化学习的时候，中文资料少之又少，只能去啃国外的教材和论文；后来开设"世界冠军带你从零实践强化学习"这门公开课，也是期望可以为强化学习中文社区添砖加瓦；所以很开心国内的学生能自发地形成这种公开的、系统的强化学习中文入门课程笔记的整理、分享与社区讨论的氛围。看了"Easy-RL"仓库以及编著者发来的这本书第 1 章的内容，我发现这本书不仅是一个笔记合集，编著者有重点地梳理了理论，并配备了难度适中的习题实践和面试题供读者参考。我相信这本书的出版对于刚接触强化学习的学生，以及准备转行的在职人员都会有帮助。非常推荐强化学习初学者阅读它。

——李科浇，飞桨强化学习 PARL 团队核心成员，百度高级研发工程师

王琦、杨毅远和江季三位年轻作者，从自身学习和实践的角度将他们对强化学习基础内容的理解加以汇总，并完善成一本初学者之间交流、互动以及应用强化学习的实战图书。三位年轻作者在开源平台中多次迭代内容，和读者共同建立起了一套化繁为简的、浅显易懂的强化学习思维架构，这种做法很值得借鉴。目前，强化学习还处于高速发展期，正是年轻人施展拳脚的好赛道。这本书为强化学习的初学者和爱好者提供了一份难得的、可快速入门的学习和研究资料，相信读者会从这本书中得到课堂之外、实用之内和兴趣之中的前沿学术成果的应用知识。

——汪军，伦敦大学学院（UCL）计算机科学系教授

近年来，国内的学习者对于强化学习的热情日渐高涨，但是目前缺少一本适合初学者自学的书。这本书正好弥补了这一空白。由于三位编著者都是开源社区 Datawhale 的成员，在这本书开源过程中得到了学习者的反馈，因此这本书更能从学习者的视角行文。全书以简洁的语言介绍强化学习的基础知识以及深度强化学习的内容，让初学者能够以轻快的步伐入门强化学习。

——张伟楠，上海交通大学计算机科学与工程系副教授、博士生导师

强化学习是人工智能的一个重要研究领域，具有潜在的巨大应用价值。以 AlphaZero 为代表的围棋智能突破，也从侧面证明了其解决复杂高维问题的能力。然而强化学习的应用尚处于起步阶段，它既有理论学习的复杂度，又有工程实践的挑战性，导致初学者难以入门，更难以深入。这本书以生动形象的语言、深入浅出的逻辑，介绍了一系列基本的强化学习算法，并结合丰富有趣的经典案例讲解代码实践，为强化学习初学者提供了一套可快速上手的学习资料。

——李升波，清华大学车辆与运载学院长聘教授、博士生导师

《Easy RL：强化学习教程》一书很好地整合了强化学习的基础知识、经典算法、前沿方向和尖端技术解读，填补了国内在这方面的空白，完全可以作为中文强化学习教材。初学者通过阅读这本书可以全方位地了解强化学习，而强化学习研究者也可以从这本书中获得灵感和新的收获。三位编著者并没有用艰深晦涩的语言去描述强化学习，而是从自己的学习心得出发，将自己的学习笔记凝结成这几十万字的精华，娓娓道来，让人手不释卷。整本书的章节安排非常合理，前后章节环环相扣，既包含初学者必须掌握的关键知识点，也包含强化学习的前沿技术动态，展现出强化学习清晰的发展脉络。感谢这本书的三位编著者奉献出自己

宝贵的学习经验和知识结晶，相信未来会有很多优秀的同学因为这本书投身于强化学习的研究热潮中。

——胡裕靖，网易伏羲强化学习研究组负责人

Preface 前言

强化学习的国内相关资料相对较少，入门较为困难。笔者发现其在游戏、自动驾驶、机器人路线规划、神经网络架构设计等诸多领域有着广泛的应用，因而萌发了自学的想法。但在学习过程中，笔者发现现有的某些图书相对较难理解，初学者难以入门。因此，笔者尝试在网上寻找公开课进行学习。在精心挑选后，使用李宏毅老师的“深度强化学习”、周博磊老师的“强化学习纲要”以及李科浇老师的“世界冠军带你从零实践强化学习”公开课（以下简称“3 门公开课”）作为学习课程，获益匪浅，于是将所学内容结合笔者个人的理解和体会初步整理成笔记。之后，在众多优秀开源教程的启发下，笔者决定将该笔记制作成教程来让更多的强化学习初学者受益。笔者深知一个人力量的有限，便邀请另外两位编著者（杨毅远、江季）参与教程的编写。杨毅远在人工智能研究方面颇有建树，曾多次在中国计算机学会（CCF）A、B 类会议中发表第一作者论文。而江季对强化学习也有较深的理解，有丰富的强化学习研究经历并发表过顶级会议论文和获得过相关专利。杨毅远与江季的加入让教程的创作焕发出了新的生机。通过不懈的努力，我们在 GitHub 上发布线上教程“Easy-RL”，分享给强化学习的初学者。截至目前，该教程获得了 3000 多的 GitHub Star。

为了更好地优化教程，我们尝试把该教程作为教材，并组织上百人的组队学习活动，受到了一致好评。不少学习者通过组队学习入门了强化学习，并给出了大量的反馈，这也帮助我们进一步改进了教程。为了方便读者的阅读，我们历时 1 年制作了电子版的笔记，并对很多地方进行了优化。之后，非常荣幸的是人民邮电出版社的陈冀康老师联系我们商量出版事宜。通过出版社团队和我们不断的努力，本书得以出版。

全书主要内容源于 3 门公开课，并在其基础上进行了一定的原创。比如，为了尽可能地降低阅读门槛，笔者对 3 门公开课的精华内容进行选取并优化，对所涉及的公式都给出详细的推导过程，对较难理解的知识点进行了重点讲解和强化，以方便读者较为轻松地入门。此外，为了丰富内容，笔者还补充了不少除 3 门公开课之外的强化学习相关知识。全书共 13 章，大体上可分为两个部分：第一部分包括第 1 ~ 3 章，介绍强化学习基础知识以及传统强化学习算法；第二部分包括第 4 ~ 13 章，介绍深度强化学习算法及其常见问题的解决方法。第二部分各章相对独立，读者可根据自己的兴趣和时间选择性阅读。

李宏毅老师是台湾大学副教授，其研究方向为机器学习、深度学习及语音识别与理解。李宏毅老师的课程在国内很受欢迎，很多人选择的机器学习入门学习资料都是李宏毅老师的公开课视频。李宏毅老师的课程“深度强化学习”幽默风趣，他会通过很多有趣的例子来讲解强化学习理论。比如李老师经常会用玩雅达利游戏的例子来讲解强化学习算法。周博磊老师是加利福尼亚大学洛杉矶分校（University of California, Los Angeles，UCLA）助理教授，原香港中文大学助理教授，其研究方向为机器感知和智能决策，在人工智能顶级会议和期刊发表了 50 余篇学术论文，论文总引用数超过 1 万次。周博磊老师的课程“强化学习纲要”理论严谨、内容丰富，全面地介绍了强化学习领域，并且有相关的代码实践。李科浇老师是飞桨强化学习 PARL 团队核心成员，百度高级研发工程师，其所在团队曾两度夺得神经信息处理系统大会（Conference and Workshop on Neural Information Processing Systems，NeurIPS）强化学习赛事冠军。李科浇老师的课程“世界冠军带你从零实践强化学习”实战性强，通过大量的代码来讲解强化学习。经过笔者不完全统计，本书所依托的 3 门公开课的总播放量为 100 多万，深受广大初学者欢迎，3 位老师的课程均可在哔哩哔哩网站（B 站）上进行观看。读者在观看公开课的同时，可以使用本书作为教辅资料，以进一步深入理解公开课的内容。

本书在大部分章末设置了原创的关键词、习题和面试题来帮助读者提高和巩固读者对所学知识的清晰度和掌握度。其中，关键词部分总结了对应章节的重点概念，以方便读者高效地回忆并掌握核心内容；习题部分以问答的形式阐述了相应章中出现的知识点，以帮助读者厘清知识脉络；面试题部分的内容源于“大厂”的算法岗面试真题，通过还原真实的面试场景和面试问题，以帮助读者开阔思路，为读者面试理想的岗位助力。此外，笔者认为，强化学习是一个理论与实践相结合的学科，读者不仅要理解其算法背后的数学原理，还要通过上机实践来实现算法。本书配有 Python 代码实现，可以让读者通过动手实现各种经典的强化学习算法，充分掌握强化学习算法的原理。值得注意的是，本书的习题答案、面试题答案及配套 Python 代码均可在异步社区本书页面的“配套资源”处下载。本书经过 1 年多的优化，吸收了读者对于我们开源版教程的上百次的反馈，对读者的学习和工作一定会形成有利的加持。

衷心感谢李宏毅、周博磊、李科浇 3 位老师的授权和开源奉献精神。他们的无私使本书得以出版，并能够造福更多对强化学习感兴趣的读者。本书由开源组织 Datawhale 的成员采用开源协作的方式完成，历时 1 年有余，参与者包括 3 位编著者（笔者、杨毅远和江季）和两位 Datawhale 的小伙伴（谢文睿和马燕鹏）。此外，感谢林诗颖同学在编书过程中对图 3.14 的制作以及李海东同学对图 3.31、图 3.32 的制作。在本书写作和出版过程中，人民邮电出版社提供了很多出版的专业意见和支持，在此特向信息技术出版分社社长陈冀康老师和本书的责任编辑郭媛老师致谢。

强化学习发展迅速，笔者水平有限，书中难免有疏漏和表述不当的地方，还望各位读者批评指正。

王　琦

2021 年 12 月 8 日

Main symbol table 主要符号表

符号	含义
a	标量
$\boldsymbol{a}$	向量
$\boldsymbol{A}$	矩阵
$\mathbb{R}$	实数集
$\arg\max_a f(a)$	$f(a)$ 取最大值时 a 的值
s	状态
a	动作
r	奖励
$\mathcal{S}$	所有非终止状态的集合
$\mathcal{S}^+$	所有状态的集合
$\mathcal{A}(s)$	在状态 s 可执行动作的集合
$\mathcal{R}$	所有可能奖励的集合
π	策略
$\pi(s)$	根据确定性策略 π 在状态 s 选取的动作
$\pi(a\|s)$	根据随机性策略 π 在状态 s 选取动作 a 的概率
γ	折扣因子
τ	轨迹
$V_\pi(s)$	状态 s 在策略 π 下的价值
$Q_\pi(s,a)$	状态 s 在策略 π 下选取动作 a 的价值
G_t	时刻 t 的回报
π_θ	参数 θ 对应的策略
$J(\theta)$	策略 π_θ 的性能度量

资源与支持

本书由异步社区出品，社区（https://www.epubit.com/）可为您提供相关资源和后续服务。

配套资源

本书提供如下资源：

- Python 实现代码；
- 习题与面试题答案。

您可以扫描右侧的二维码，添加异步助手为好友，并发送“58470”获取以上配套资源。

扫码添加
异步助手

您也可以在异步社区本书页面中单击 配套资源 ，跳转到下载页面，按提示进行操作即可。注意：为保证购书读者的权益，该操作会给出相关提示，要求输入提取码进行验证。

提交错误信息

作者和编辑尽最大努力来确保书中内容的准确性，但难免会存在疏漏。欢迎您将发现的问题反馈给我们，帮助我们提升图书的质量。

当您发现错误时，请登录异步社区，按书名搜索，进入本书页面（见下图），单击“提交勘误”，输入错误信息后，单击“提交”按钮即可。本书的作者和编辑会对您提交的错误信息进行审核，确认并接受后，您将获赠异步社区的 100 积分。积分可用于在异步社区兑换优惠券、样书或奖品。

详细信息 写书评 提交勘误

页码： 页内位置（行数）： 勘误印次：

字数统计

提交

扫码关注本书

扫描右侧二维码，您将会在异步社区微信服务号中看到本书信息及相关的服务提示。

与我们联系

我们的联系邮箱是 contact@epubit.com.cn。

如果您对本书有任何疑问或建议，请您发电子邮件给我们，并请在电子邮件标题中注明书名，以便我们更高效地做出反馈。

如果您有兴趣出版图书、录制教学视频，或者参与图书翻译、技术审校等工作，可以发电子邮件给我们；有意出版图书的作者也可以到异步社区在线投稿（直接访问 www.epubit.com/contribute 即可）。

如果您所在的学校、培训机构或企业，想批量购买本书或异步社区出版的其他图书，也可以发电子邮件给我们。

如果您在网上发现有针对异步社区出品图书的各种形式的盗版行为，包括对图书全部或部分内容的非授权传播，请您将怀疑有侵权行为的链接发电子邮件给我们。您的这一举动是对作者权益的保护，也是我们持续为您提供有价值的内容的动力之源。

关于异步社区和异步图书

“**异步社区**”是人民邮电出版社旗下 IT 专业图书社区，致力于出版精品 IT 图书和相关学习产品，为作译者提供优质出版服务。异步社区创办于 2015 年 8 月，提供大量精品 IT 图书和电子书，以及高品质技术文章和视频课程。更多详情请访问异步社区官网。

“**异步图书**”是由异步社区编辑团队策划出版的精品 IT 专业图书的品牌，依托于人民邮电出版社近 40 年的计算机图书出版积累和专业编辑团队，相关图书在封面上印有异步图书的 Logo。异步图书的出版领域包括软件开发、大数据、人工智能、测试、前端、网络技术等。

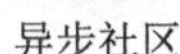

异步社区

微信服务号

Contents 目　录

第 1 章　绪论 1
1.1　强化学习概述 1
1.1.1　强化学习与监督学习 1
1.1.2　强化学习的例子 5
1.1.3　强化学习的历史 7
1.1.4　强化学习的应用 8
1.2　序列决策概述 10
1.2.1　智能体和环境 10
1.2.2　奖励 10
1.2.3　序列决策 10
1.3　动作空间 12
1.4　强化学习智能体的组成部分和类型 12
1.4.1　策略 13
1.4.2　价值函数 13
1.4.3　模型 14
1.4.4　强化学习智能体的类型 16
1.5　学习与规划 19
1.6　探索和利用 20
1.7　强化学习实验 22
1.7.1　Gym 23
1.7.2　MountainCar-v0 例子 27
1.8　关键词 30
1.9　习题 31
1.10　面试题 32
参考文献 32
第 2 章　马尔可夫决策过程 33
2.1　马尔可夫过程 34

2.1.1 马尔可夫性质 ······ 34
2.1.2 马尔可夫链 ······ 34
2.1.3 马尔可夫过程的例子 ······ 35
2.2 马尔可夫奖励过程 ······ 36
2.2.1 回报与价值函数 ······ 36
2.2.2 贝尔曼方程 ······ 38
2.2.3 计算马尔可夫奖励过程价值的迭代算法 ······ 42
2.2.4 马尔可夫奖励过程的例子 ······ 43
2.3 马尔可夫决策过程 ······ 44
2.3.1 马尔可夫决策过程中的策略 ······ 44
2.3.2 马尔可夫决策过程和马尔可夫过程/马尔可夫奖励过程的区别 ······ 45
2.3.3 马尔可夫决策过程中的价值函数 ······ 45
2.3.4 贝尔曼期望方程 ······ 46
2.3.5 备份图 ······ 47
2.3.6 策略评估 ······ 49
2.3.7 预测与控制 ······ 51
2.3.8 动态规划 ······ 53
2.3.9 使用动态规划进行策略评估 ······ 53
2.3.10 马尔可夫决策过程控制 ······ 56
2.3.11 策略迭代 ······ 58
2.3.12 价值迭代 ······ 61
2.3.13 策略迭代与价值迭代的区别 ······ 63
2.3.14 马尔可夫决策过程中的预测和控制总结 ······ 66
2.4 关键词 ······ 67
2.5 习题 ······ 68
2.6 面试题 ······ 69
参考文献 ······ 69
第 3 章 表格型方法 ······ 70
3.1 马尔可夫决策过程 ······ 70
3.1.1 有模型 ······ 71
3.1.2 免模型 ······ 72
3.1.3 有模型与免模型的区别 ······ 73

3.2 Q 表格 ··· 73
3.3 免模型预测 ··· 77
3.3.1 蒙特卡洛方法 ··· 77
3.3.2 时序差分方法 ··· 80
3.3.3 动态规划方法、蒙特卡洛方法以及时序差分方法的自举和采样 ··· 86
3.4 免模型控制 ··· 88
3.4.1 Sarsa：同策略时序差分控制 ··· 91
3.4.2 Q 学习：异策略时序差分控制 ··· 94
3.4.3 同策略与异策略的区别 ··· 97
3.5 使用 Q 学习解决悬崖寻路问题 ··· 98
3.5.1 CliffWalking-v0 环境简介 ··· 98
3.5.2 强化学习基本接口 ··· 100
3.5.3 Q 学习算法 ··· 102
3.5.4 结果分析 ··· 103
3.6 关键词 ··· 104
3.7 习题 ··· 105
3.8 面试题 ··· 105
参考文献 ··· 105
第 4 章 策略梯度 ··· 106
4.1 策略梯度算法 ··· 106
4.2 策略梯度实现技巧 ··· 115
4.2.1 技巧 1：添加基线 ··· 115
4.2.2 技巧 2：分配合适的分数 ··· 117
4.3 REINFORCE：蒙特卡洛策略梯度 ··· 119
4.4 关键词 ··· 125
4.5 习题 ··· 125
4.6 面试题 ··· 125
参考文献 ··· 126
第 5 章 近端策略优化 ··· 127
5.1 重要性采样 ··· 127
5.2 近端策略优化 ··· 133
5.2.1 近端策略优化惩罚 ··· 134

5.2.2 近端策略优化裁剪 ······ 135
5.3 关键词 ······ 138
5.4 习题 ······ 139
5.5 面试题 ······ 139
参考文献 ······ 139
第 6 章 深度 Q 网络 ······ 140
6.1 状态价值函数 ······ 141
6.2 动作价值函数 ······ 145
6.3 目标网络 ······ 150
6.4 探索 ······ 152
6.5 经验回放 ······ 154
6.6 深度 Q 网络算法总结 ······ 156
6.7 关键词 ······ 157
6.8 习题 ······ 158
6.9 面试题 ······ 159
参考文献 ······ 159
第 7 章 深度 Q 网络进阶技巧 ······ 160
7.1 双深度 Q 网络 ······ 160
7.2 竞争深度 Q 网络 ······ 162
7.3 优先级经验回放 ······ 165
7.4 在蒙特卡洛方法和时序差分方法中取得平衡 ······ 166
7.5 噪声网络 ······ 167
7.6 分布式 Q 函数 ······ 168
7.7 彩虹 ······ 170
7.8 使用深度 Q 网络解决推车杆问题 ······ 172
7.8.1 CartPole-v0 简介 ······ 172
7.8.2 深度 Q 网络基本接口 ······ 173
7.8.3 回放缓冲区 ······ 175
7.8.4 Q 网络 ······ 175
7.8.5 深度 Q 网络算法 ······ 176
7.8.6 结果分析 ······ 178
7.9 关键词 ······ 179

7.10 习题 ······ 180
7.11 面试题 ······ 180
参考文献 ······ 180
第 8 章 针对连续动作的深度 Q 网络 ······ 181
8.1 方案 1：对动作进行采样 ······ 182
8.2 方案 2：梯度上升 ······ 182
8.3 方案 3：设计网络架构 ······ 182
8.4 方案 4：不使用深度 Q 网络 ······ 183
8.5 习题 ······ 184
第 9 章 演员-评论员算法 ······ 185
9.1 策略梯度回顾 ······ 185
9.2 深度 Q 网络回顾 ······ 186
9.3 优势演员-评论员算法 ······ 187
9.4 异步优势演员-评论员算法 ······ 190
9.5 路径衍生策略梯度 ······ 191
9.6 与生成对抗网络的联系 ······ 195
9.7 关键词 ······ 196
9.8 习题 ······ 196
9.9 面试题 ······ 196
参考文献 ······ 196
第 10 章 深度确定性策略梯度 ······ 197
10.1 离散动作与连续动作的区别 ······ 197
10.2 深度确定性策略梯度 ······ 199
10.3 双延迟深度确定性策略梯度 ······ 203
10.4 使用深度确定性策略梯度解决倒立摆问题 ······ 205
10.4.1 Pendulum-v1 简介 ······ 205
10.4.2 深度确定性策略梯度基本接口 ······ 206
10.4.3 OU 噪声 ······ 207
10.4.4 深度确定性策略梯度算法 ······ 208
10.4.5 结果分析 ······ 209
10.5 关键词 ······ 211
10.6 习题 ······ 211

10.7 面试题 ······ 211
参考文献 ······ 211
第 11 章 稀疏奖励 ······ 212
11.1 设计奖励 ······ 212
11.2 好奇心 ······ 214
11.3 课程学习 ······ 216
11.4 分层强化学习 ······ 219
11.5 关键词 ······ 221
11.6 习题 ······ 222
参考文献 ······ 222
第 12 章 模仿学习 ······ 223
12.1 行为克隆 ······ 223
12.2 逆强化学习 ······ 226
12.3 第三人称视角模仿学习 ······ 231
12.4 句子生成和聊天机器人 ······ 232
12.5 关键词 ······ 233
12.6 习题 ······ 233
参考文献 ······ 234
第 13 章 AlphaStar 论文解读 ······ 235
13.1 AlphaStar 以及背景简介 ······ 235
13.2 AlphaStar 的模型输入和输出是什么呢？——环境设计 ······ 235
13.2.1 状态（网络的输入） ······ 236
13.2.2 动作（网络的输出） ······ 236
13.3 AlphaStar 的计算模型是什么呢？——网络结构 ······ 237
13.3.1 输入部分 ······ 237
13.3.2 中间过程 ······ 239
13.3.3 输出部分 ······ 239
13.4 庞大的 AlphaStar 如何训练呢？——学习算法 ······ 240
13.4.1 监督学习 ······ 240
13.4.2 强化学习 ······ 241
13.4.3 模仿学习 ······ 242
13.4.4 多智能体学习/自学习 ······ 243

13.5 AlphaStar 实验结果如何呢？——实验结果 ··· 243
13.5.1 宏观结果 ··· 243
13.5.2 其他实验（消融实验） ··· 244
13.6 关于 AlphaStar 的总结 ··· 245
参考文献 ··· 245

第 1 章　绪论

1.1　强化学习概述

强化学习（reinforcement learning，RL）讨论的问题是智能体（agent）怎么在复杂、不确定的环境（environment）中最大化它能获得的奖励。如图 1.1 所示，强化学习由两部分组成：智能体和环境。在强化学习过程中，智能体与环境一直在交互。智能体在环境中获取某个状态后，它会利用该状态输出一个动作（action），这个动作也称为决策（decision）。然后这个动作会在环境中被执行，环境会根据智能体采取的动作，输出下一个状态以及当前这个动作带来的奖励。智能体的目的就是尽可能多地从环境中获取奖励。

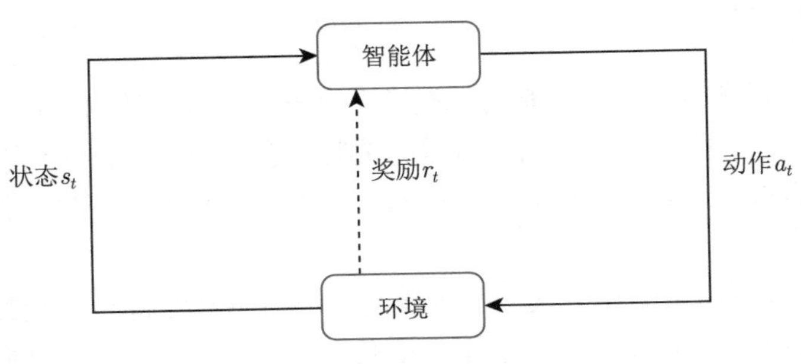

图 1.1　强化学习示意

1.1.1　强化学习与监督学习

我们可以把强化学习与监督学习做一个对比。以图片分类为例，如图 1.2 所示，**监督学习（supervised learning）**假设我们有大量被标注的数据，比如汽车、飞机、椅子这些被标注的图片，这些图片都要满足独立同分布，即它们之间是没有关联关系的。假设我们训练一个分类器，比如神经网络。为了分辨输入的图片中是汽车还是飞机，在训练过程中，需要把正确的标签信息传递给神经网络。当神经网络做出错误的预测时，比如输入汽车的图片，它预测出来是飞机，我们就会直接告诉它，该预测是错误的，正确的标签应该是汽车。最后我们根据类似错误写出一个损失函数（loss function），通过反向传播（back propagation）来训练神经网络。

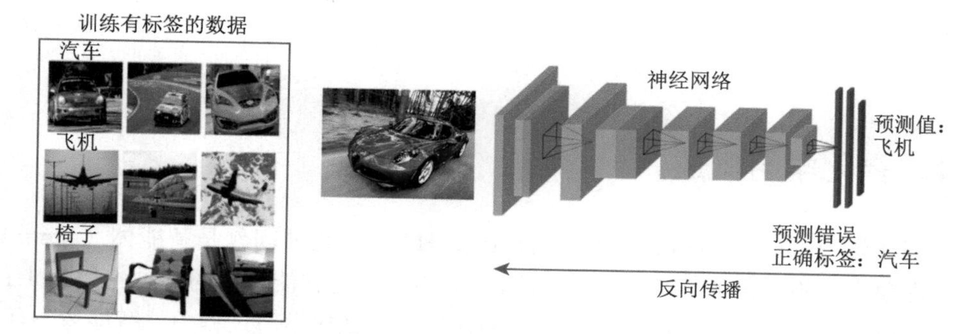

图 1.2 监督学习

> 通常假设样本空间中全体样本服从一个未知分布，每个样本都是独立地从这个分布上采样获得的，即独立同分布（independent and identically distributed，i.i.d.）。

所以在监督学习过程中，有两个假设。第一，输入的数据（标注的数据）都应是没有关联的。因为如果输入的数据有关联，学习器（learner）是不好学习的。第二，需要告诉学习器正确的标签是什么，这样它可以通过正确的标签来修正自己的预测。

在强化学习中，监督学习的两个假设其实都不能得到满足。以雅达利（Atari）游戏 *Breakout* 为例，如图 1.3 所示，这是一个打砖块的游戏，控制木板左右移动从而把球反弹到上面来消除砖块。在玩游戏的过程中，我们可以发现智能体得到的观测（observation）不是独立同分布的，上一帧与下一帧间其实有非常强的连续性。我们得到的数据是相关的时间序列数据，不满足独立同分布。另外，我们并没有立刻获得反馈，游戏没有告诉我们哪个动作是正确动作。比如现在把木板往右移，这只会使得球往上或者往左一点儿，我们并不会得到即时的反馈。因此，强化学习之所以困难，是因为智能体不能得到即时的反馈，然而我们依然希望智能体在这个环境中学习。

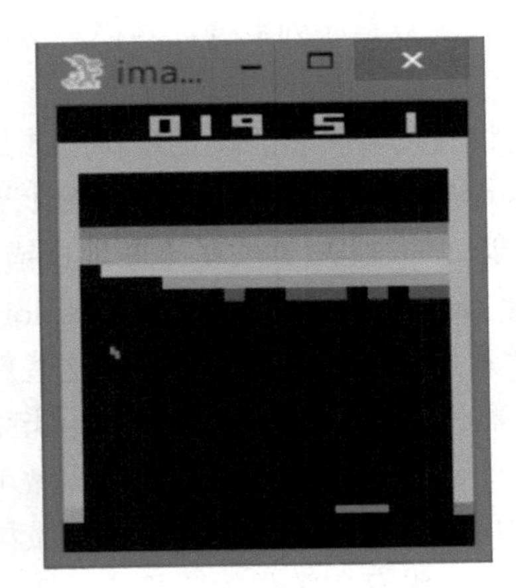

图 1.3　雅达利游戏 *Breakout*

如图 1.4 所示，强化学习的训练数据就是一个玩游戏的过程。我们从第 1 步开始，采取一个动作，比如把木板往右移，接到球。第 2 步我们又采取一个动作……得到的训练数据是一个玩游戏的序列。假设现在是在第 3 步，我们把这个序列放进网络，希望网络可以输出一个动作，即在当前的状态应该输出往右移还是往左移。这里有个问题，没有标签来说明现在这个动作是正确还是错误的，必须等到游戏结束才可能知道，这个游戏可能 10s 后才结束。现在这个动作到底对赢得游戏有无帮助，其实是不清楚的。这里我们就面临**延迟奖励（delayed reward）**的问题，延迟奖励使得训练网络非常困难。

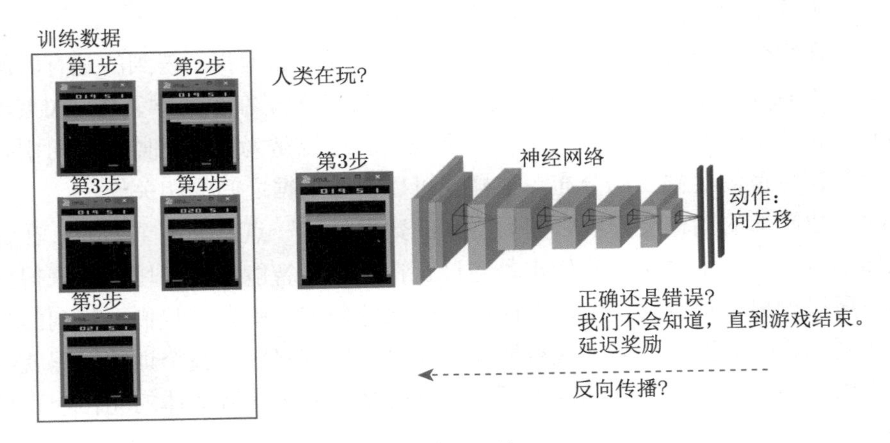

图 1.4　强化学习：玩 *Breakout*

强化学习和监督学习的区别如下。

（1）强化学习处理的大多数是序列数据，其很难像监督学习的样本一样满足独立同分布。

（2）学习器并没有告诉我们每一步正确的动作应该是什么，学习器需要自己去发现哪些动作可以带来最多的奖励，只能通过不停地尝试来发现最有利的动作。

（3）智能体获得自己能力的过程，其实是不断地试错探索（trial-and-error exploration）的过程。探索（exploration）和利用（exploitation）是强化学习中非常核心的问题。其中，探索指尝试一些新的动作，这些新的动作有可能会使我们得到更多的奖励，也有可能使我们“一无所有”；利用指采取已知的可以获得最多奖励的动作，重复执行这个动作，因为我们知道这样做可以获得一定的奖励。因此，我们需要在探索和利用之间进行权衡，这也是在监督学习中没有的情况。

（4）在强化学习过程中，没有非常强的监督者（supervisor），只有**奖励信号（reward signal）**，并且奖励信号是延迟的，即环境会在很久以后才告诉我们之前所采取的动作到底是不是有效的。因为我们没有得到即时反馈，所以智能体使用强化学习来学习就非常困难。当我们采取一个动作后，如果使用监督学习，就可以立刻获得一个指导，比如，我们现在采取了一个错误的动作，正确的动作应该是什么。而在强化学习中，环境可能会告诉我们这个动作是错误的，但是它并不会告诉我们正确的动作是什么。而且更困难的是，它可能是在一两分钟过后才告诉我们这个动作是错误的。所以这也是强化学习和监督学习不同的地方。

通过与监督学习的比较，我们可以总结出强化学习的一些特征。

（1）强化学习会试错探索，它通过探索环境来获取对环境的理解。

（2）强化学习智能体会从环境中获得延迟的奖励。

（3）在强化学习的训练过程中，时间非常重要。因为我们得到的是有时间关联的数据（sequential data），而不是独立同分布的数据。在机器学习中，如果观测数据有非常强的关联，会使得训练非常不稳定。这也是为什么在监督学习中，我们希望数据尽量满足独立同分布，这样就可以消除数据之间的相关性。

（4）智能体的动作会影响它随后得到的数据，这一点是非常重要的。在训练智能体的过程中，很多时候我们也是通过正在学习的智能体与环境交互来得到数据的。所以如果在训练过程中，智能体不能保持稳定，就会使我们采集到的数据非常糟糕。我们通过数据来训练智能体，如果数据有问题，整个训练过程就会失败。所以在强化学习中一个非常重要的问题就是，怎么让智能体的动作一直稳定地提升。

1.1.2　强化学习的例子

为什么我们关注强化学习？其中非常重要的一个原因就是强化学习得到的模型可以有超人类的表现。监督学习获取的监督数据，其实是人来标注的，比如 ImageNet 的图片的标签都是人类标注的。因此我们可以确定监督学习算法的上限（upper bound）就是人类的表现，标注结果决定了它的表现永远不可能超越人类的。但是对于强化学习，它在环境中自己探索，有非常大的潜力，它可以获得超越人类的能力的表现，比如 DeepMind 的强化学习算法 AlphaGo 可以把人类顶尖的棋手打败。

这里给大家举一些在现实生活中强化学习的例子。

（1）在自然界中，羚羊其实也在做强化学习。它刚刚出生的时候，可能都不知道怎么站立，然后它通过试错，一段时间后就可以跑得很快，可以适应环境。

（2）我们也可以把股票交易看成强化学习的过程，可以不断地买卖股票，然后根据市场给出的反馈来学会怎么去买卖可以让奖励最大化。

（3）玩雅达利游戏或者其他电脑游戏，也是一个强化学习的过程，我们可以通过不断试错来知道怎么玩才可以通关。

图 1.5 所示为强化学习的一个经典例子，即雅达利的 *Pong* 游戏。游戏中右边的选手把球拍到左边，然后左边的选手需要把球拍到右边。训练好的强化学习智能体和正常的选手有区别：强化学习的智能体会一直做无意义的上下往复移动，而正常的选手不会做出这样的动作。

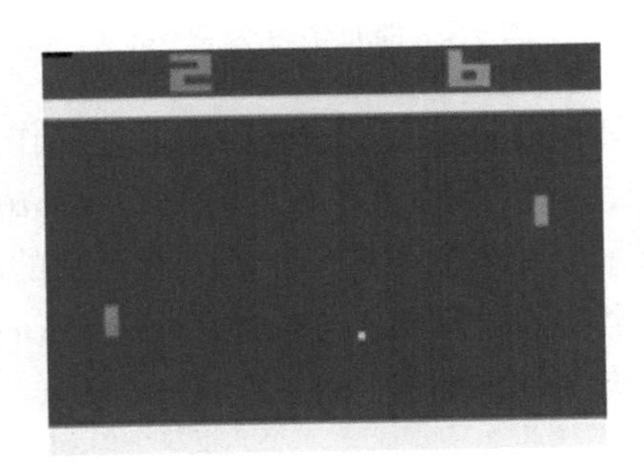

图 1.5　*Pong* 游戏 [1]

在 *Pong* 游戏中，只有两个动作：往上或者往下。如图 1.6 所示，如果强化学习通过学习一个策略网络来进行分类，那么策略网络会输入当前帧的图片，输出所有决策的可能性，比如往上移动的概率。

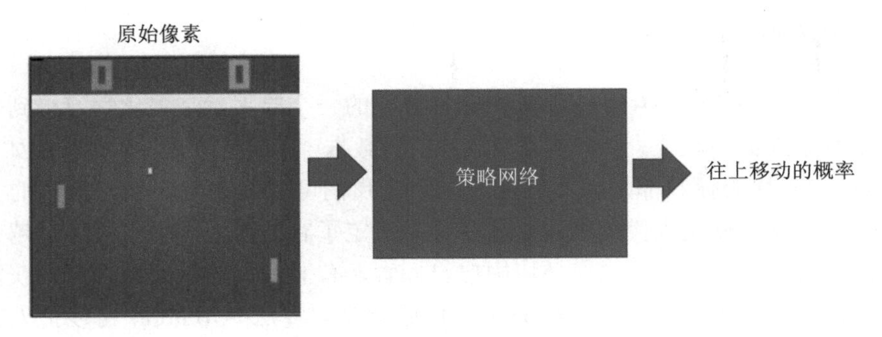

图 1.6 强化学习玩 *Pong*[1]

如图 1.7 所示，对于监督学习，我们可以直接告诉智能体正确动作的标签是什么。但在 *Pong* 游戏中，我们并不知道它的正确动作的标签是什么。

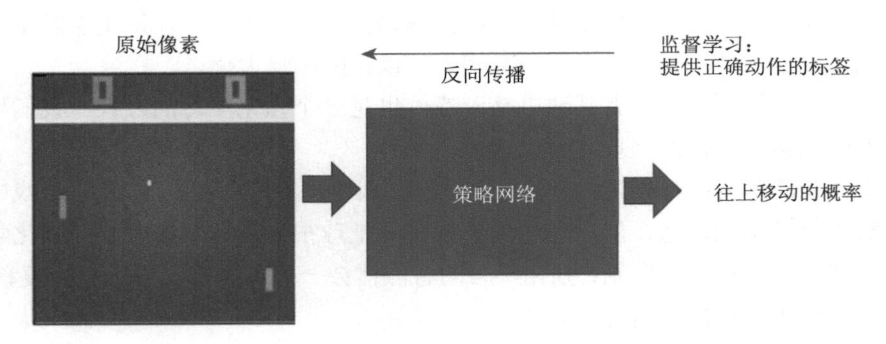

图 1.7 监督学习玩 *Pong*[1]

在强化学习中，让智能体尝试玩 *Pong* 游戏，对动作进行采样，直到游戏结束，然后对每个动作进行惩罚。图 1.8 所示为**预演（rollout）**的过程。预演是指我们从当前帧对动作进行采样，生成很多局游戏。将当前的智能体与环境交互，会得到一系列观测。每一个观测可看成一条**轨迹（trajectory）**。轨迹就是当前帧以及它采取的策略，即状态和动作的序列：

$$\tau = (s_0, a_0, s_1, a_1, \cdots) \tag{1.1}$$

最后结束时，我们会知道到底有没有把这个球拍到对方区域，对方有没有接住，赢了还是输了。我们可以通过观测序列以及最终奖励（eventual reward）来训练智能体，使它尽可能地采取可以获得最终奖励的动作。一场游戏称为一个**回合（episode）**或者**试验（trial）**。

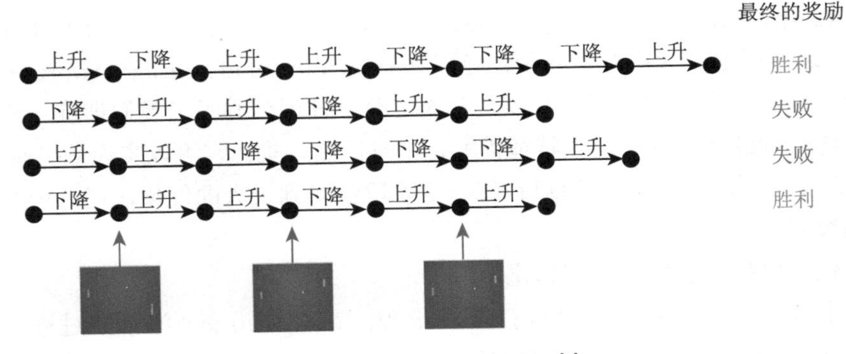

图 1.8　可能的预演序列 [1]

1.1.3　强化学习的历史

强化学习是有一定的历史的，早期的强化学习，我们称其为标准强化学习。最近业界把强化学习与深度学习结合起来，就形成了**深度强化学习（deep reinforcement learning）**，因此，深度强化学习 = 深度学习 + 强化学习。我们可将标准强化学习和深度强化学习类比于传统的计算机视觉和深度计算机视觉。

如图 1.9（a）所示，传统的计算机视觉由两个过程组成。

（1）给定一张图片，我们先要提取它的特征，使用一些设计好的特征，比如方向梯度直方图（histogram of oriented gradient，HOG）、可变形的组件模型（deformable part model，DPM）。

（2）提取这些特征后，我们再单独训练一个分类器。这个分类器可以是支持向量机（support vector machine，SVM）或 Boosting，然后就可以辨别这张图片中是狗还是猫。

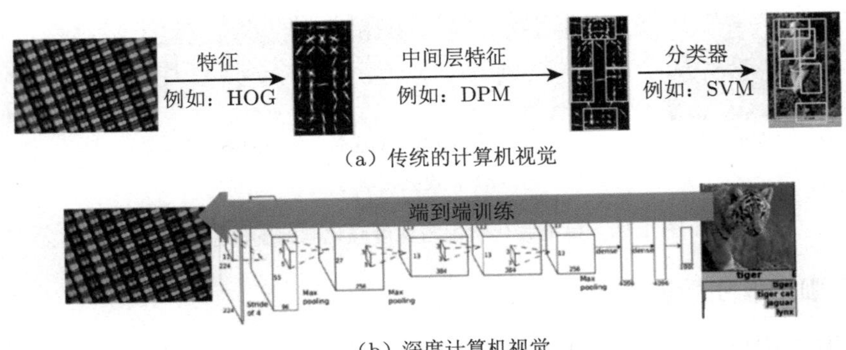

（a）传统的计算机视觉

（b）深度计算机视觉

图 1.9　传统的计算机视觉与深度计算机视觉的区别 [2]

2012 年，Hinton 团队提出了 AlexNet。AlexNet 在 ImageNet 分类比赛中获得冠军，迅速引起了人们对于卷积神经网络（convolutional neural network，CNN）的广泛关注。大家就把特征提取以及分类这两个过程合并了。我们训练一个神经网络，这个神经网络既可以做特征提取，也可以做分类，它可以实现端到端训练，如图 1.9（b）所示，其参数可以在每一个阶段都得到极大的优化，这是一个非常重要的突破。

我们可以把神经网络放到强化学习中。

- 标准强化学习：比如 TD-Gammon 玩 *Backgammon* 游戏的过程，其实就是设计特征，然后训练价值函数的过程，如图 1.10（a）所示。标准强化学习先设计很多特征，这些特征可以描述当前整个状态。得到这些特征后，我们就可以通过训练一个分类网络或者分别训练一个价值估计函数来采取动作。
- 深度强化学习：自从我们有了深度学习，有了神经网络，就可以把智能体玩游戏的过程改进成一个端到端训练（end-to-end training）的过程，如图 1.10（b）所示。我们不需要设计特征，直接输入状态就可以输出动作。我们可以用一个神经网络来拟合价值函数、Q 函数或策略网络，省去特征工程（feature engineering）的过程。

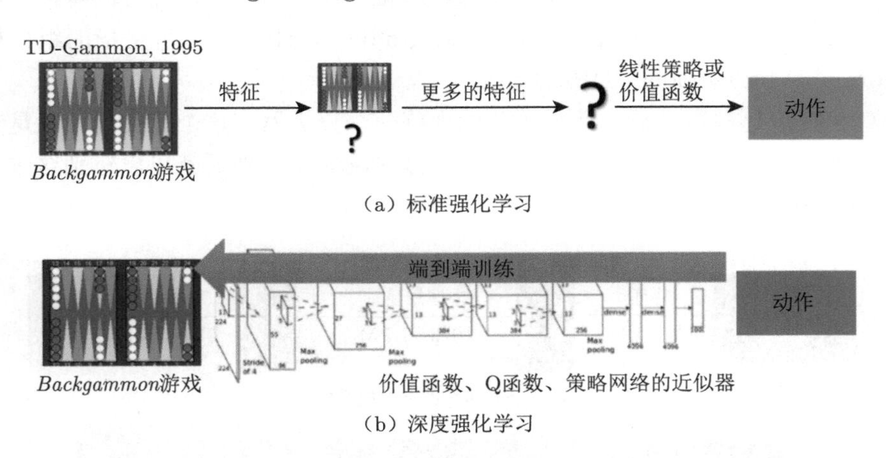

图 1.10　标准强化学习与深度强化学习的区别 [2]

1.1.4　强化学习的应用

为什么强化学习在这几年有很多的应用，比如玩游戏以及机器人的一些应用，并且可以击败人类的顶尖棋手呢？这有如下几点原因。首先，我们有了更多的算力（computation power），有了更多的 GPU，可以更快地做更多的试错尝试。其次，通过不同的尝试，智能体在环境中获得了很多信息，可以在环境中取得很大的奖励。最后，通过端到端训练，可以把特征提取、价值估计以及决策部分一起优化，就可以得到一个更强的决策网络。

接下来介绍一些强化学习中比较有意思的例子。

（1）DeepMind 研发的走路的智能体。这个智能体往前走一步，就会得到一个奖励。这个智能体有不同的形态，可以学到很多有意思的功能。比如，像人一样的智能体学习怎么在曲折的道路上往前走。结果非常有意思，这个智能体会把手举得非常高，因为举手可以让它的身体保持平衡，它就可以更快地在环境中往前走。而且我们也可以增加环境的难度，加入一些扰动，智能体就会变得更鲁棒。

（2）机械臂抓取。因为我们把强化学习应用到机械臂自动抓取需要大量的预演，所以我们可以使用多个机械臂进行训练。分布式系统可以让机械臂尝试抓取不同的物体，盘子中物体的形状是不同的，这样就可以让机械臂学到一个统一的动作，然后针对不同的抓取物都可以使用最优的抓取算法。因为抓取的物体形状的差别很大，所以使用一些传统的抓取算法不能把所有物体都抓起来。传统的抓取算法对每一个物体都需要建模，这样是非常费时的。但通过强化学习，我们可以学到一个统一的抓取算法，其适用于不同的物体。

（3）OpenAI 的机械臂翻魔方。OpenAI 在 2018 年的时候设计了一款带有“手指”的机械臂，它可以通过翻动手指使得手中的木块达到预期的设定。人的手指其实非常灵活，怎么使得机械臂的手指也具有这样灵活的能力一直是个问题。OpenAI 先在一个虚拟环境中使用强化学习对智能体进行训练，再把它应用到真实的机械臂上。这在强化学习中是一种比较常用的做法，即我们先在虚拟环境中得到一个很好的智能体，然后把它应用到真实的机器人中。这是因为真实的机械臂通常非常容易坏，而且非常贵，一般情况下没办法大批量地被购买。OpenAI 在 2019 年对其机械臂进行了进一步的改进，这个机械臂在改进后可以玩魔方了。

（4）穿衣服的智能体。很多时候我们要在电影或者一些动画中实现人穿衣服的场景，通过手写执行命令让机器人穿衣服非常困难，穿衣服也涉及非常精细的操作。我们可以训练强化学习智能体来实现穿衣服功能。我们还可以在其中加入一些扰动，智能体可以抵抗扰动。可能会有失败的情况（failure case）出现，这样智能体就穿不进去衣服。

1.2 序列决策概述

1.2.1 智能体和环境

接下来介绍**序列决策（sequential decision making）**过程。强化学习研究的问题是智能体与环境交互的问题，图 1.11 左边的智能体一直在与图 1.11 右边的环境进行交互。智能体把它的动作输出给环境，环境取得这个动作后会进行下一步，把下一步的观测与这个动作带来的奖励返还给智能体。这样的交互会产生很多观测，智能体的目的是从这些观测之中学到能最大化奖励的策略。

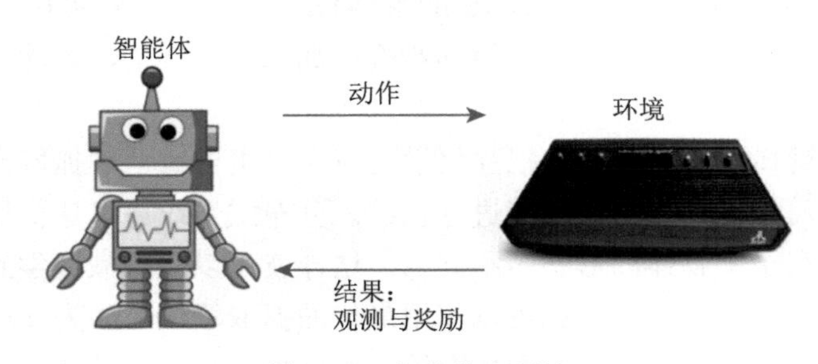

图 1.11 智能体和环境

1.2.2 奖励

奖励是由环境给的一种标量的反馈信号（scalar feedback signal），这种信号可显示智能体在某一步采取某个策略的表现如何。强化学习的目的就是最大化智能体可以获得的奖励，智能体在环境中存在的目的就是最大化它的期望的累积奖励（expected cumulative reward）。不同的环境中，奖励也是不同的。这里给大家举一些奖励的例子。

（1）比如一个象棋选手，他的目的是赢棋，在最后棋局结束的时候，他就会得到一个正奖励（赢）或者负奖励（输）。

（2）在股票管理中，奖励由股票获取的奖励与损失决定。

（3）在玩雅达利游戏的时候，奖励就是增加或减少的游戏的分数，奖励本身的稀疏程度决定于游戏的难度。

1.2.3 序列决策

在一个强化学习环境中，智能体的目的是选取一系列的动作来最大化奖励，所以这些选取的动作必须有长期的影响。但在这个过程中，智能体的奖励是被延迟了的，就是我们现在选取的某一步动作，可能要等到很久后才知道这一步到底产生了什么样的影响。如图 1.12 所示，在玩雅达利的 *Pong* 游戏时，我们可能只有到最后游戏结束时，才知道球到底有没有被击打过去。过程中我们采取的上升（up）或下降（down）动作，并不会直接产生奖励。强化学习中一个重要的课题就是近期奖励和远期奖励的权衡（trade-off），研究怎么让智能体取得更多的远期奖励。

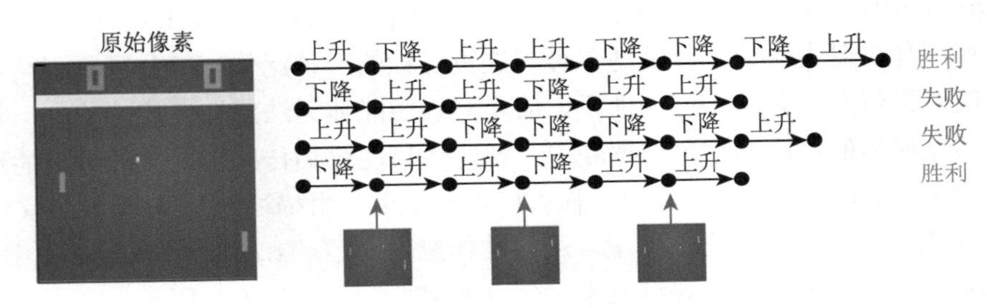

图 1.12 玩 *Pong* 游戏 [1]

在与环境的交互过程中，智能体会获得很多观测。针对每一个观测，智能体会采取一个动作，也会得到一个奖励。所以历史是观测、动作、奖励的序列：

$$H_t = o_1, a_1, r_1, \cdots, o_t, a_t, r_t \tag{1.2}$$

智能体在采取当前动作的时候会依赖于它之前得到的历史，所以我们可以把整个游戏的状态看成关于这个历史的函数：

$$s_t = f(H_t) \tag{1.3}$$

Q：状态和观测有什么关系？

A：**状态**是对世界的完整描述，不会隐藏世界的信息。**观测**是对状态的部分描述，可能会遗漏一些信息。在深度强化学习中，我们几乎总是用实值的向量、矩阵或者更高阶的张量来表示状态和观测。例如，我们可以用 RGB 像素值的矩阵来表示一个视觉的观测，可以用机器人关节的角度和速度来表示一个机器人的状态。

环境有自己的函数 $s_t^e = f^e(H_t)$ 来更新状态，在智能体的内部也有一个函数 $s_t^a = f^a(H_t)$ 来更新状态。当智能体的状态与环境的状态等价的时候，即当智能体能够观察到环境的所有状态时，我们称这个环境是**完全可观测的（fully observed）**。在这种情况下，强化学习通常被建模成一个**马尔可夫决策过程（Markov decision process，MDP）**的问题。在马尔可夫决策过程中，$o_t = s_t^e = s_t^a$。

但是有一种情况是智能体得到的观测并不能包含环境运作的所有状态，因为在强化学习的设定中，环境的状态才是真正的所有状态。比如智能体在玩 *black jack* 游戏，它能看到的其实是牌面上的牌。或者在玩雅达利游戏的时候，观测到的只是当前电视上面这一帧的信息，我们并没有得到游戏内部所有的运作状态。也就是当智能体只能看到部分的观测，我们就称这个环境是**部分可观测的（partially observed）**。在这种情况下，强化学习通常被建模成**部分可观测马尔可夫决策过程（partially observable Markov decision process, POMDP）**的问题。部分可观测马尔可夫决策过程是马尔可夫决策过程的一种泛化。部分可观测马尔可夫决策过程依然具有马尔可夫性质，但是假设智能体无法感知环境的状态，只能知道部分观测值。比如在自动驾驶中，智能体只能感知传感器采集的有限的环境信息。部分可观测马尔可夫决策过程可以用一个七元组描述：$(S, A, T, R, \Omega, O, \gamma)$。其中 S 表示状态空间，为隐变量，A 为动作空间，$T(s'|s, a)$ 为状态转移概率，R 为奖励函数，$\Omega(o|s, a)$ 为观测概率，O 为观测空间，γ 为折扣因子。

1.3 动作空间

不同的环境允许不同种类的动作。在给定的环境中，有效动作的集合经常被称为**动作空间（action space）**。像雅达利游戏和围棋（Go）这样的环境有**离散动作空间（discrete action space）**，在这样的动作空间里，智能体的动作数量是有限的。在其他环境，比如在物理世界中控制一个智能体，在这样的环境中就有**连续动作空间（continuous action space）**。在连续动作空间中，动作是实值的向量。

例如，走迷宫机器人如果只有往东、往南、往西、往北这 4 种移动方式，则其动作空间为离散动作空间；如果机器人可以向 360° 中的任意角度进行移动，则其动作空间为连续动作空间。

1.4 强化学习智能体的组成部分和类型

对于一个强化学习智能体，它可能有一个或多个如下的组成部分。

- **策略（policy）**。智能体会用策略来选取下一步的动作。
- **价值函数（value function）**。我们用价值函数来对当前状态进行评估。价值函数用于评估智能体进入某个状态后，可以对后面的奖励带来多大的影响。价值函数值越大，说明智能体进入这个状态越有利。

- **模型（model）**。模型表示智能体对环境的状态进行理解，它决定了环境中世界的运行方式。

下面我们深入了解这 3 个组成部分的细节。

1.4.1　策略

策略是智能体的动作模型，它决定了智能体的动作。它其实是一个函数，用于把输入的状态变成动作。策略可分为两种：随机性策略和确定性策略。

随机性策略（stochastic policy）就是 π 函数，即 $\pi(a|s)=p\left(a_t=a|s_t=s\right)$。输入一个状态 s，输出一个概率。这个概率是智能体所有动作的概率，然后对这个概率分布进行采样，可得到智能体将采取的动作。比如可能是有 0.7 的概率往左，0.3 的概率往右，那么通过采样就可以得到智能体将采取的动作。

确定性策略（deterministic policy）就是智能体直接采取最有可能的动作，即 $a^*=\arg\max\limits_a \pi(a\mid s)$。

如图 1.13 所示，从雅达利游戏来看，策略函数的输入就是游戏的一帧，它的输出决定智能体向左移动或者向右移动。

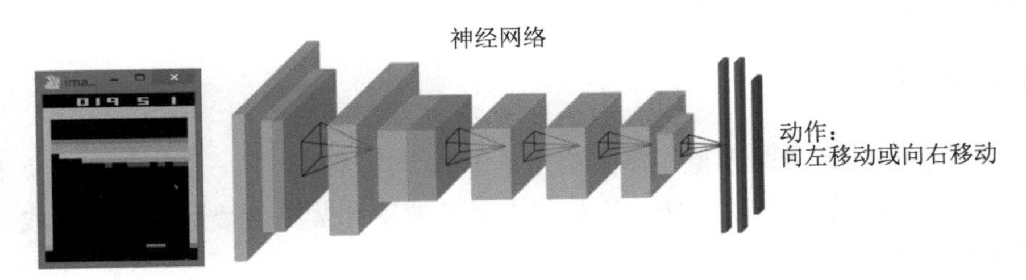

图 1.13　策略函数

通常情况下，强化学习一般使用随机性策略，随机性策略有很多优点。比如，在学习时可以通过引入一定的随机性来更好地探索环境；随机性策略的动作具有多样性，这一点在多个智能体博弈时非常重要。采用确定性策略的智能体总是对同样的状态采取相同的动作，这会导致它的策略很容易被对手预测。

1.4.2　价值函数

价值函数的值是对未来奖励的预测，我们用它来评估状态的好坏。价值函数中有一个**折扣因子（discount factor）**，我们希望在尽可能短的时间内得到尽可能多的奖励。比如现在给我们两个选择：10 天后给我们 100 元或者现在给我们

100 元。我们肯定更希望现在就给我们 100 元，因为可以把这 100 元存在银行中，这样就会有一些利息。因此，我们可以把折扣因子放到价值函数的定义中，价值函数的定义为

$$V_{\pi}(s) \doteq \mathbb{E}_{\pi}\left[G_t \mid s_t=s\right]=\mathbb{E}_{\pi}\left[\sum_{k=0}^{\infty} \gamma^k r_{t+k+1} \mid s_t=s\right], \text{对于所有的} s \in S \tag{1.4}$$

期望 $\mathbb{E}_{\pi}$ 的下标是 π 函数，π 函数的值可反映在我们使用策略 π 的时候，到底可以得到多少奖励。

我们还有一种价值函数：Q 函数。Q 函数中包含两个变量：状态和动作。其定义为

$$Q_{\pi}(s, a) \doteq \mathbb{E}_{\pi}\left[G_t \mid s_t=s, a_t=a\right]=\mathbb{E}_{\pi}\left[\sum_{k=0}^{\infty} \gamma^k r_{t+k+1} \mid s_t=s, a_t=a\right] \tag{1.5}$$

所以我们未来可以获得奖励的期望取决于当前的状态和当前的动作。Q 函数是强化学习算法中要学习的一个函数。因为当我们得到 Q 函数后，进入某个状态要采取的最优动作可以通过 Q 函数得到。

1.4.3 模型

第 3 个组成部分是模型，模型决定了下一步的状态。下一步的状态取决于当前的状态以及当前采取的动作。它由状态转移概率和奖励函数两个部分组成。状态转移概率即

$$p_{s s^{\prime}}^a=p\left(s_{t+1}=s^{\prime} \mid s_t=s, a_t=a\right) \tag{1.6}$$

奖励函数是指我们在当前状态采取了某个动作，可以得到多大的奖励，即

$$R(s, a)=\mathbb{E}\left[r_{t+1} \mid s_t=s, a_t=a\right] \tag{1.7}$$

当我们有了策略、价值函数和模型 3 个组成部分后，就形成了一个**马尔可夫决策过程**。如图 1.14 所示，这个决策过程可视化了状态之间的转移以及采取的动作。

我们来看一个走迷宫的例子。如图 1.15 所示，要求智能体从起点（start）开始，最后到达终点（goal）的位置。每走一步，就会得到 −1 的奖励。我们可以采取的动作是往上、下、左、右走。我们用现在智能体所在的位置来描述当前状态。

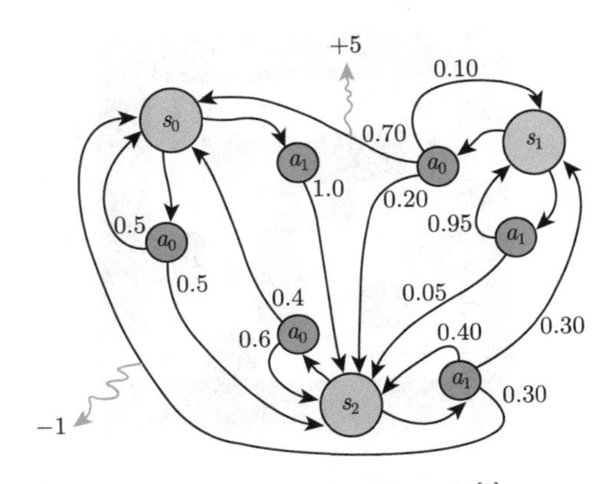

图 1.14　马尔可夫决策过程 [1]

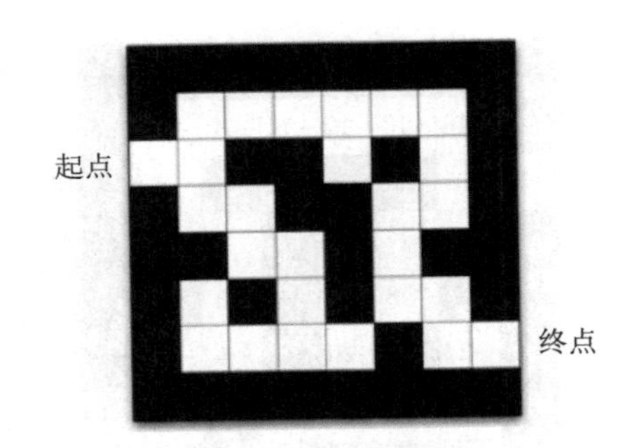

图 1.15　走迷宫的例子 [3]

我们可以用不同的强化学习方法来“解”这个环境。如果采取基于策略的强化学习（policy-based RL）方法，当学习好了这个环境后，在每一个状态，我们都会得到一个最佳的动作。如图 1.16 所示，比如现在在起点位置，我们知道最佳动作是往右走；在第二格的时候，得到的最佳动作是往上走；第三格是往右走……通过最佳的策略，我们可以最快地到达终点。

如果换成基于价值的强化学习（value-based RL）方法，利用价值函数作为导向，我们就会得到另外一种表征，每一个状态会返回一个价值。如图 1.17 所示，比如我们在起点位置的时候，价值是 −16，因为最快可以 16 步到达终点。因为每走一步会减 1，所以这里的价值是 −16。当我们快接近终点的时候，这个数字变得越来越大。在拐角的时候，比如现在在第二格，价值是 −15，智能体会看上、下两格，它看到上面格子的价值变大了，变成 −14 了，下面格子的价值是 −16，那么智能体就会采取一个往上走的动作。所以通过学习的价值的不同，我们可以抽取出现在最佳的策略。

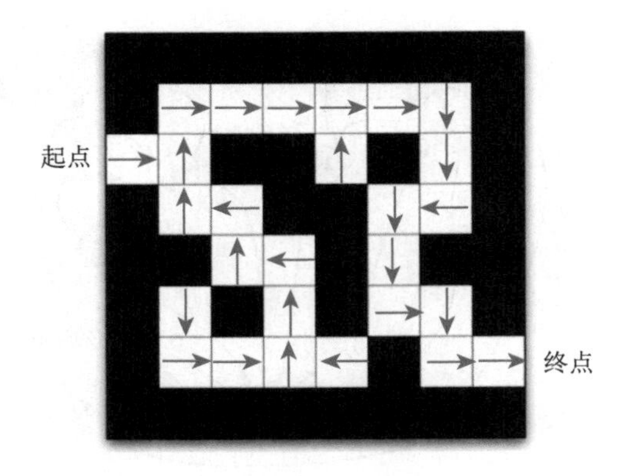

图 1.16　使用基于策略的强化学习方法得到的结果 [3]

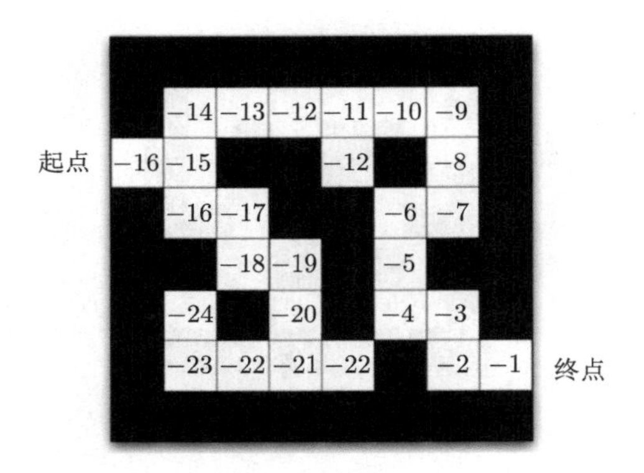

图 1.17　使用基于价值的强化学习方法得到的结果 [3]

1.4.4　强化学习智能体的类型

1. 基于价值的智能体与基于策略的智能体

根据智能体学习的事物不同，我们可以把智能体进行归类。**基于价值的智能体（value-based agent）**显式地学习价值函数，隐式地学习其策略。策略是其从学到的价值函数中推算出来的。**基于策略的智能体（policy-based agent）**直接学习策略，给它一个状态，它就会输出对应动作的概率。基于策略的智能体并没有学习价值函数。把基于价值的智能体和基于策略的智能体结合起来就有了**演员-评论员智能体（actor-critic agent）**。这一类智能体通过学习策略函数和价值函数以及两者的交互得到最佳的动作。

Q：基于策略和基于价值的强化学习方法有什么区别?

A：对于一个状态转移概率已知的马尔可夫决策过程，我们可以使用动态规划算法来求解。从决策方式来看，强化学习又可以划分为基于策略的方法和基于价值的方法。决策方式是智能体在给定状态下从动作集合中选择一个动作的依据，它是静态的，不随状态变化而变化。在基于策略的强化学习方法中，智能体会制定一套动作策略，即确定在给定状态下需要采取何种动作，并根据这个策略进行操作。强化学习算法直接对策略进行优化，使制定的策略能够获得最大的奖励。而在基于价值的强化学习方法中，智能体不需要制定显式的策略，它维护一个价值表格或价值函数，并通过这个价值表格或价值函数来选取价值最大的动作。基于价值的方法只能应用在离散的环境下（如围棋或某些游戏领域），对于动作集合规模庞大、动作连续的场景（如机器人控制领域），其很难学习到较好的结果（此时基于策略的方法能够根据设定的策略来选择连续的动作）。基于价值的强化学习算法有 Q 学习（Q-learning）、Sarsa、深度 Q 网络等，而基于策略的强化学习算法有策略梯度（policy gradient，PG）算法等。此外，演员-评论员算法同时使用策略和价值函数来做出决策。其中，智能体会根据策略做出动作，而价值函数会对做出的动作给出价值，这样可以在原有的策略梯度算法的基础上加速学习过程，取得更好的效果。

2. 有模型强化学习智能体与免模型强化学习智能体

另外，我们可以通过智能体到底有没有学习环境模型来对智能体进行分类。**有模型（model-based）**强化学习智能体，它通过学习状态的转移来采取动作。**免模型（model-free）**强化学习智能体，它没有直接估计状态的转移，也没有得到环境的具体转移变量，它通过学习价值函数和策略函数进行决策。免模型强化学习智能体的模型中没有环境转移的模型。

我们可以用马尔可夫决策过程来定义强化学习任务，并将其表示为四元组 $<S, A, P, R>$，即状态集合、动作集合、状态转移函数和奖励函数。如果这个四元组中所有元素均已知，且状态集合和动作集合在有限步数内是有限集，则智能体可以对真实环境进行建模，构建一个虚拟世界来模拟真实环境中的状态和交互反应。具体来说，当智能体知道状态转移函数 $p(s_{t+1}|s_t, a_t)$ 和奖励函数 $R(s_t, a_t)$ 后，它就能知道在某一状态下执行某一动作后能带来的奖励和环境的下一状态，这样智能体就不需要在真实环境中采取动作，直接在虚拟世界中学习和规划策略即可。这种学习方法称为**有模型强化学习**。有模型强化学习的流程如图 1.18 所示。

然而在实际应用中，智能体并不是那么容易就能知晓马尔可夫决策过程中的所有元素的。通常情况下，状态转移函数和奖励函数很难估计，甚至连环境中的状态都可能是未知的，这时就需要采用免模型强化学习。免模型强化学习没有对真实环境进行建模，智能体只能在真实环境中通过一定的策略来执行动作，等待奖励和状态迁移，然后根据这些反馈信息来更新动作策略，这样反复迭代直到学习到最优策略。

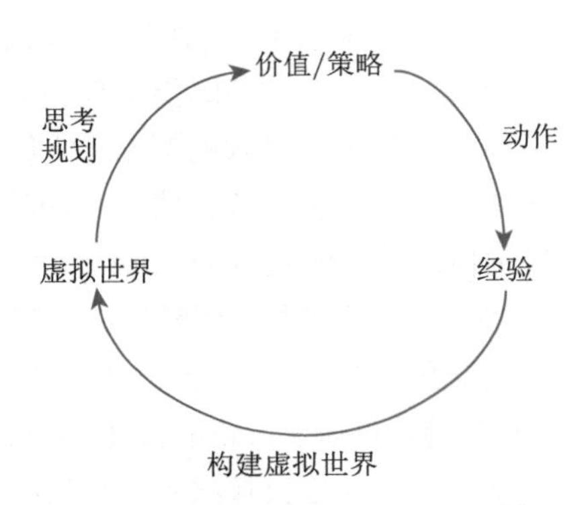

图 1.18　有模型强化学习流程 [4]

Q：有模型强化学习和免模型强化学习有什么区别？

A：针对是否需要对真实环境建模，强化学习可以分为有模型强化学习和免模型强化学习。有模型强化学习是指根据环境中的经验，构建一个虚拟世界，同时在真实环境和虚拟世界中学习；免模型强化学习是指不对环境进行建模，直接与真实环境进行交互来学习到最优策略。

总之，有模型强化学习相比免模型强化学习仅仅多出一个步骤，即对真实环境进行建模。因此，一些有模型强化学习方法，也可以在免模型强化学习方法中使用。在实际应用中，如果不清楚该用有模型强化学习还是免模型强化学习，可以先思考在智能体执行动作前，是否能对下一步的状态和奖励进行预测，如果能，就能够对环境进行建模，从而采用有模型强化学习。

免模型强化学习通常属于数据驱动型方法，需要大量的采样来估计状态、动作及奖励函数，从而优化动作策略。例如，在雅达利平台上的《太空侵略者》游戏中，免模型的深度强化学习需要大约两亿帧游戏画面才能学到比较理想的效果。相比之下，有模型的深度强化学习可以在一定程度上缓解训练数据匮乏的问题，因为智能体可以在虚拟世界中进行训练。免模型强化学习的泛化性要优于有模型强化学习，原因是有模型强化学习需要对真实环境进行建模，并且虚拟世界与真实环境之间可能还有差异，这限制了有模型强化学习算法的泛化性。有模型强化学习可以对环境建模，使得该类方法具有独特魅力，即“想象能力”。在免模型强化学习中，智能体只能一步一步地采取策略，等待真实环境的反馈；有模型强化学习可以在虚拟世界中预测出将要发生的事，并采取对自己最有利的策略。

目前，大部分深度强化学习方法都采用了免模型强化学习，这是因为：免模型强化学习更为简单、直观且有丰富的开源资料，如 AlphaGo 系列都采用免模型强化学习；在目前的强化学习研究中，大部分情况下环境都是静态的、可描述的，智能体的状态是离散的、可观察的（如雅达利游戏平台），这种相对简单、确定的问题并不需要评估状态转移函数和奖励函数，可直接采用免模型强化学习，使用大量的样本进行训练就能获得较好的效果[4]。

如图 1.19 所示，我们可以把几类模型放到一个维恩图中。图 1.19 有 3 个组成部分：价值函数、策略和模型。按一个智能体具有三者中的三者、两者或一者的情况可以把它分成很多类。

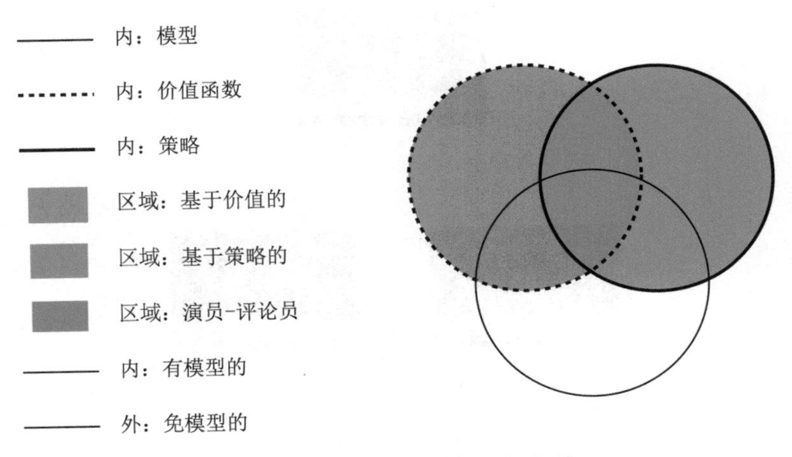

图 1.19　强化学习智能体的类型

1.5　学习与规划

学习（learning）和规划（planning）是序列决策的两个基本问题。如图 1.20 所示，在强化学习中，环境初始时是未知的，智能体不知道环境如何工作，它通过不断地与环境交互，逐渐改进策略。

如图 1.21 所示，在规划中，环境是已知的，智能体被告知了整个环境的运作规则的详细信息。智能体能够计算出一个完美的模型，并且在不需要与环境进行任何交互的时候进行计算。智能体不需要实时地与环境交互就能知道未来环境，只需要知道当前的状态，就能够开始思考，来寻找最优解。

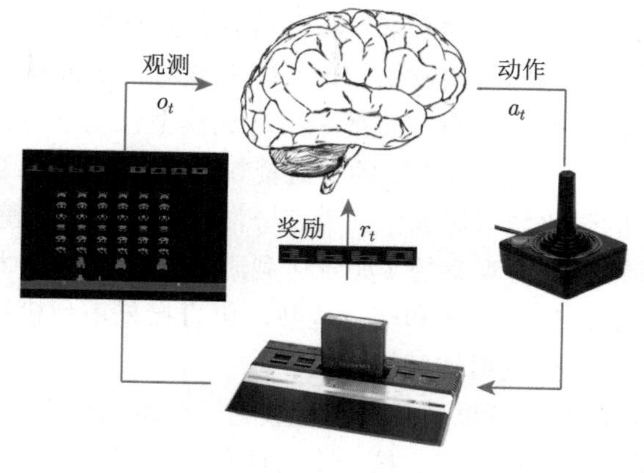

图 1.20　学习 [3]

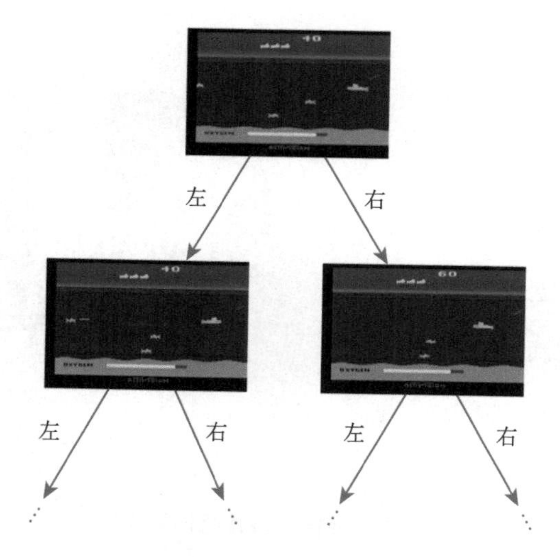

图 1.21　规划 [3]

在图 1.21 所示的游戏中，规则是确定的，我们知道选择左之后环境将会产生什么变化。我们完全可以通过已知的规则，在内部模拟整个决策过程，无需与环境交互。一个常用的强化学习问题解决思路是，先学习环境如何工作，也就是了解环境工作的方式，即学习得到一个模型，然后利用这个模型进行规划。

1.6 探索和利用

在强化学习中，探索和利用是两个很核心的问题。探索即我们去探索环境，通过尝试不同的动作来得到最佳的策略（带来最大奖励的策略）。利用即我们不去尝试新的动作，而是采取已知的可以带来很大奖励的动作。在刚开始的时候，强化学习智能体不知道它采取了某个动作后会发生什么，所以它只能通过试错去探索，那么探索就是通过试错来理解采取的动作到底可不可以带来好的奖励。利用是指我们直接采取已知的可以带来很好奖励的动作。所以这里就面临一个权衡问题，即怎么通过牺牲一些短期的奖励来理解动作，从而学习到更好的策略。

下面举一些探索和利用的例子。以选择餐馆为例，利用是指我们直接去最喜欢的餐馆，因为去过这个餐馆很多次了，所以我们知道这里的菜都非常可口；探索是指我们用手机搜索一个新的餐馆，然后去尝试它的菜到底好不好吃，我们有可能对这个新的餐馆感到非常不满意，这样钱就浪费了。以做广告为例，利用是指我们直接采取最优的广告策略；探索是指我们换一种广告策略，看看这个新的广告策略可不可以得到更好的效果。以挖油为例，利用是指我们直接在已知的地方挖油，这样可以确保挖到油；探索是指我们在一个新的地方挖油，这样就有很大的概率不能发现油田，但也可能有比较小的概率可以发现一个非常大的油田。以玩游戏为例，利用是指我们总是采取某一种策略，比如，我们玩《街头霸王》游戏的时候，采取的策略可能是蹲在角落，然后一直"出脚"，这个策略很可能可以奏效，但可能遇到特定的对手就会失效；探索是指我们可能尝试一些新的招式，有可能我们会放出"大招"来，这样就可能将对手"一招毙命"。

与监督学习任务不同，强化学习任务的最终奖励在多步动作之后才能观察到，这里我们不妨先考虑比较简单的情形：最大化单步奖励，即仅考虑一步动作。需注意的是，即使在这样的简单情形下，强化学习仍与监督学习有显著不同，因为智能体需通过试错来发现各个动作产生的结果，而没有训练数据告诉智能体应该采取哪个动作。

想要最大化单步奖励需考虑两个方面：一是需知道每个动作带来的奖励，二是要执行奖励最大的动作。若每个动作对应的奖励是一个确定值，那么尝试一次所有的动作便能找出奖励最大的动作。然而，更一般的情形是，一个动作的奖励值来自一个概率分布，仅通过一次尝试并不能确切地获得平均奖励值。

实际上，单步强化学习任务对应于一个理论模型，即 **K-臂赌博机**（**K-armed bandit**）。K-臂赌博机也被称为**多臂赌博机**（**multi-armed bandit，MAB**）。如图 1.22 所示，K-臂赌博机有 K 个摇臂，使用者在投入一个硬币后可选择按下其中一个摇臂，K-臂赌博机以一定的概率吐出硬币，但这个概率使用者并不知道。使用者的目标是通过一定的策略最大化自己的奖励，即获得最多的硬币[5]。若仅为获知每个摇臂的期望奖励，则可采用**仅探索（exploration-only）法**：将所有的尝试机会平均分配给每个摇臂（即轮流按下每个摇臂），最后以每个摇臂各自对应的平均吐币概率作为其奖励期望的近似估计。若仅为执行奖励最大的动作，则可采用**仅利用（exploitation-only）法**：按下目前最优的（即到目前为止平均奖励最大的）摇臂，若有多个摇臂同为最优，则从中随机选取一个。

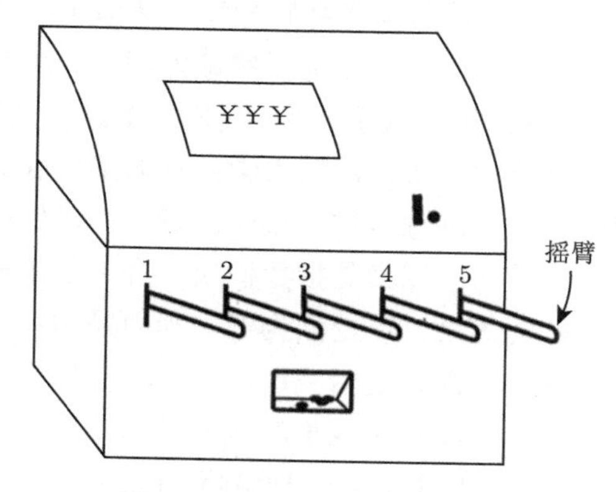

图 1.22 K-臂赌博机图示 [5]

显然，仅探索法能很好地估计每个摇臂的奖励，却会失去很多选择最优摇臂的机会；仅利用法则相反，它没有很好地估计摇臂期望奖励，很可能经常选不到最优摇臂。因此，这两种方法都难以使最终的累积奖励最大化。

事实上，探索（估计摇臂的优劣）和利用（选择当前最优摇臂）这两者是矛盾的，因为尝试次数（总投币数）有限，加强了一方则自然会削弱另一方，这就是强化学习所面临的**探索-利用窘境（exploration-exploitation dilemma）**。显然，想要累积奖励最大，则必须在探索与利用之间达成较好的折中。

1.7 强化学习实验

强化学习是一个理论与实践相结合的机器学习分支，我们不仅要理解其算法背后的数学原理，还要通过上机实践来实现算法。在很多实验环境中去探索算法能不能得到预期效果也是一个非常重要的过程。我们可以使用 Python 和深度学习的一些包来实现强化学习算法。现在有很多深度学习的包可以使用，比如 PyTorch、TensorFlow、Keras，熟练使用其中的两三种，就可以实现非常多的功能。所以我们并不需要从头去“造轮子”。

1.7.1 Gym

OpenAI 是一家非营利性的人工智能研究公司，其公布了非常多的学习资源以及算法资源。其之所以叫作 OpenAI，是因为他们把所有开发的算法都进行了开源。如图 1.23 所示，OpenAI 的 **Gym 库**是一个环境仿真库，其中包含很多现有的环境。针对不同的场景，我们可以选择不同的环境。离散控制场景（输出的动作是可数的，比如 *Pong* 游戏中输出的向上或向下动作）一般使用雅达利环境评估；连续控制场景（输出的动作是不可数的，比如机器人走路时不仅有方向，还有角度，角度就是不可数的，是一个连续的量）一般使用 MuJoCo 环境评估。**Gym Retro** 是对 Gym 环境的进一步扩展，包含更多的游戏。

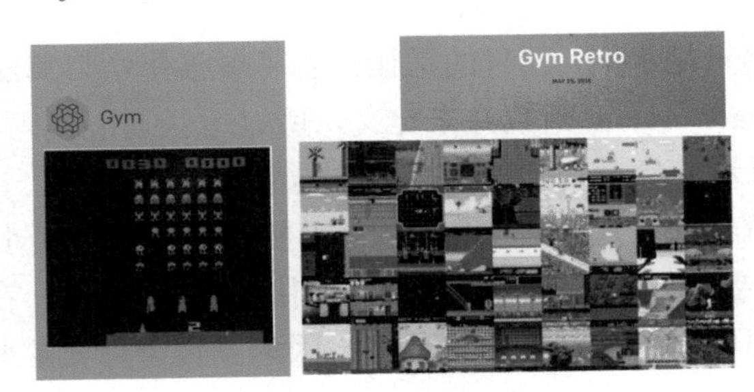

图 1.23 OpenAI 的 Gym 库

我们可以通过 pip 来安装 Gym 库，由于 Gym 库 0.26.0 及其之后的版本对之前的代码不兼容，所以我们安装 0.26.0 之前的 Gym，比如 0.25.2。

```
pip install gym==0.25.2
```

此外，为了显示图形界面，我们还需要安装 pygame 库。

```
pip install pygame
```

在 Python 环境中导入 Gym 库，如果不报错，就可以认为 Gym 库安装成功。

```
$python
>>>import gym
```

比如我们现在安装了 Gym 库，就可以直接调入 Taxi-v3 的环境。初始化这个环境后，就可以进行交互了。智能体得到某个观测后，它就会输出一个动作。这个动作会被环境拿去执行某个步骤，然后环境就会往前走一步，返回新的观测、奖励以及一个 flag 变量 done，done 决定这个游戏是不是结束了。我们通过几行代码就可实现强化学习的框架。

```
import gym
env = gym.make("Taxi-v3")
observation = env.reset()
agent = load_agent()
for step in  range(100):
    action = agent(observation)
    observation, reward, done, info = env.step(action)
```

上面这段代码只是示例，其目的是让读者了解强化学习算法代码实现的框架，并非完整代码，load_agent 函数并未定义，所以运行这段代码会报错。

如图 1.24 所示，Gym 库中有很多经典的控制类游戏。比如，*Acrobot* 需要让一个双连杆机器人立起来；*CartPole* 需要通过控制一辆小车，让杆立起来；*MountainCar* 需要通过前后移动车，让它到达旗帜的位置。在刚开始测试强化学习的时候，我们可以选择这些简单环境，因为强化学习在这些环境中可以在一两分钟之内见到效果。

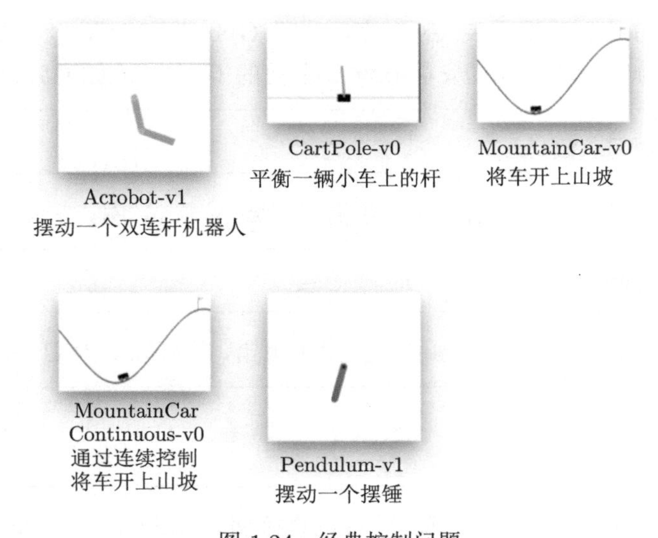

图 1.24　经典控制问题

如图 1.25 所示，CartPole-v0 环境有两个动作：将小车向左移动和将小车向右移动。我们还可以得到观测：小车当前的位置，小车当前往左、往右移的速度，杆的角度以及杆的最高点（顶端）的速度。观测越详细，我们就可以更好地描述当前所有的状态。这里有奖励的定义，如果能多走一步，我们就会得到一个奖励（奖励值为 1），所以我们需要存活尽可能多的时间来得到更多的奖励。当杆的角度大于某一个角度（没能保持平衡），或者小车的中心到达图形界面窗口的边缘，或者累计步数大于 200，游戏就结束了。所以智能体的目的是控制杆，让它尽可能地保持平衡以及尽可能保持在环境的中央。

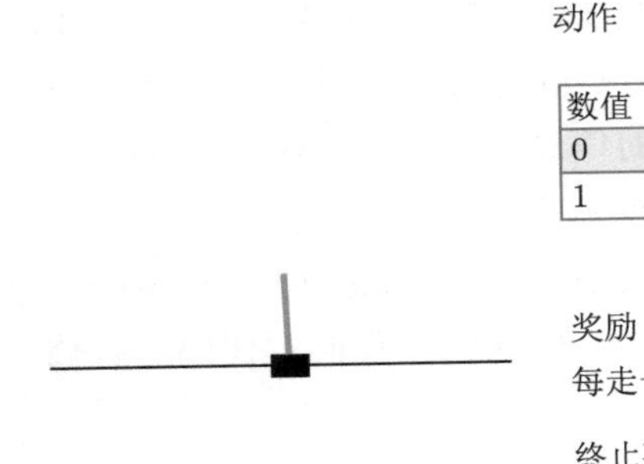

动作

数值	动作
0	将小车向左移动
1	将小车向右移动

观测

数值	观测	最小值	最大值
0	车位置	−2.4	2.4
1	车速	−inf	inf
2	杆角度	−12°	12°
3	杆顶端的速度	−inf	inf

奖励

每走一步，包括终止步骤，奖励都是1。

终止事件

1.杆角度超出−12°~12°。

2.小车位置超出−2.4~2.4，即小车的中心超出图形界面窗口的边缘。

3.累计步数大于200。

图 1.25　CartPole-v0 的例子

注意：如果绘制了实验的图形界面窗口，那么关闭该窗口的最佳方式是调用 env.close()。试图直接关闭图形界面窗口可能会导致内存不能释放，甚至会导致死机。

```
import gym  # 导入 Gym 的 Python 接口环境包
env = gym.make('CartPole-v0')  # 构建实验环境
env.reset()  # 重置一个回合
for _ in  range(1000):
    env.render()  # 显示图形界面
    action = env.action_space.sample() # 从动作空间中随机选取一个动作
    env.step(action) # 用于提交动作，括号内是具体的动作
env.close() # 关闭环境
```

当我们执行这段代码时，机器人会驾驶着小车朝某个方向一直跑，直到我们

看不见，这是因为我们还没开始训练机器人。

Gym 库中的大部分小游戏都可以用一个普通的实数或者向量来表示动作。输出 env.action_space.sample() 的返回值，能看到输出为 1 或者 0。env.action_space.sample() 的含义是，在该游戏的所有动作空间里随机选择一个作为输出。在这个例子中，动作只有两个：0 和 1，一左一右。env.step() 方法有 4 个返回值：observation、reward、done、info。

observation 是状态信息，是在游戏中观测到的屏幕像素值或者盘面状态描述信息。reward 是奖励值，即动作提交以后能够获得的奖励值。这个奖励值因游戏的不同而不同，但总体原则是，对完成游戏有帮助的动作会获得比较高的奖励值。done 表示游戏是否已经完成，如果完成了，就需要重置游戏并开始一个新的回合。info 是一些比较“原始”的用于诊断和调试的信息，或许对训练有帮助。不过，OpenAI 在评价我们提交的机器人时，是不允许使用这些信息的。

在每个训练中都要使用的返回值有 observation、reward、done。但 observation 的结构会由于游戏的不同而发生变化。以 CartPole-v0 为例，我们对代码进行修改如下。

```
import gym
env = gym.make('CartPole-v0')
env.reset()
for _ in  range(1000):
    env.render()
    action = env.action_space.sample()
    observation, reward, done, info = env.step(action)
    print(observation)
env.close()
```

输出：

```
[ 0.01653398 0.19114579 0.02013859 -0.28050058]
[ 0.0203569 -0.00425755 0.01452858 0.01846535]
[ 0.02027175 -0.19958481 0.01489789 0.31569658]
......
```

从输出可以看出这是一个四维的观测。在其他游戏中会有维度更多的情况出现。

env.step() 完成了一个完整的 $S \to A \to R \to S'$ 过程。我们只要不断观测这样的过程，并让智能体在其中用相应的算法完成训练，就能得到一个高质量的强化学习模型。

Gym 库已注册的环境可以通过以下代码查看。

```
from gym import envs
env_specs = envs.registry.all()
envs_ids = [env_spec.id for env_spec in env_specs]
print(envs_ids)
```

Gym 库中的每个环境都定义了观测空间和动作空间。观测空间和动作空间可以是离散的（取值为有限个离散的值），也可以是连续的（取值为连续的值）。

1.7.2 MountainCar-v0 例子

接下来，我们通过一个例子来学习如何与 Gym 库进行交互。我们选取**小车上山（MountainCar-v0）**作为例子。

首先我们来看看这个任务的观测空间和动作空间。

```
import gym
env = gym.make('MountainCar-v0')
print('观测空间 = {}'. format(env.observation_space))
print('动作空间 = {}'. format(env.action_space))
print('观测范围 = {} ~ {}'. format(env.observation_space.low,
        env.observation_space.high))
print('动作数 = {}'. format(env.action_space.n))
```

输出：

```
观测空间 = Box([-1.2 -0.07], [0.6 0.07], (2,), float32)
动作空间 = Discrete(3)
观测范围 = [-1.2 -0.07] ~ [0.6 0.07]
动作数 = 3
```

在 Gym 库中，环境的观测空间用 env.observation_space 表示，动作空间用 env.action_space 表示。离散空间用 gym.spaces.Discrete 类表示，连续空间用 gym.spaces.Box 类表示。对于离散空间，Discrete (n) 表示可能取值的数量为 n；对于连续空间，Box 类实例成员中的 low 和 high 表示每个浮点数的取值范围。MountainCar-v0 中的观测是长度为 2 的 numpy 数组，数组中值的类型为 float。MountainCar-v0 中的动作是整数，取值范围为 0,1,2。

接下来实现智能体来控制小车移动，对应代码如下。

```
class SimpleAgent:
    def __init__(self, env):
        pass

    def decide(self, observation): # 决策
        position, velocity = observation
        lb =  min(-0.09 * (position + 0.25) ** 2 + 0.03,
                0.3 * (position + 0.9) ** 4 - 0.008)
        ub = -0.07 * (position + 0.38) ** 2 + 0.07
        if lb < velocity < ub:
            action = 2
        else:
            action = 0
        return action # 返回动作

    def learn(self, *args): # 学习
        pass

agent = SimpleAgent(env)
```

SimpleAgent 类的 decide() 方法用于决策，learn() 方法用于学习，该智能体不是强化学习智能体，不能学习，只能根据给定的数学表达式进行决策。

接下来我们试图让智能体与环境交互，代码如下。

```
def play(env, agent, render=False, train=False):
    episode_reward = 0. # 记录回合总奖励，初始值为0
    observation = env.reset() # 重置游戏环境，开始新回合
    while True: # 不断循环，直到回合结束
```

```
        if render: # 判断是否显示
            env.render() # 显示图形界面
        action = agent.decide(observation)
        next_observation, reward, done, _ = env.step(action) # 执行动作
        episode_reward += reward # 收集回合奖励
        if train: # 判断是否训练智能体
            agent.learn(observation, action, reward, done) # 学习
        if done: # 回合结束，跳出循环
            break
        observation = next_observation
    return episode_reward # 返回回合总奖励
```

上面代码中的 play() 函数可以让智能体和环境交互一个回合，该函数有 4 个参数。env 是环境类。agent 是智能体类。render 是 bool 型变量，其用于判断是否需要图形化显示。如果 render 为 True，则在交互过程中会调用 env.render() 以显示图形界面，通过调用 env.close() 可关闭图形界面。train 是 bool 型变量，其用于判断是否训练智能体，在训练过程中设置为 True，让智能体学习；在测试过程中设置为 False，让智能体保持不变。该函数的返回值 episode_reward 是 float 型的数值，其表示智能体与环境交互一个回合的回合总奖励。

接下来，我们使用下面的代码让智能体和环境交互一个回合，并显示图形界面。

```
env.seed(3) # 设置随机种子，让结果可复现
episode_reward = play(env, agent, render=True)
print('回合奖励 = {}'.format(episode_reward))
env.close() # 关闭图形界面
```

输出：

```
回合奖励 = -105.0
```

为了评估智能体的性能，需要计算出连续交互 100 回合的平均回合奖励，代码如下。

```
episode_rewards = [play(env, agent) for _ in range(100)]
```

```
print('平均回合奖励 = {}'. format(np.mean(episode_rewards)))
```

输出：

```
平均回合奖励 = -106.63
```

SimpleAgent 类对应策略的平均回合奖励在 −110 左右，而对于小车上山任务，只要连续 100 个回合的平均回合奖励大于 −110，就可以认为该任务被解决了。

测试智能体在 Gym 库中某个任务的性能时，出于习惯使然，学术界一般最关心 100 个回合的平均回合奖励。对于有些任务，还会指定一个参考的回合奖励值，当连续 100 个回合的奖励大于指定的值时，则认为该任务被解决了。而对于没有指定值的任务，就无所谓任务被解决了或没有被解决 [6]。

我们对 Gym 库的用法进行总结：使用 env=gym.make(环境名) 取出环境，使用 env.reset() 初始化环境，使用 env.step(动作) 执行一步环境，使用 env.render() 显示环境，使用 env.close() 关闭环境。Gym 库有对应的官方文档，读者可以搜索相关文档来学习 Gym 库。

1.8 关键词

强化学习（reinforcement learning，RL）：智能体可以在与复杂且不确定的环境进行交互时，尝试使所获得的奖励最大化的算法。

动作（action）：环境接收到的智能体基于当前状态的输出。

状态（state）：智能体从环境中获取的状态。

奖励（reward）：智能体从环境中获取的反馈信号，这个信号指定了智能体在某一步采取了某个策略以后是否得到奖励，以及奖励的大小。

探索（exploration）：在当前的情况下，继续尝试新的动作。其有可能得到更高的奖励，也有可能一无所有。

利用（exploitation）：在当前的情况下，继续尝试已知的可以获得最大奖励的过程，即选择重复执行当前动作。

深度强化学习（deep reinforcement learning）：不需要手动设计特征，仅需要输入状态就可以让系统直接输出动作的一个端到端（end-to-end）的强化学习方法。通常使用神经网络来拟合价值函数（value function）或者策略网络（policy network）。

全部可观测（full observability）、完全可观测（fully observed）和部分可观测（partially observed）：当智能体的状态与环境的状态等价时，我们就称这个环境是全部可观测的；当智能体能够观察到环境的所有状态时，我们称这个环境是完全可观测的；一般智能体不能观察到环境的所有状态时，我们称这个环境是部分可观测的。

部分可观测马尔可夫决策过程（partially observable Markov decision process，POMDP）：即马尔可夫决策过程的泛化。部分可观测马尔可夫决策过程依然具有马尔可夫性质，但是假设智能体无法感知环境的状态，只能知道部分观测值。

动作空间（action space）、离散动作空间（discrete action space）和连续动作空间（continuous action space）：在给定的环境中，有效动作的集合被称为动作空间，智能体的动作数量有限的动作空间称为离散动作空间，反之，则被称为连续动作空间。

基于策略的（policy-based）：智能体会制定一套动作策略，即确定在给定状态下需要采取何种动作，并根据这个策略进行操作。强化学习算法直接对策略进行优化，使制定的策略能够带来最大的奖励。

基于价值的（valued-based）：智能体不需要制定显式的策略，它维护一个价值表格或者价值函数，并通过这个价值表格或价值函数来选取价值最大化的动作。

有模型（model-based）结构：智能体通过学习状态的转移来进行决策。

免模型（model-free）结构：智能体没有直接估计状态的转移，也没有得到环境的具体转移变量，它通过学习价值函数或者策略函数进行决策。

1.9 习题

1-1 强化学习的基本结构是什么？

1-2 强化学习相对于监督学习为什么训练过程会更加困难？

1-3 强化学习的基本特征有哪些？

1-4 近几年强化学习发展迅速的原因有哪些？

1-5 状态和观测有什么关系？

1-6 一个强化学习智能体由什么组成？

1-7 根据强化学习智能体的不同，我们可以将其分为哪几类？

1-8 基于策略和基于价值的强化学习方法有什么区别？

1-9 有模型强化学习和免模型强化学习有什么区别？

1-10 如何通俗理解强化学习？

1.10 面试题

1-1 友善的面试官：看来你对于强化学习还是有一定了解的呀，那么可以用一句话谈一下你对于强化学习的认识吗？

1-2 友善的面试官：请问，你认为强化学习、监督学习和无监督学习三者有什么区别呢？

1-3 友善的面试官：根据你的理解，你认为强化学习的使用场景有哪些呢？

1-4 友善的面试官：请问强化学习中所谓的损失函数与深度学习中的损失函数有什么区别呢？

1-5 友善的面试官：你了解有模型和免模型吗？两者具体有什么区别呢？

参考文献

[1] Andrej Karpathy 的文章“Deep Reinforcement Learning: Pong from Pixels”.

[2] Sergey Levine 的课程“Deep Reinforcement Learning”.

[3] David Silver 的课程“UCL Course on RL”.

[4] 诸葛越，江云胜，葫芦娃. 百面深度学习：算法工程师带你去面试 [M]. 北京：人民邮电出版社，2020.

[5] 周志华. 机器学习 [M]. 北京：清华大学出版社, 2016.

[6] 肖智清. 强化学习：原理与 Python 实现 [M]. 北京：机械工业出版社, 2019.

第2章 马尔可夫决策过程

图 2.1 介绍了在强化学习中智能体与环境之间的交互，智能体得到环境的状态后，它会采取动作，并把这个采取的动作返还给环境。环境得到智能体的动作后，它会进入下一个状态，把下一个状态传给智能体。在强化学习中，智能体与环境就是这样进行交互的，这个交互过程可以通过马尔可夫决策过程来表示，所以马尔可夫决策过程是强化学习的基本框架。

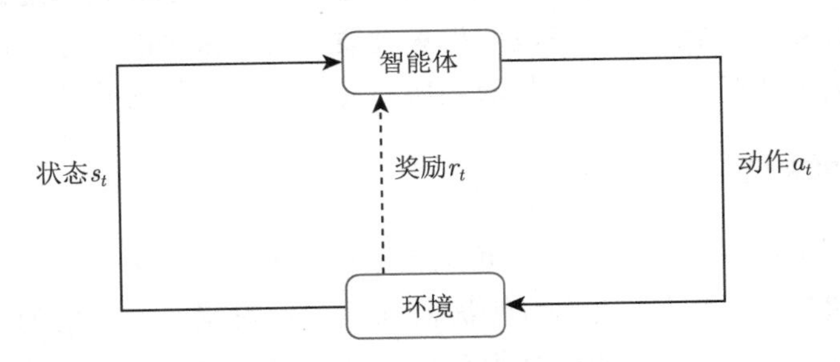

图 2.1　智能体与环境之间的交互

本章将介绍马尔可夫决策过程。在介绍马尔可夫决策过程之前，我们先介绍它的简化版本：马尔可夫过程（Markov process，MP）以及马尔可夫奖励过程（Markov reward process，MRP）。通过与这两种过程的比较，我们可以更容易理解马尔可夫决策过程。其次，会介绍马尔可夫决策过程中的**策略评估（policy evaluation）**，就是当给定决策后，怎么计算它的价值函数。最后，会介绍马尔可夫决策过程的控制，具体有**策略迭代（policy iteration）**和**价值迭代（value iteration）**两种算法。在马尔可夫决策过程中，它的环境是全部可观测的。很多时候环境中有些量是不可观测的，这种部分可观测的问题也可以转换成马尔可夫决策过程的问题。

2.1 马尔可夫过程

2.1.1 马尔可夫性质

在随机过程中，**马尔可夫性质（Markov property）**是指一个随机过程在给定现在状态及所有过去状态情况下，其未来状态的条件概率分布仅依赖于当前状态。以离散随机过程为例，假设随机变量 $X_0, X_1, \cdots, X_T$ 构成一个随机过程。这些随机变量的所有可能取值的集合被称为状态空间（state space）。如果 X_{t+1} 对于过去状态的条件概率分布仅是 X_t 的一个函数，则

$$p\left(X_{t+1}=x_{t+1} \mid X_{0:t}=x_{0:t}\right)=p\left(X_{t+1}=x_{t+1} \mid X_t=x_t\right) \tag{2.1}$$

其中，$X_{0:t}$ 表示变量集合 $X_0, X_1, \cdots, X_t$，$x_{0:t}$ 为在状态空间中的状态序列 x_0, $x_1, \cdots, x_t$。

马尔可夫性质也可以描述为给定当前状态时，将来的状态与过去状态是条件独立的[2]。如果某一个过程具有**马尔可夫性质**，那么未来的转移与过去的是独立的，它只取决于现在。马尔可夫性质是所有马尔可夫过程的基础。

2.1.2 马尔可夫链

马尔可夫过程是一组具有马尔可夫性质的随机变量序列 $s_1, \cdots, s_t$，其中下一个时刻的状态 s_{t+1} 只取决于当前状态 s_t。我们设状态的历史为 $h_t=\{s_1, s_2, s_3, \cdots, s_t\}$（$h_t$ 包含了之前的所有状态），则马尔可夫过程满足条件：

$$p\left(s_{t+1} \mid s_t\right)=p\left(s_{t+1} \mid h_t\right) \tag{2.2}$$

从当前状态 s_t 转移到 s_{t+1}，就等于它之前所有的状态转移到 s_{t+1}。

离散时间的马尔可夫过程也称为**马尔可夫链（Markov chain）**。马尔可夫链是最简单的马尔可夫过程，其状态是有限的。如图 2.2 所示有 4 个状态，这 4 个状态在 s_1、s_2、s_3、s_4 之间互相转移。比如从 s_1 开始，s_1 有 0.1 的概率继续存留在 s_1 状态，有 0.2 的概率转移到 s_2，有 0.7 的概率转移到 s_4。如果 s_4 是我们的当前状态，它有 0.3 的概率转移到 s_2，有 0.2 的概率转移到 s_3，有 0.5 的概率留在当前状态。

我们可以用**状态转移矩阵（state transition matrix）$\boldsymbol{P}$** 来描述状态转移 $p\left(s_{t+1}=s' \mid s_t=s\right)$：

$$
\boldsymbol{P}=\left(\begin{array}{cccc}
p\left(s_1 \mid s_1\right) & p\left(s_2 \mid s_1\right) & \cdots & p\left(s_N \mid s_1\right) \\
p\left(s_1 \mid s_2\right) & p\left(s_2 \mid s_2\right) & \cdots & p\left(s_N \mid s_2\right) \\
\vdots & \vdots & & \vdots \\
p\left(s_1 \mid s_N\right) & p\left(s_2 \mid s_N\right) & \cdots & p\left(s_N \mid s_N\right)
\end{array}\right) \tag{2.3}
$$

状态转移矩阵类似于条件概率（conditional probability），它表示当我们知道当前我们在状态 s_t 时，到达其他所有状态的概率。所以它的每一行描述的是从一个节点到达所有其他节点的概率。

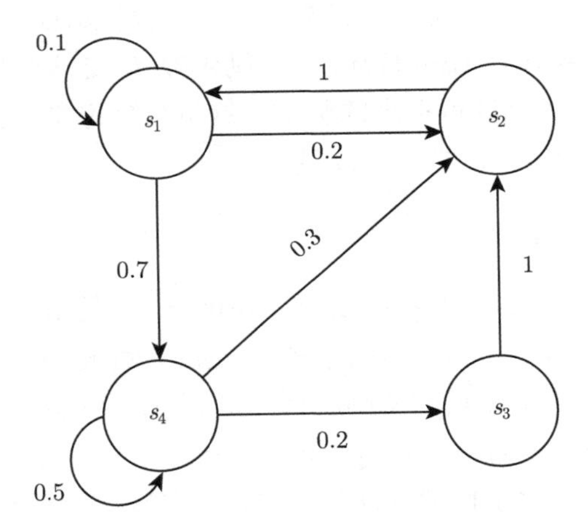

图 2.2　马尔可夫链示例

2.1.3　马尔可夫过程的例子

图 2.3 所示为一个马尔可夫过程的例子，这里有 7 个状态。比如从 s_1 开始，它有 0.4 的概率转移到 s_2，有 0.6 的概率留在当前状态。s_2 有 0.4 的概率转移到 s_1，有 0.4 的概率转移到 s_3，另外有 0.2 的概率留在当前状态。所以给定状态转移的马尔可夫链后，我们可以对这个链进行采样，这样就会得到一串轨迹。例如，假设我们从状态 s_3 开始，可以得到 3 条轨迹：

- s_3, s_4, s_5, s_6, s_6；
- s_3, s_2, s_3, s_2, s_1；
- s_3, s_4, s_4, s_5, s_5。

通过对状态的采样，我们可以生成很多这样的轨迹。

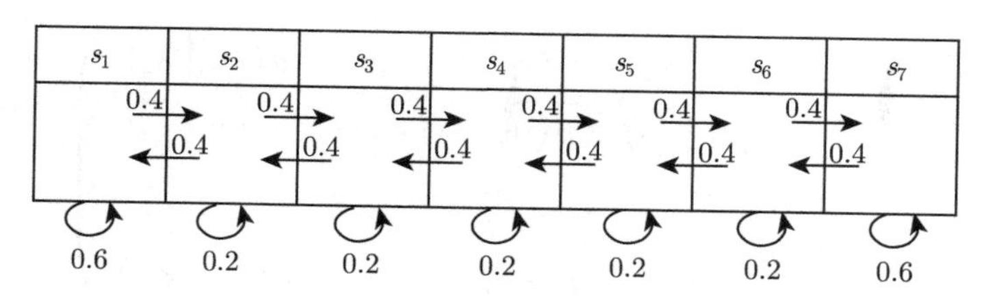

图 2.3 马尔可夫过程的例子

2.2 马尔可夫奖励过程

马尔可夫奖励过程（Markov reward process, MRP）是马尔可夫链加上奖励函数。在马尔可夫奖励过程中，状态转移矩阵和状态都与马尔可夫链一样，只是多了**奖励函数（reward function）**。奖励函数 R 是一个期望，表示当我们到达某一个状态的时候可以获得多大的奖励。这里另外定义了折扣因子 γ。如果状态数是有限的，那么 R 可以是一个向量。

2.2.1 回报与价值函数

这里我们进一步定义一些概念。**范围（horizon）**是指一个回合的长度（每个回合最大的时间步数），它是由有限个步数决定的。**回报（return）**可以定义为奖励的逐步叠加，假设时刻 t 后的奖励序列为 $r_{t+1}, r_{t+2}, r_{t+3}, \cdots$，则回报为

$$G_t = r_{t+1} + r_{t+2} + r_{t+3} + r_{t+4} + \cdots + r_T \tag{2.4}$$

其中，T 是最终时刻。对于持续性任务（比如长期运行的机器人），$T = \infty$。如果使用式 (2.4) 的定义，当每个时刻获得的都是正奖励时，回报会趋于无穷。因此，我们需要引入**折扣回报（discounted return）**：

$$G_t = r_{t+1} + \gamma r_{t+2} + \gamma^2 r_{t+3} + \gamma^3 r_{t+4} + \cdots \tag{2.5}$$

其中，γ 是折扣因子，越往后得到的奖励，折扣越多。这说明我们更希望得到现有的奖励，对未来的奖励要打折扣。当我们有了回报之后，就可以定义状态的价值了，就是**状态价值函数（state-value function）**。对于马尔可夫奖励过程，状态价值函数被定义成回报的期望，即

$$\begin{aligned} V^t(s) &= \mathbb{E}[G_t \mid s_t = s] \\ &= \mathbb{E}[r_{t+1} + \gamma r_{t+2} + \gamma_2 r_{t+3} + \cdots \mid s_t = s] \end{aligned} \tag{2.6}$$

其中，G_t 是之前定义的折扣回报。我们对 G_t 取了一个期望，期望就是从当前状态开始，可能获得多大的价值。因此期望也可以看成未来可能获得奖励的当前价值表现，即当我们进入某一个状态后，现在有多大的价值。

我们使用折扣因子的原因如下。第一，有些马尔可夫过程是带环的，它并不会终结，我们想避免无穷的奖励。第二，我们并不能建立完美的模拟环境的模型，对未来的评估不一定是准确的，我们不一定完全信任模型，因为这种不确定性，所以对未来的评估增加一个折扣。我们想把不确定性表示出来，希望尽可能快地得到奖励，而不是在未来某一个时刻得到奖励。第三，如果奖励是有实际价值的，我们可能更希望立刻就得到奖励，而不是后面再得到奖励（现在的钱比以后的钱更有价值）。最后，我们也更想得到即时奖励。有些时候可以把折扣因子设为 0（$\gamma=0$），我们就只关注当前的奖励。也可以把折扣因子设为 1（$\gamma=1$），对未来的奖励并没有打折扣，未来获得的奖励与当前获得的奖励是一样的。折扣因子可以作为强化学习智能体的一个超参数（hyperparameter）来进行调整，通过调整折扣因子，我们可以得到不同动作的智能体。

在马尔可夫奖励过程中，我们如何计算价值呢？如图 2.4 所示，马尔可夫奖励过程依旧是状态转移，其奖励函数可以定义为：智能体进入第一个状态 s_1 的时候会得到 5 的奖励，进入第七个状态 s_7 的时候会得到 10 的奖励，进入其他状态都没有奖励。我们可以用向量来表示奖励函数，即

$$\boldsymbol{R}=[5,0,0,0,0,0,10] \tag{2.7}$$

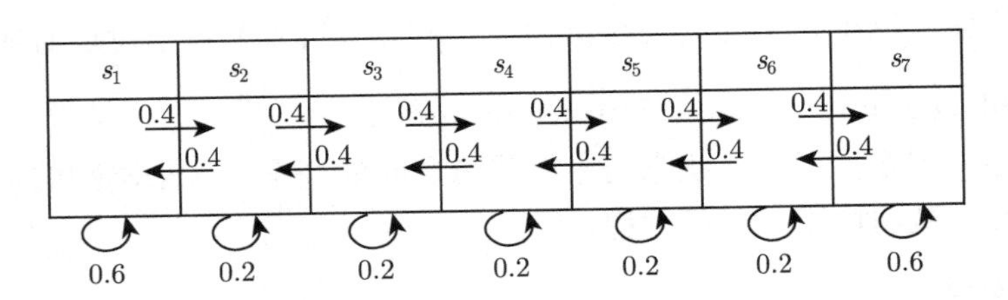

图 2.4 马尔可夫奖励过程的例子

我们对 4 步的回合（$\gamma=0.5$）来采样回报 G。

（1）s_4,s_5,s_6,s_7的回报 : $0+0.5\times0+0.25\times0+0.125\times10=1.25$

（2）s_4,s_3,s_2,s_1的回报 : $0+0.5\times0+0.25\times0+0.125\times5=0.625$

（3）s_4,s_5,s_6,s_6的回报 : $0+0.5\times0+0.25\times0+0.125\times0=0$

我们现在可以计算每一条轨迹得到的奖励，比如对轨迹 s_4,s_5,s_6,s_7 的奖励进行计算，这里折扣因子是 0.5。在 s_4 的时候，奖励为 0。下一个状态 s_5 的时候，因为我们已经到了下一步，所以要把 s_5 进行折扣，s_5 的奖励也是 0。然后是 s_6，奖励也是 0，折扣因子应该是 0.25。到达 s_7 后，我们获得了一个奖励，但是因为

状态 s_7 的奖励是未来才获得的奖励，所以我们要对之进行 3 次折扣。最终这条轨迹的回报就是 1.25。类似地，我们可以得到其他轨迹的回报。

这里就引出了一个问题，当我们有了一些轨迹的实际回报时，怎么计算它的价值函数呢？比如我们想知道 s_4 的价值，即当我们进入 s_4 后，它的价值到底如何？一个可行的做法就是生成很多轨迹，然后把轨迹都叠加起来。比如从 s_4 开始，采样生成很多轨迹，把这些轨迹的回报都计算出来，然后将其取平均值作为我们进入 s_4 的价值。这其实是一种计算价值函数的办法，也就是通过蒙特卡洛（Monte Carlo，MC）采样的方法计算 s_4 的价值。

2.2.2 贝尔曼方程

在这里我们采取了另外一种计算方法，从价值函数中推导出**贝尔曼方程（Bellman equation）**：

$$V(s)=\underbrace{R(s)}_{\text{即时奖励}}+\underbrace{\gamma\sum_{s'\in S}p\left(s'\mid s\right)V\left(s'\right)}_{\text{未来奖励的折扣总和}} \tag{2.8}$$

其中，s' 可以看成未来的某个状态，$p(s'|s)$ 是指从当前状态转移到未来状态的概率。$V(s')$ 代表的是未来某个状态的价值。从当前状态开始，有一定的概率去到未来的所有状态，所以我们要把 $p\left(s'\mid s\right)$ 写上去。我们得到了未来状态后，乘一个 γ，这样就可以把未来的奖励打折扣。$\gamma\sum\limits_{s'\in S}p\left(s'\mid s\right)V\left(s'\right)$ 可以看成未来奖励的折扣总和（discounted sum of future reward）。

贝尔曼方程定义了当前状态与未来状态之间的关系。未来奖励的折扣总和加上即时奖励，就组成了贝尔曼方程。

1. 全期望公式

在推导贝尔曼方程之前，我们先仿照**全期望公式（law of total expectation）**的证明过程来证明：

$$\mathbb{E}[V(s_{t+1})|s_t]=\mathbb{E}[\mathbb{E}[G_{t+1}|s_{t+1}]|s_t]=\mathbb{E}[G_{t+1}|s_t] \tag{2.9}$$

全期望公式也被称为叠期望公式（law of iterated expectations，LIE）。如果 A_i 是样本空间的有限或可数的划分（partition），则全期望公式可定义为

$$\mathbb{E}[X]=\sum_i\mathbb{E}\left[X\mid A_i\right]p\left(A_i\right)$$

证明：为了符号简洁并且易读，我们去掉下标，令 $s=s_t$，$g'=G_{t+1}$，$s'=s_{t+1}$。根据条件期望的定义可重写回报的期望为

$$
\begin{aligned}
\mathbb{E}\left[G_{t+1} \mid s_{t+1}\right] &= \mathbb{E}\left[g' \mid s'\right] \\
&= \sum_{g'} g'\, p\left(g' \mid s'\right)
\end{aligned}
\tag{2.10}
$$

如果 X 和 Y 都是离散型随机变量，则条件期望（conditional expectation）$\mathbb{E}[X|Y=y]$ 定义为

$$
\mathbb{E}[X \mid Y=y]=\sum_{x} x p(X=x \mid Y=y)
$$

令 $s_t=s$，我们对式 (2.10) 求期望可得

$$
\begin{aligned}
\mathbb{E}\left[\mathbb{E}\left[G_{t+1} \mid s_{t+1}\right] \mid s_t\right] &= \mathbb{E}\left[\mathbb{E}\left[g' \mid s'\right] \mid s\right] \\
&= \mathbb{E}\left[\sum_{g'} g'\, p\left(g' \mid s'\right) \mid s\right] \\
&= \sum_{s'} \sum_{g'} g' p\left(g' \mid s', s\right) p\left(s' \mid s\right) \\
&= \sum_{s'} \sum_{g'} \frac{g' p\left(g' \mid s', s\right) p\left(s' \mid s\right) p(s)}{p(s)} \\
&= \sum_{s'} \sum_{g'} \frac{g' p\left(g' \mid s', s\right) p\left(s', s\right)}{p(s)} \\
&= \sum_{s'} \sum_{g'} \frac{g' p\left(g', s', s\right)}{p(s)} \\
&= \sum_{s'} \sum_{g'} g' p\left(g', s' \mid s\right) \\
&= \sum_{g'} \sum_{s'} g' p\left(g', s' \mid s\right) \\
&= \sum_{g'} g' p\left(g' \mid s\right) \\
&= \mathbb{E}\left[g' \mid s\right]=\mathbb{E}\left[G_{t+1} \mid s_t\right]
\end{aligned}
\tag{2.11}
$$

2. 贝尔曼方程推导

贝尔曼方程的推导过程如下

$$
\begin{aligned}
V(s) &= \mathbb{E}\left[G_t \mid s_t = s\right] \\
&= \mathbb{E}\left[r_{t+1} + \gamma r_{t+2} + \gamma^2 r_{t+3} + \cdots \mid s_t = s\right] \\
&= \mathbb{E}\left[r_{t+1} | s_t = s\right] + \gamma \mathbb{E}\left[r_{t+2} + \gamma r_{t+3} + \gamma^2 r_{t+4} + \cdots \mid s_t = s\right] \\
&= R(s) + \gamma \mathbb{E}[G_{t+1} | s_t = s] \\
&= R(s) + \gamma \mathbb{E}[V(s_{t+1}) | s_t = s] \\
&= R(s) + \gamma \sum_{s' \in S} p\left(s' \mid s\right) V\left(s'\right)
\end{aligned}
\tag{2.12}
$$

贝尔曼方程就是当前状态与未来状态的迭代关系，表示当前状态的价值函数可以通过下个状态的价值函数来计算。贝尔曼方程因其提出者、动态规划创始人理查德 · 贝尔曼（Richard Bellman）而得名，也被叫作“动态规划方程”。

贝尔曼方程定义了状态之间的迭代关系，即

$$
V(s) = R(s) + \gamma \sum_{s' \in S} p\left(s' \mid s\right) V\left(s'\right) \tag{2.13}
$$

假设有一个马尔可夫链如图 2.5（a）所示，贝尔曼方程描述的就是当前状态到未来状态的一个转移。如图 2.5（b）所示，假设我们当前在 s_1，那么它只可能去到 3 个未来的状态：有 0.1 的概率留在它当前位置，有 0.2 的概率转移到 s_2 状态，有 0.7 的概率转移到 s_4 状态。我们把状态转移概率乘它未来的状态的价值，再加上它的即时奖励（immediate reward），就会得到它当前状态的价值。贝尔曼方程定义的就是当前状态与未来状态的迭代关系。

我们可以把贝尔曼方程写成矩阵的形式：

$$
\left(\begin{array}{c}
V\left(s_1\right) \\
V\left(s_2\right) \\
\vdots \\
V\left(s_N\right)
\end{array}\right)=\left(\begin{array}{c}
R\left(s_1\right) \\
R\left(s_2\right) \\
\vdots \\
R\left(s_N\right)
\end{array}\right)
$$

$$
+\gamma\begin{pmatrix} p(s_1 \mid s_1) & p(s_2 \mid s_1) & \cdots & p(s_N \mid s_1) \\ p(s_1 \mid s_2) & p(s_2 \mid s_2) & \cdots & p(s_N \mid s_2) \\ \vdots & \vdots & & \vdots \\ p(s_1 \mid s_N) & p(s_2 \mid s_N) & \cdots & p(s_N \mid s_N) \end{pmatrix}\begin{pmatrix} V(s_1) \\ V(s_2) \\ \vdots \\ V(s_N) \end{pmatrix} \tag{2.14}
$$

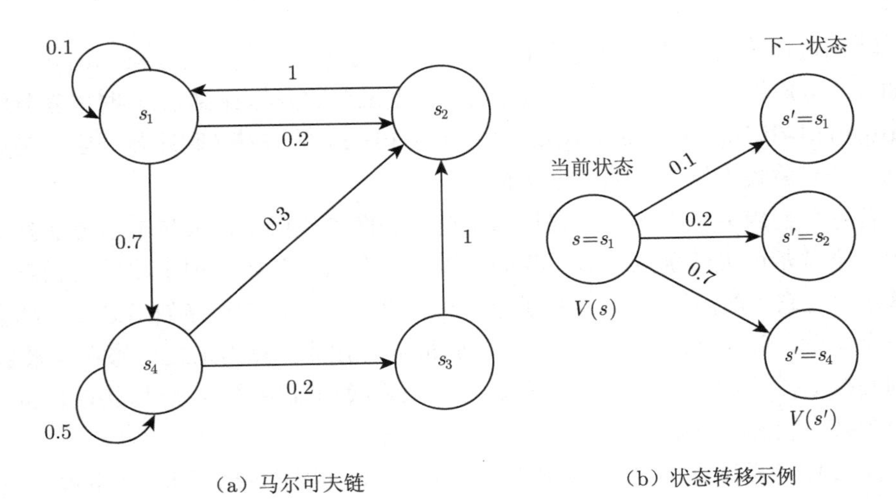

（a）马尔可夫链　　（b）状态转移示例

图 2.5　状态转移

当前的状态是向量 $[V(s_1), V(s_2), \cdots, V(s_N)]^{\mathrm{T}}$。每一行来看，向量 $\boldsymbol{V}$ 乘状态转移矩阵中的某一行，再加上它当前可以得到的奖励，就会得到它当前的价值。

当我们把贝尔曼方程写成矩阵形式后，可以直接求解：

$$
\begin{aligned}
\boldsymbol{V} &= \boldsymbol{R}+\gamma \boldsymbol{P}\boldsymbol{V} \\
\boldsymbol{I}\boldsymbol{V} &= \boldsymbol{R}+\gamma \boldsymbol{P}\boldsymbol{V} \\
(\boldsymbol{I}-\gamma \boldsymbol{P})\boldsymbol{V} &= \boldsymbol{R} \\
\boldsymbol{V} &= (\boldsymbol{I}-\gamma \boldsymbol{P})^{-1}\boldsymbol{R}
\end{aligned} \tag{2.15}
$$

我们可以直接得到**解析解（analytic solution）**

$$
\boldsymbol{V} = (\boldsymbol{I}-\gamma \boldsymbol{P})^{-1}\boldsymbol{R} \tag{2.16}
$$

我们可以通过矩阵求逆把 $\boldsymbol{V}$ 的价值直接求出来，但该矩阵求逆的过程的复杂度是 $O(N^3)$。如果状态非常多，比如从 10 个状态到 1000 个状态，或者到 100

万个状态，当我们有 100 万个状态的时候，状态转移矩阵就会是一个 100 万乘 100 万的矩阵，对这样一个大矩阵求逆是非常困难的。所以这种通过解析解的方法只适用于很小量的马尔可夫奖励过程。

2.2.3 计算马尔可夫奖励过程价值的迭代算法

我们可以将迭代的方法应用于状态非常多的马尔可夫奖励过程（large MRP），比如：动态规划方法，蒙特卡洛的方法（通过采样的办法计算它），**时序差分学习（temporal-difference learning，TD learning）**的方法（时序差分学习是动态规划方法和蒙特卡洛方法的一个结合）。

首先我们用蒙特卡洛方法来计算价值。如图 2.6 所示，蒙特卡洛方法就是当得到一个马尔可夫奖励过程后，我们可以从某个状态开始，把小船放到状态转移矩阵中，让它“随波逐流”，这样就会产生一条轨迹。产生一条轨迹之后，就会得到一个奖励，那么直接把折扣的奖励即回报 g 算出来。算出来之后将它积累起来，得到回报 G_t。当积累了一定数量的轨迹之后，我们直接用 G_t 除以轨迹数量，就会得到某个状态的价值。

比如我们要计算 s_4 状态的价值，可以从 s_4 状态开始，随机产生很多轨迹。把小船放到状态转移矩阵中，然后它就会“随波逐流”，产生轨迹。每条轨迹都会得到一个回报，我们得到大量的回报，比如 100 个、1000 个回报，然后直接取平均值，就可以等价于现在 s_4 的价值，因为 s_4 的价值 $V(s_4)$ 定义了未来可能得到多少的奖励。这就是蒙特卡洛采样的方法。

$i \leftarrow 0,\ G_t \leftarrow 0$
当 $i \neq N$ 时，执行
  生成一个回合的轨迹，从状态 s 和时刻 t 开始
  使用生成的轨迹计算回报 $g=\sum_{i=t}^{H-1}\gamma^{i-t}r_i$
  $G_t \leftarrow G_t+g,\ i \leftarrow i+1$
结束循环
$V_t(s) \leftarrow G_t/N$

图 2.6 计算马尔可夫奖励过程价值的蒙特卡洛方法

如图 2.7 所示，我们也可以用动态规划方法，一直迭代贝尔曼方程，直到价值函数收敛，就可以得到某个状态的价值。我们通过**自举（bootstrapping）**的方法不停地迭代贝尔曼方程，当最后更新的状态与上一个状态的区别并不大的时候，

更新就可以停止，我们就可以输出最新的 $V'(s)$ 作为它当前的状态的价值。这里就是把贝尔曼方程变成一个贝尔曼更新（Bellman update），这样就可以得到状态的价值。

动态规划方法基于后继状态价值的估计来更新现在状态价值的估计（如图 2.7 所示算法中的第 3 行用 V' 来更新 V）。根据其他估算值来更新估算值的思想，我们称之为自举。

对于所有状态 $s\in S$, $V'(s)\leftarrow 0$, $V(s)\leftarrow\infty$
当 $||V-V'||>\epsilon$ 执行
　　$V\leftarrow V'$
　　对于所有状态 $s\in S$, $V'(s)=R(s)+\gamma\sum_{s'\in S}P(s'|s)V(s')$
结束循环
返回 $V'(s)$, 对于所有状态 $s\in S$

图 2.7　计算马尔可夫奖励过程价值的动态规划算法

> bootstrap 的本意是"解靴带"。这里使用了德国文学作品《吹牛大王历险记》中解靴带自助（拔靴自助）的典故，因此将其译为"自举"。[3]

2.2.4　马尔可夫奖励过程的例子

如图 2.8 所示，如果在马尔可夫链上加上奖励，那么到达每个状态，我们都会获得一个奖励。我们可以设置对应的奖励，比如智能体到达状态 s_1 时，可以获得 5 的奖励；到达 s_7 的时候，可以得到 10 的奖励；到达其他状态没有任何奖励。因为这里的状态是有限的，所以我们可以用向量 $\boldsymbol{R}=[5,0,0,0,0,0,10]$ 来表示奖励函数，$\boldsymbol{R}$ 表示每个状态的奖励大小。

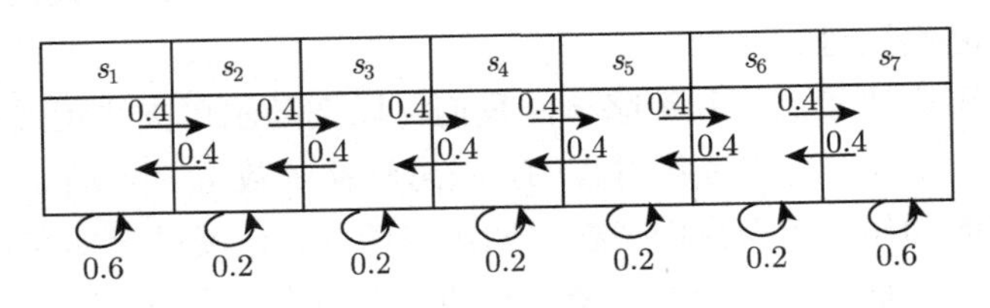

图 2.8　马尔可夫奖励过程的例子

我们通过一个形象的例子来理解马尔可夫奖励过程。我们把一艘纸船放到河流之中，它就会随着水流而流动，而它自身是没有动力的。我们可以把马尔可夫奖励过程看成一个随波逐流的例子，当我们从某一个点开始的时候，纸船就会随着事先定义好的状态转移进行流动，它到达每个状态后，都有可能获得一些奖励。

2.3 马尔可夫决策过程

相对于马尔可夫奖励过程，马尔可夫决策过程多了决策（决策是指动作），其他的定义与马尔可夫奖励过程的是类似的。此外，状态转移也多了一个条件，变成了 $p\left(s_{t+1}=s' \mid s_t=s, a_t=a\right)$。未来的状态不仅依赖于当前的状态，也依赖于在当前状态智能体采取的动作。马尔可夫决策过程满足条件：

$$p\left(s_{t+1} \mid s_t, a_t\right)=p\left(s_{t+1} \mid h_t, a_t\right) \tag{2.17}$$

对于奖励函数，它也多了一个当前的动作，变成了 $R\left(s_t=s, a_t=a\right)=\mathbb{E}\left[r_t \mid s_t=s, a_t=a\right]$。当前的状态以及采取的动作会决定智能体在当前可能得到的奖励多少。

2.3.1 马尔可夫决策过程中的策略

策略定义了在某一个状态应该采取什么样的动作。知道当前状态后，我们可以把当前状态代入策略函数来得到一个概率，即

$$\pi(a \mid s)=p\left(a_t=a \mid s_t=s\right) \tag{2.18}$$

概率代表在所有可能的动作中怎样采取行动，比如可能有 0.7 的概率往左走，有 0.3 的概率往右走，这是一个概率的表示。另外策略也可能是确定的，它有可能直接输出一个值，或者直接告诉我们当前应该采取什么样的动作，而不是一个动作的概率。假设概率函数是平稳的（stationary），不同时间点，我们采取的动作其实都是在对策略函数进行采样。

已知马尔可夫决策过程和策略 π，我们可以把马尔可夫决策过程转换成马尔可夫奖励过程。在马尔可夫决策过程中，状态转移函数 $p(s'|s,a)$ 基于它当前的状态以及它当前的动作。因为我们现在已知策略函数，也就是已知在每一个状态下，可能采取的动作的概率，所以我们就可以直接把动作进行加和，去掉 a，这样我们就可以得到对于马尔可夫奖励过程的转移，这里就没有动作，即

$$p_\pi\left(s' \mid s\right)=\sum_{a \in A} \pi(a \mid s) p\left(s' \mid s, a\right) \tag{2.19}$$

对于奖励函数，我们也可以把动作去掉，这样就会得到类似于马尔可夫奖励过程的奖励函数，即

$$R_\pi(s)=\sum_{a\in A}\pi(a\mid s)R(s,a) \tag{2.20}$$

2.3.2 马尔可夫决策过程和马尔可夫过程/马尔可夫奖励过程的区别

马尔可夫决策过程中的状态转移与马尔可夫奖励过程以及马尔可夫过程的状态转移的差异如图 2.9 所示。马尔可夫过程/马尔可夫奖励过程的状态转移是直接决定的。比如当前状态是 s，那么直接通过转移概率决定下一个状态是什么。但对于马尔可夫决策过程，它的中间多了一层动作 a，即智能体在当前状态的时候，首先要决定采取某一种动作，这样我们会到达某一个黑色的节点。到达这个黑色的节点后，因为有一定的不确定性，所以当智能体当前状态以及智能体当前采取的动作决定过后，智能体进入未来的状态其实也是一个概率分布。在当前状态与未来状态转移过程中多了一层决策性，这是马尔可夫决策过程与之前的马尔可夫过程/马尔可夫奖励过程很不同的一点。在马尔可夫决策过程中，动作是由智能体决定的，智能体会采取动作来决定未来的状态转移。

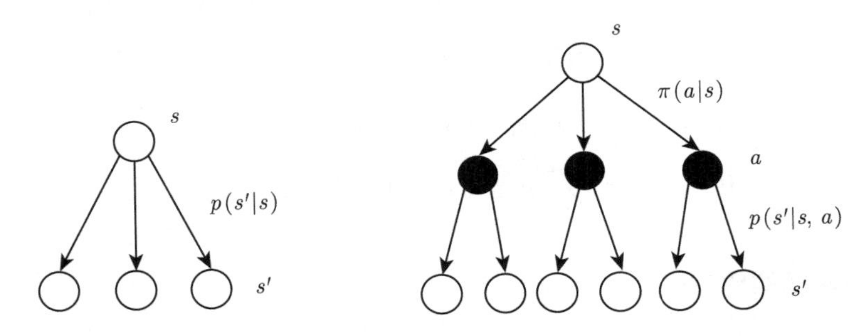

图 2.9 马尔可夫决策过程与马尔可夫过程/马尔可夫奖励过程的状态转移的对比

2.3.3 马尔可夫决策过程中的价值函数

马尔可夫决策过程中的价值函数可定义为

$$V_\pi(s)=\mathbb{E}_\pi\left[G_t\mid s_t=s\right] \tag{2.21}$$

其中，期望基于我们采取的策略。当策略决定后，我们通过对策略进行采样来得到一个期望，计算出它的价值函数。

这里我们另外引入了一个 **Q 函数（Q-function）**。Q 函数也被称为**动作价值函数（action-value function）**。Q 函数定义的是在某一个状态采取某一个动作，有可能得到的回报的一个期望，即

$$Q_\pi(s,a)=\mathbb{E}_\pi\left[G_t \mid s_t=s, a_t=a\right] \tag{2.22}$$

这里的期望其实也是基于策略函数的。所以我们需要对策略函数进行一个加和，然后得到它的价值。对 Q 函数中的动作进行加和，就可以得到价值函数：

$$V_\pi(s)=\sum_{a \in A} \pi(a \mid s) Q_\pi(s,a) \tag{2.23}$$

此处我们对 Q 函数的贝尔曼方程进行推导：

$$\begin{aligned}
Q(s,a) &= \mathbb{E}\left[G_t \mid s_t=s, a_t=a\right] \\
&= \mathbb{E}\left[r_{t+1}+\gamma r_{t+2}+\gamma^2 r_{t+3}+\cdots \mid s_t=s, a_t=a\right] \\
&= \mathbb{E}\left[r_{t+1} | s_t=s, a_t=a\right] \\
&\quad +\gamma \mathbb{E}\left[r_{t+2}+\gamma r_{t+3}+\gamma^2 r_{t+4}+\cdots \mid s_t=s, a_t=a\right] \\
&= R(s,a)+\gamma \mathbb{E}[G_{t+1} | s_t=s, a_t=a] \\
&= R(s,a)+\gamma \mathbb{E}[V(s_{t+1}) | s_t=s, a_t=a] \\
&= R(s,a)+\gamma \sum_{s' \in S} p\left(s' \mid s,a\right) V\left(s'\right)
\end{aligned} \tag{2.24}$$

2.3.4 贝尔曼期望方程

我们可以把状态价值函数和 Q 函数拆解成两个部分：即时奖励和后续状态的折扣价值（discounted value of successor state）。通过对状态价值函数进行分解，我们就可以得到一个类似于之前马尔可夫奖励过程的贝尔曼方程——**贝尔曼期望方程（Bellman expectation equation）**：

$$V_\pi(s)=\mathbb{E}_\pi\left[r_{t+1}+\gamma V_\pi\left(s_{t+1}\right) \mid s_t=s\right] \tag{2.25}$$

对于 Q 函数，我们也可以做类似的分解，得到 Q 函数的贝尔曼期望方程：

$$Q_\pi(s,a)=\mathbb{E}_\pi\left[r_{t+1}+\gamma Q_\pi\left(s_{t+1}, a_{t+1}\right) \mid s_t=s, a_t=a\right] \tag{2.26}$$

贝尔曼期望方程定义了当前状态与未来状态之间的关联。

我们进一步进行简单的分解，先给出式 (2.27)：

$$V_\pi(s)=\sum_{a\in A}\pi(a\mid s)Q_\pi(s,a) \tag{2.27}$$

接着，我们再给出式 (2.28)：

$$Q_\pi(s,a)=R(s,a)+\gamma\sum_{s'\in S}p\left(s'\mid s,a\right)V_\pi\left(s'\right) \tag{2.28}$$

式 (2.27) 和式 (2.28) 代表状态价值函数与 Q 函数之间的关联。

我们把式 (2.28) 代入式 (2.27) 可得

$$V_\pi(s)=\sum_{a\in A}\pi(a\mid s)\left(R(s,a)+\gamma\sum_{s'\in S}p\left(s'\mid s,a\right)V_\pi\left(s'\right)\right) \tag{2.29}$$

式 (2.29) 代表当前状态的价值与未来状态的价值之间的关联。

我们把式 (2.27) 代入式 (2.28) 可得

$$Q_\pi(s,a)=R(s,a)+\gamma\sum_{s'\in S}p\left(s'\mid s,a\right)\sum_{a'\in A}\pi\left(a'\mid s'\right)Q_\pi\left(s',a'\right) \tag{2.30}$$

式 (2.30) 代表当前时刻的 Q 函数与未来时刻的 Q 函数之间的关联。

式 (2.29) 和式 (2.30) 是贝尔曼期望方程的另一种形式。

2.3.5 备份图

接下来我们介绍**备份（backup）**的概念。备份类似于自举之间的迭代关系，对于某一个状态，它的当前价值是与它的未来价值线性相关的。我们将与图 2.10 类似的图称为**备份图（backup diagram）**或回溯图，因为它们所示的关系构成了更新或备份操作的基础，而这些操作是强化学习方法的核心。这些操作将价值信息从一个状态（或状态-动作对）的后继状态（或状态-动作对）转移回它。每一个空心圆圈代表一个状态，每一个实心圆圈代表一个状态-动作对。

如式 (2.31) 所示，这里有两层加和。第一层加和是对叶子节点进行加和，往上备份一层，我们就可以把未来的价值（s' 的价值）备份到黑色的节点。第二层加和是对动作进行加和，得到黑色节点的价值后，再往上备份一层，就会得到根节点的价值，即当前状态的价值。

$$V_\pi(s)=\sum_{a\in A}\pi(a\mid s)\left(R(s,a)+\gamma\sum_{s'\in S}p\left(s'\mid s,a\right)V_\pi\left(s'\right)\right) \tag{2.31}$$

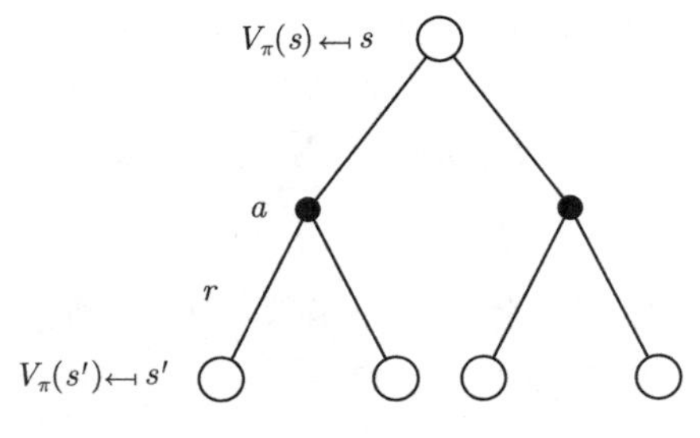

图 2.10　V_π 的备份图

图 2.11（a）所示为状态价值函数的计算分解，图 2.11（b）的计算公式为

$$V_\pi(s)=\sum_{a\in A}\pi(a\mid s)Q_\pi(s,a) \tag{2.32}$$

图 2.11（b）给出了状态价值函数与 Q 函数之间的关系。图 2.11（c）计算 Q 函数为

$$Q_\pi(s,a)=R(s,a)+\gamma\sum_{s'\in S}p\left(s'\mid s,a\right)V_\pi\left(s'\right) \tag{2.33}$$

我们将式 (2.33) 代入式 (2.32) 可得

$$V_\pi(s)=\sum_{a\in A}\pi(a\mid s)\left(R(s,a)+\gamma\sum_{s'\in S}p\left(s'\mid s,a\right)V_\pi\left(s'\right)\right) \tag{2.34}$$

所以备份图定义了未来下一时刻的状态价值函数与上一时刻的状态价值函数之间的关联。

对于 Q 函数，我们也可以进行这样的一个推导。如图 2.12 所示，现在的根节点是 Q 函数的一个节点。Q 函数对应于黑色的节点。下一时刻的 Q 函数对应于叶子节点，有 4 个黑色的叶子节点。

如式 (2.35) 所示，这里也有两层加和。第一层加和先把叶子节点从黑色节点推到空心圆圈节点，进入到空心圆圈结点的状态。当到达某一个状态后，再对空心圆圈节点进行加和，这样就把空心圆圈节点重新推回到当前时刻的 Q 函数。

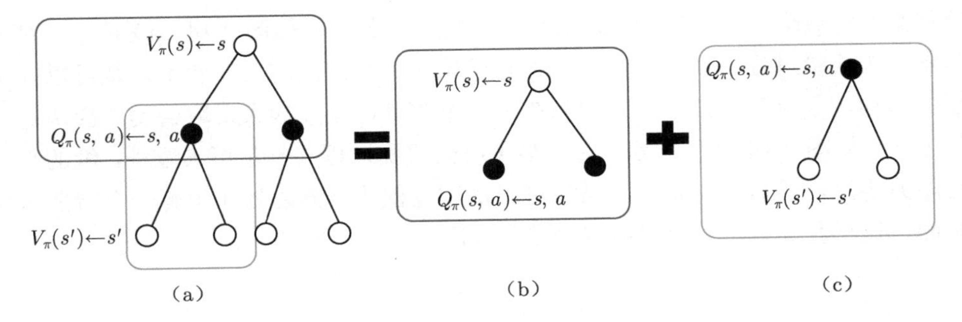

图 2.11　状态价值函数的计算分解

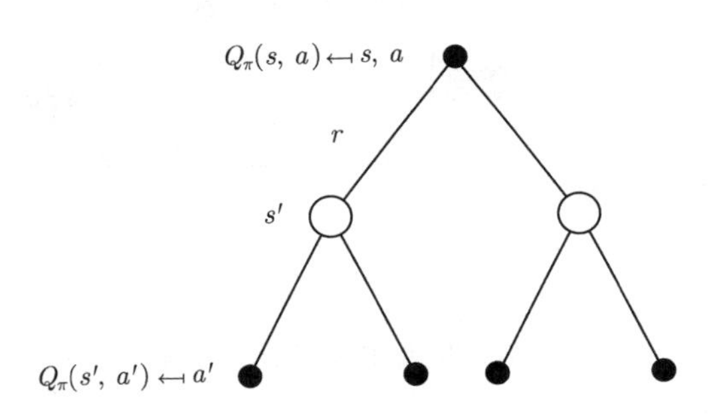

图 2.12　Q_π 的备份图

$$Q_\pi(s,a)=R(s,a)+\gamma \sum_{s' \in S} p\left(s' \mid s,a\right) \sum_{a' \in A} \pi\left(a' \mid s'\right) Q_\pi\left(s',a'\right) \tag{2.35}$$

图 2.13（c）中，

$$V_\pi\left(s'\right)=\sum_{a' \in A} \pi\left(a' \mid s'\right) Q_\pi\left(s',a'\right) \tag{2.36}$$

我们将式 (2.36) 代入式 (2.33) 可得未来 Q 函数与当前 Q 函数之间的关联，即

$$Q_\pi(s,a)=R(s,a)+\gamma \sum_{s' \in S} p\left(s' \mid s,a\right) \sum_{a' \in A} \pi\left(a' \mid s'\right) Q_\pi\left(s',a'\right) \tag{2.37}$$

2.3.6　策略评估

已知马尔可夫决策过程以及要采取的策略 π，计算价值函数 $V_\pi(s)$ 的过程就是**策略评估**。策略评估在有些地方也被称为**（价值）预测** [**（value）prediction**）]，

也就是预测我们当前采取的策略最终会产生多少价值。如图 2.14（a）所示，对于马尔可夫决策过程，我们其实可以把它想象成一个摆渡的人在船上，她可以控制船的移动，避免船随波逐流。因为在每一个时刻，摆渡的人采取的动作会决定船的方向。如图 2.14（b）所示，对于马尔可夫奖励过程与马尔可夫过程，纸的小船会随波逐流，然后产生轨迹。马尔可夫决策过程的不同之处在于有一个智能体控制船，这样我们就可以尽可能多地获得奖励。

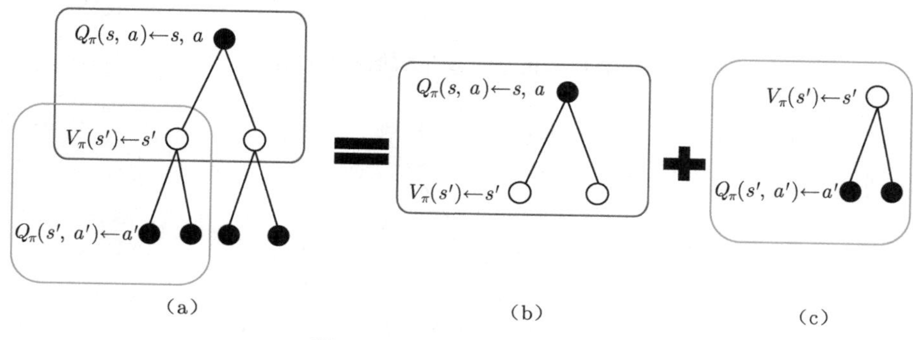

图 2.13 Q 函数的计算分解

（a）马尔可夫决策过程：人为控制船

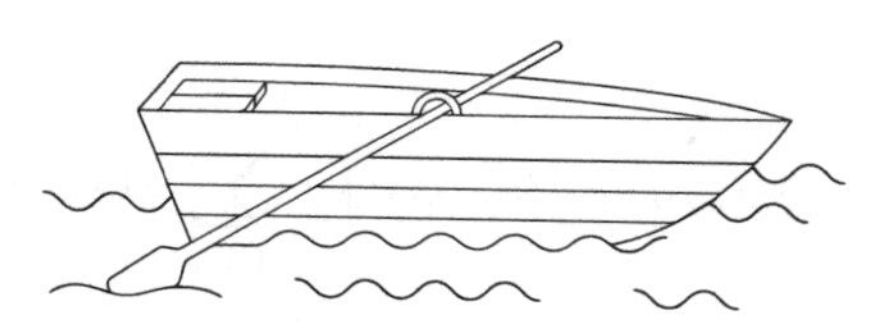

（b）马尔可夫过程/马尔可夫奖励过程：随波逐流

图 2.14 马尔可夫决策过程与马尔可夫过程/马尔可夫奖励过程的区别

我们再看一下策略评估的例子，探究怎么在决策过程中计算每一个状态的价值。如图 2.15 所示，假设环境中有两种动作：往左走和往右走。现在的奖励函数应该有两个变量：动作和规范。但这里规定，不管智能体采取什么动作，只要到达状态 s_1，就有 5 的奖励；只要到达状态 s_7，就有 10 的奖励，到达其他状态没有奖励。我们可以将奖励函数表示为 $\boldsymbol{R}=[5,0,0,0,0,0,10]$。假设智能体现在采取一个策略：不管在任何状态，智能体采取的动作都是往左走，即采取的是确定性策略 $\pi(s)=$ 左。假设价值折扣因子 $\gamma=0$，那么对于确定性策略，最后估算出的价值函数是一致的，即 $\boldsymbol{V}_\pi=[5,0,0,0,0,0,10]$。

我们可以直接通过贝尔曼方程来得到价值函数：

$$V_{\pi}^{k}(s)=R(s,\pi(s))+\gamma\sum_{s'\in S}p\left(s'\mid s,\pi(s)\right)V_{\pi}^{k-1}\left(s'\right) \tag{2.38}$$

其中，k 是迭代次数。我们可以不停地迭代，最后价值函数会收敛。收敛之后，价值函数的值就是每一个状态的价值。

s_1	s_2	s_3	s_4	s_5	s_6	s_7

图 2.15 策略评估示例

再来看一个例子，如果折扣因子 $\gamma=0.5$，我们可以通过式 (2.39) 进行迭代：

$$V_{\pi}^{t}(s)=\sum_{a}p(\pi(s)=a)\left(R(s,a)+\gamma\sum_{s'\in S}p\left(s'\mid s,a\right)V_{\pi}^{t-1}\left(s'\right)\right) \tag{2.39}$$

其中，t 是迭代次数。迭代后就可以得到它的状态价值。

最后，例如，我们现在采取随机策略，在每个状态下，有 0.5 的概率往左走，有 0.5 的概率往右走，即 $p(\pi(s)=\text{左})=0.5$，$p(\pi(s)=\text{右})=0.5$，如何求出这个策略下的状态价值呢？我们可以这样做：一开始的时候，我们对 $V(s')$ 进行初始化，不同的 $V(s')$ 都会有一个值；接着，我们将 $V(s')$ 代入贝尔曼期望方程中进行迭代，就可以算出它的状态价值。

2.3.7 预测与控制

预测（prediction）和控制（control）是马尔可夫决策过程中的核心问题。

预测（评估一个给定的策略）的输入是马尔可夫决策过程 $<S,A,P,R,\gamma>$ 和策略 π，输出是价值函数 V_π。预测是指给定一个马尔可夫决策过程以及一个策略 π，计算它的价值函数，也就是计算每个状态的价值。

控制（搜索最佳策略）的输入是马尔可夫决策过程 $<S,A,P,R,\gamma>$，输出是最佳价值函数（optimal value function）V^* 和最佳策略（optimal policy）π^*。控制就是我们去寻找一个最佳的策略，然后同时输出它的最佳价值函数以及最佳策略。

在马尔可夫决策过程中，预测和控制都可以通过动态规划方法解决。要强调的是，这两者的区别就在于，预测问题是给定一个策略，我们要确定它的价值函数。而控制问题是在没有策略的前提下，我们要确定最佳的价值函数以及对应的决策方案。实际上，这两者是递进的关系，在强化学习中，我们通过解决预测问题，进而解决控制问题。

举一个例子来说明预测与控制的区别。首先是预测问题。在图 2.16（a）的方格中，智能体可以采取上、下、左、右 4 个动作。如果采取的动作让智能体走出网格，则其会在原位置不动，并且得到 -1 的奖励。除了将智能体从 A 和 B 移走的动作外，其他动作的奖励均为 0。智能体在 A 采取任意一个动作，都会移动到 A′，并且得到 +10 的奖励。智能体在 B 采取任意一个动作，都会移动到 B′，并且得到 +5 的奖励。如图 2.16（b）所示，现在，我们给定一个策略：在任何状态中，智能体的动作模式都是随机的，也就是上、下、左、右的概率均为 0.25。预测问题要做的就是，求出在这种决策模式下的价值函数。图 2.16 （c）是折扣因子为 $\gamma = 0.9$ 时对应的价值函数。

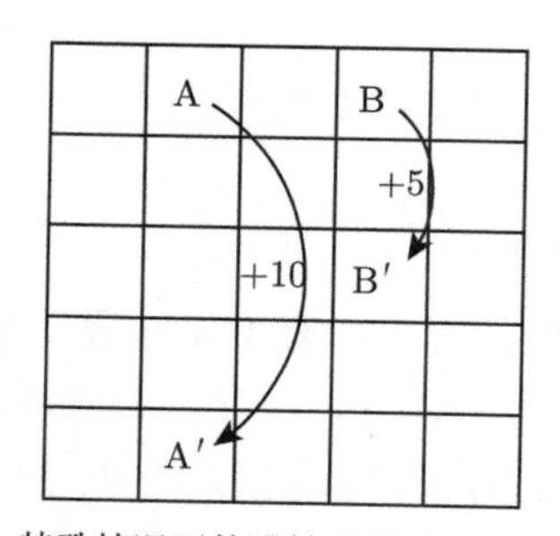

（a）特殊情况下的跳转及其对应的奖励

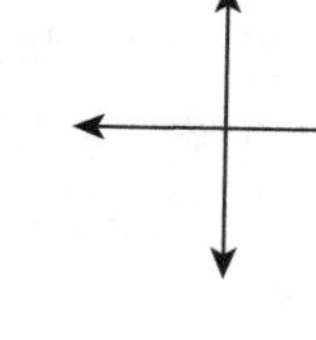

（b）动作

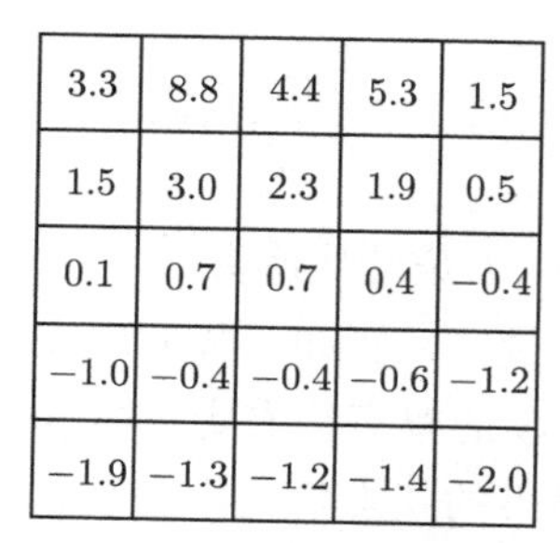

3.3	8.8	4.4	5.3	1.5
1.5	3.0	2.3	1.9	0.5
0.1	0.7	0.7	0.4	−0.4
−1.0	−0.4	−0.4	−0.6	−1.2
−1.9	−1.3	−1.2	−1.4	−2.0

（c）等概率随机策略下的价值函数

图 2.16　网格世界例子：预测 [1]

接着是控制问题。在控制问题中，问题背景与预测问题的相同，唯一的区别就是：不再限制策略。也就是动作模式是未知的，我们需要自己确定。我们通过解决控制问题，求得每一个状态的最优的价值函数，如图 2.17（b）所示；也得到

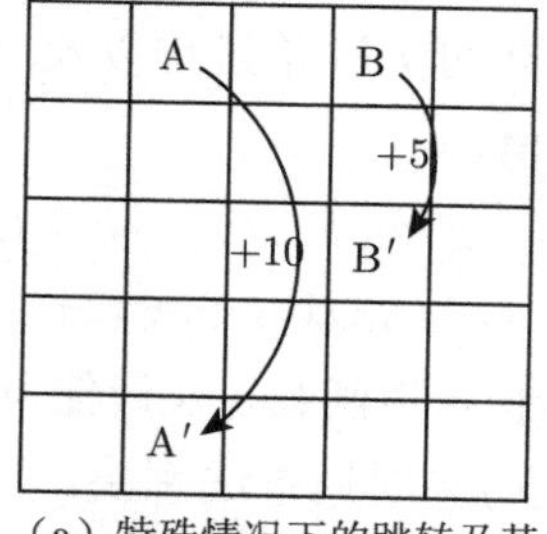

（a）特殊情况下的跳转及其对应的奖励

22.0	24.4	22.0	19.4	17.5
19.8	22.0	19.8	17.8	16.0
17.8	19.8	17.8	16.0	14.4
16.0	17.8	16.0	14.4	13.0
14.4	16.0	14.4	13.0	11.7

（b）V^*

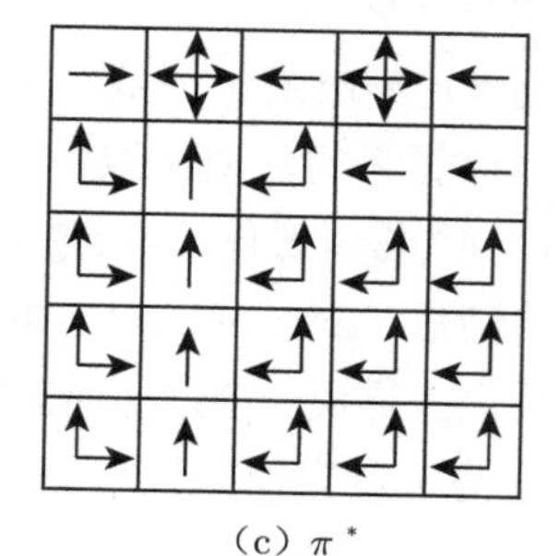

（c）π^*

图 2.17　网格世界例子：控制 [1]

了最优的策略，如图 2.17（c）所示。控制问题要做的就是，给定同样的条件，求出在所有可能的策略下最优的价值函数和最优策略。

2.3.8 动态规划

动态规划（dynamic programming，DP）适合解决具有**最优子结构（optimal substructure）**和**重叠子问题（overlapping subproblem）**两个性质的问题。最优子结构意味着，问题可以拆分成一个个的小问题，通过解决这些小问题，我们能够组合小问题的答案，得到原问题的答案，即最优的解。重叠子问题意味着，子问题出现多次，并且子问题的解决方案能够被重复使用，我们可以保存子问题的首次计算结果，在再次需要时直接使用。

马尔可夫决策过程是满足动态规划的要求的，在贝尔曼方程中，我们可以把它分解成递归的结构。当我们把它分解成递归的结构的时候，如果子问题的子状态能得到一个值，那么它的未来状态因为与子状态是直接相关的，我们也可以将之推算出来。价值函数可以存储并重用子问题的最佳的解。动态规划应用于马尔可夫决策过程的规划问题而不是学习问题，我们必须对环境是完全已知的，才能做动态规划，也就是要知道状态转移概率和对应的奖励。使用动态规划完成预测问题和控制问题的求解，是解决马尔可夫决策过程预测问题和控制问题的非常有效的方式。

2.3.9 使用动态规划进行策略评估

策略评估就是给定马尔可夫决策过程和策略，评估我们可以获得多少价值，即对于当前策略，我们可以得到多大的价值。我们可以直接把**贝尔曼期望备份（Bellman expectation backup）**变成迭代的过程，反复迭代直到收敛。这个迭代过程可以看作**同步备份（synchronous backup）**的过程。

> 同步备份是指每一次的迭代都会完全更新所有的状态，这对于程序资源的需求特别大。异步备份（asynchronous backup）就是通过某种方式，使得每一次迭代不需要更新所有的状态，因为事实上，很多状态也不需要被更新。

式 (2.40) 是指我们可以把贝尔曼期望备份转换成动态规划的迭代。当我们得到上一时刻的 V_t，就可以通过递推的关系推出下一时刻的值。反复迭代，最后 V

的值就是从 V_1、V_2 到最后收敛之后的值 V_π。V_π 就是当前给定的策略 π 对应的价值函数。

$$V_{t+1}(s)=\sum_{a \in A} \pi(a \mid s)\left(R(s, a)+\gamma \sum_{s' \in S} p\left(s' \mid s, a\right) V_t\left(s'\right)\right) \tag{2.40}$$

策略评估的核心思想就是把如式 (2.40) 所示的贝尔曼期望备份反复迭代，然后得到一个收敛的价值函数的值。因为已经给定了策略函数，所以我们可以直接把它简化成一个马尔可夫奖励过程的表达形式，相当于把 a 去掉，即

$$V_{t+1}(s)=R_\pi(s)+\gamma p_\pi\left(s' \mid s\right) V_t\left(s'\right) \tag{2.41}$$

这样迭代的式子中就只有价值函数与状态转移函数了。通过迭代式 (2.41)，我们也可以得到每个状态的价值，因为不管是在马尔可夫奖励过程，还是在马尔可夫决策过程中，价值函数 V 包含的变量都只与状态有关。它表示智能体进入某一个状态，未来可能得到多大的价值。

比如现在的环境是一个小网格世界（small gridworld），智能体的目的是从某一个状态开始行走，然后到达终止状态，它的终止状态就是左上角与右下角（如图 2.18（a）所示的阴影方块）。小网格世界总共有 14 个非终止状态：$1,\cdots,14$。我们把它的每个位置用一个状态来表示。

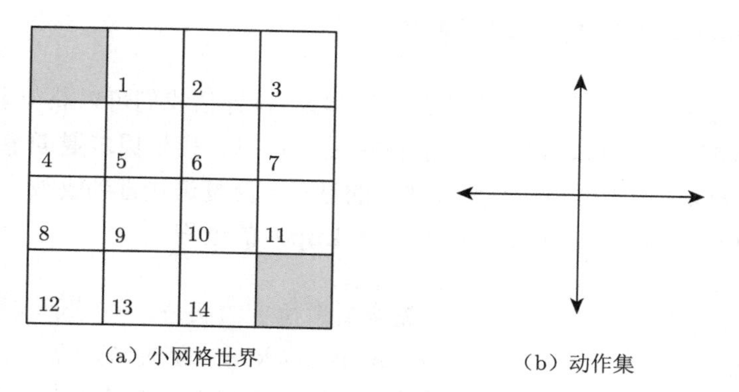

（a）小网格世界　　（b）动作集

图 2.18　小网格世界环境 [1]

如图 2.18（b）所示，在小网格世界中，智能体的策略函数直接给定了，它在每一个状态都是随机行走，即在每一个状态都是上、下、左、右行走，采取均匀的随机策略（uniform random policy），$\pi(\mathrm{l} \mid .)=\pi(\mathrm{r} \mid .)=\pi(\mathrm{u} \mid .)=\pi(\mathrm{d} \mid .)=0.25$。

它在边界状态的时候，比如在第 4 号状态的时候往左走，依然留在第 4 号状态。我们对其加了限制，这个限制就是出边界的动作不会改变状态，相应概率设置为 1，如 $p(7 \mid 7, \mathrm{r}) = 1$。给定的奖励函数就是智能体每走一步，就会得到 -1 的奖励，也就是到达终止状态之前每走一步获得的奖励都是 -1，所以智能体需要尽快地到达终止状态。

给定动作之后状态之间的转移（transition）是确定的，例如 $p(2 \mid 6, \mathrm{u}) = 1$，即从第 6 号状态往上走，它就会直接到达第 2 号状态。很多时候有些环境是有概率性的（probabilistic），比如智能体在第 6 号状态，它选择往上走的时候，地板可能是滑的，然后它可能滑到第 3 号状态或者第 1 号状态，这就是有概率的转移。但我们把环境进行了简化，从 6 号状态往上走，它就到了第 2 号状态。因为我们已经知道环境中的每一个概率以及概率转移，所以就可以直接使用式 (2.41) 进行迭代，这样就会算出每一个状态的价值。

我们来看一个来自斯坦福大学网站中一个网页的例子，这个网页模拟了式 (2.40) 所示的单步更新的过程中，所有格子的状态价值的变化过程。

如图 2.19（a）所示，网格世界中有很多格子，每个格子都代表一个状态。每个格子中有一个初始值 0。每个格子里还有一个箭头，这个箭头是指智能体在当前状态应该采取什么策略。这里采取的是随机的策略，不管智能体在哪一个状态，它往上、下、左、右的概率都是相同的。比如在某个状态，智能体都有上、下、左、右各 0.25 的概率采取某一个动作，所以它的动作是完全随机的。在这样的环境中，我们想计算每一个状态的价值。我们也定义了奖励函数，可以看到有些格子中有一个 R 的值，比如有些值是负的。我们可以看到有几个格子中是 -1 的奖励，只有一个 $+1$ 奖励的格子。在网格世界的中间位置，我们可以看到有一个 R 的值是 1。所以每个状态对应一个值，有一些状态没有任何值，它的奖励就为 0。

如图 2.19（b）所示，我们开始策略评估，策略评估是一个不停迭代的过程。初始化的时候，所有的 $V(s)$ 都是 0。我们现在迭代一次，迭代一次之后，有些状态的值已经产生了变化。比如有些状态的 R 值为 -1，迭代一次之后，它就会得到 -1 的奖励。对于中间绿色的格子，因为它的奖励为正，所以它是值为 $+1$ 的状态。当迭代第 1 次的时候，某些状态已经有值的变化。

如图 2.20（a）所示，我们再迭代一次，之前有值的状态的周围状态也开始有值。因为周围状态与之前有值的状态是临近的，所以这就相当于把周围的状态转移过来。如图 2.20（b）所示，我们逐步迭代，值是一直在变换的。

迭代了很多次之后，有些很远的状态的价值函数已经有值了，而且整个过程是一个呈逐渐扩散的过程，这其实也是策略评估的可视化。当我们每一步进行迭代的时候，远的状态就会得到一些值，值从已经有奖励的状态逐渐扩散。当我们执行很多次迭代之后，各个状态的值会逐渐稳定下来，最后值就会确定不变。收敛之后，每个状态的值就是它的状态价值。

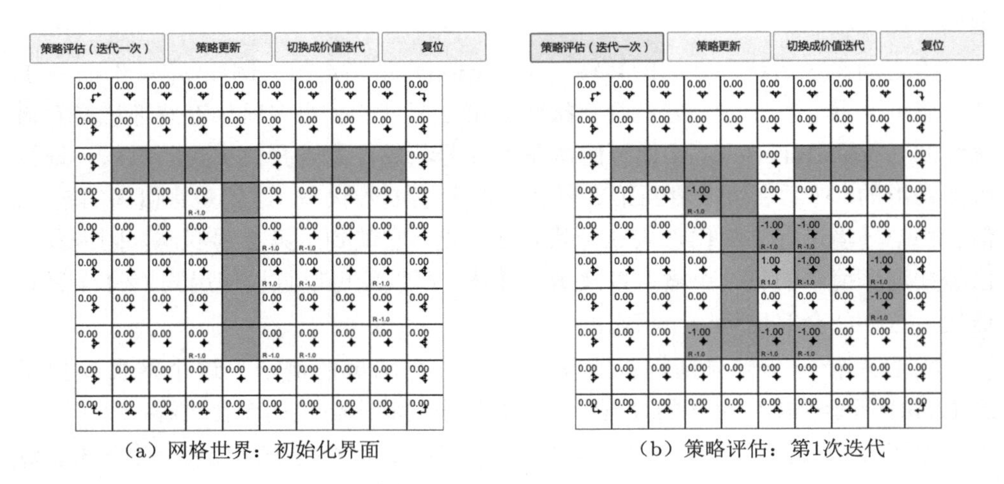

（a）网格世界：初始化界面　　（b）策略评估：第1次迭代

图 2.19　网格世界：动态规划示例

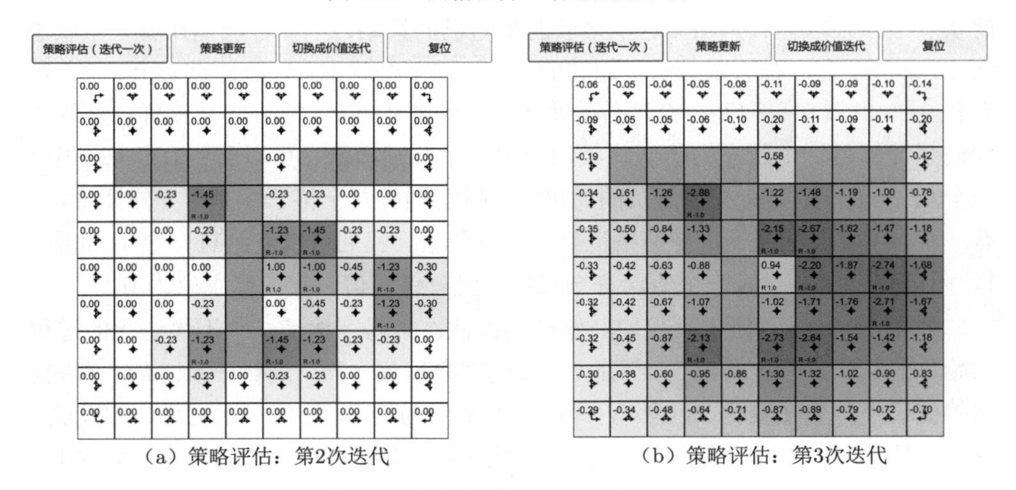

（a）策略评估：第2次迭代　　（b）策略评估：第3次迭代

图 2.20　网格世界：策略评估过程示例

2.3.10　马尔可夫决策过程控制

策略评估是指给定马尔可夫决策过程和策略，估算价值函数的值。如果我们只有马尔可夫决策过程，那么应该如何寻找最佳的策略，从而得到**最佳价值函数**

（**optimal value function**）呢？

最佳价值函数的定义为

$$V^*(s)=\max_{\pi} V_{\pi}(s) \tag{2.42}$$

最佳价值函数是指，我们搜索一种策略 π 让每个状态的价值最大。V^* 就是到达每一个状态，它的值的最大化情况。在这种最大化情况中，我们得到的策略就是最佳策略，即

$$\pi^*(s)=\underset{\pi}{\arg\max}\ V_{\pi}(s) \tag{2.43}$$

最佳策略使得每个状态的价值函数都取得最大值。所以如果我们可以得到一个最佳价值函数，就可以认为某一个马尔可夫决策过程的环境可解。在这种情况下，最佳价值函数是一致的，环境中可达到的上限的值是一致的，但这里可能有多个最佳策略，多个最佳策略可以取得相同的最佳价值。

当取得最佳价值函数后，我们可以通过对 Q 函数进行最大化来得到最佳策略：

$$\pi^*(a \mid s)=\begin{cases}1, & a=\underset{a \in A}{\arg\max} Q^*(s, a) \\ 0, & \text{其他}\end{cases} \tag{2.44}$$

当 Q 函数收敛后，因为 Q 函数是关于状态与动作的函数，所以如果在某个状态采取某个动作，可以使得 Q 函数最大化，那么这个动作就是最佳的动作。如果我们能优化出一个 Q 函数 $Q^*(s,a)$，就可以直接在 Q 函数中取一个让 Q 函数值最大化的动作的值，就可以提取出最佳策略。

Q：怎样进行策略搜索？

A：最简单的策略搜索方法就是**穷举**。假设状态和动作都是有限的，那么每个状态我们可以采取 A 种动作的策略，总共就是 $|A|^{|S|}$ 个可能的策略。我们可以把策略穷举一遍，算出每种策略的价值函数，对比一下就可以得到最佳策略。

但是穷举的效率低，所以我们要采取其他方法。搜索最佳策略有两种常用的方法：策略迭代和价值迭代。

寻找最佳策略的过程就是马尔可夫决策过程的控制过程。马尔可夫决策过程控制就是去寻找一个最佳策略使我们得到一个最大的价值函数值，即

$$\pi^*(s)=\underset{\pi}{\arg\max}\ V_{\pi}(s) \tag{2.45}$$

对于一个事先定好的马尔可夫决策过程，当智能体采取最佳策略的时候，最佳策略一般都是确定的，而且是稳定的（它不会随着时间的变化而变化）。但最佳策略不一定是唯一的，多种动作可能会取得相同的价值。

我们可以通过策略迭代和价值迭代来解决马尔可夫决策过程的控制问题。

2.3.11 策略迭代

策略迭代由两个步骤组成：策略评估和策略改进（policy improvement）。如图 2.21（a）所示，第一个步骤是策略评估，当前我们在优化策略 π，在优化过程中得到一个最新的策略。我们先保证这个策略不变，然后估计它的价值，即给定当前的策略函数来估计状态价值函数。第二个步骤是策略改进，得到状态价值函数后，我们可以进一步推算出它的 Q 函数。得到 Q 函数后，直接对 Q 函数进行最大化，通过对 Q 函数做一个贪心的搜索来进一步改进策略。这两个步骤一直在迭代进行。如图 2.21（b）所示，在策略迭代中，在初始化的时候，我们有一个初始化的状态价值函数 V 和策略 π，然后在这两个步骤之间迭代。图 2.21（b）上面的线是当前状态价值函数的值，下面的线是策略的值。策略迭代的过程与踢皮球一样。先给定当前已有的策略函数，计算它的状态价值函数。算出状态价值函数后，我们会得到一个 Q 函数。接着对 Q 函数采取贪心的策略，这样就像踢皮球，“踢”回策略。然后进一步改进策略，得到一个改进的策略后，它还不是最佳的策略，我们再进行策略评估，又会得到一个新的价值函数。基于这个新的价值函数再进行 Q 函数的最大化，这样逐渐迭代，状态价值函数和策略就会收敛。

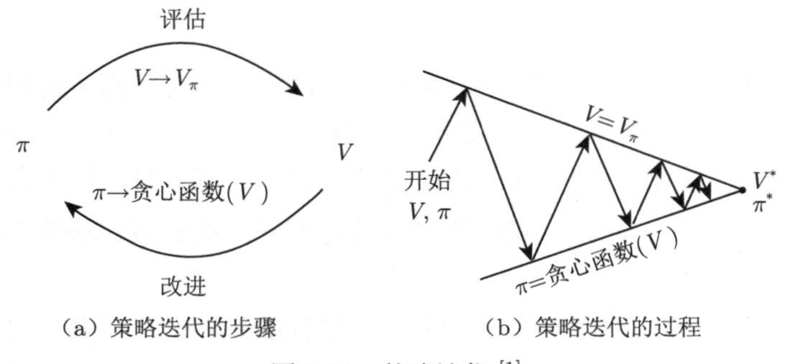

（a）策略迭代的步骤　　（b）策略迭代的过程

图 2.21　策略迭代 [1]

这里再来看一下第二个步骤——策略改进，看我们是如何改进策略的。得到状态价值函数后，我们就可以通过奖励函数以及状态转移函数来计算 Q 函数：

$$Q_{\pi_i}(s,a) = R(s,a) + \gamma \sum_{s' \in S} p\left(s' \mid s,a\right) V_{\pi_i}\left(s'\right) \tag{2.46}$$

对于每个状态，策略改进会得到它的新一轮的策略，我们取使它得到 Q 函数最大值的动作，即

$$\pi_{i+1}(s) = \underset{a}{\arg\max}\, Q_{\pi_i}(s,a) \tag{2.47}$$

如图 2.22 所示，我们可以把 Q 函数看成一个 **Q 表格（Q-table）**：横轴是它的所有状态，纵轴是它的可能的动作。如果我们得到了 Q 函数，Q 表格也就得到了。对于某个状态，我们会取每一列中最大的值，最大值对应的动作就是它现在应该采取的动作。所以 arg max 操作是指在每个状态中采取一个动作，这个动作是能使这一列的 Q 函数值最大化的动作。

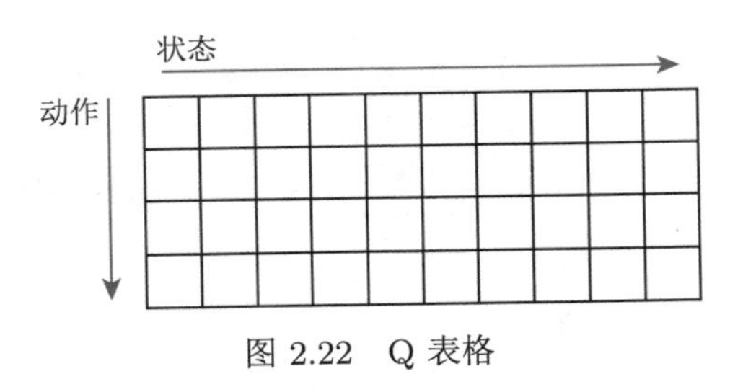

图 2.22　Q 表格

贝尔曼最优方程

当我们一直采取 arg max 操作的时候，会得到一个单调的递增。通过采取贪心操作（arg max 操作），我们就会得到更好的或者不变的策略，而不会使价值函数变差，所以当改进停止后，我们就会得到一个最佳策略。当改进停止后，我们取让 Q 函数值最大化的动作，Q 函数就会直接变成价值函数，即

$$Q_\pi\left(s,\pi'(s)\right) = \max_{a \in A} Q_\pi(s,a) = Q_\pi(s,\pi(s)) = V_\pi(s) \tag{2.48}$$

我们也就可以得到**贝尔曼最优方程（Bellman optimality equation）**

$$V_\pi(s) = \max_{a \in A} Q_\pi(s,a) \tag{2.49}$$

贝尔曼最优方程表明：最佳策略下的一个状态的价值必须等于在这个状态下采取最好动作得到的回报的期望。

当马尔可夫决策过程满足贝尔曼最优方程的时候，整个马尔可夫决策过程已经达到最佳的状态。只有当整个状态已经收敛后，我们得到最佳价值函数后，贝尔曼最优方程才会被满足。满足贝尔曼最优方程后，我们可以采用最大化操作，即

$$V^*(s)=\max_a Q^*(s,a) \tag{2.50}$$

当我们取让 Q 函数值最大化的动作，对应的值就是当前状态的最佳的价值函数的值。

另外，我们给出 Q 函数的贝尔曼方程

$$Q^*(s,a)=R(s,a)+\gamma\sum_{s'\in S}p\left(s'\mid s,a\right)V^*\left(s'\right) \tag{2.51}$$

我们把式 (2.50) 代入式 (2.51) 可得

$$\begin{aligned}Q^*(s,a)&=R(s,a)+\gamma\sum_{s'\in S}p\left(s'\mid s,a\right)V^*\left(s'\right)\\&=R(s,a)+\gamma\sum_{s'\in S}p\left(s'\mid s,a\right)\max_a Q^*(s',a')\end{aligned} \tag{2.52}$$

我们得到 Q 函数之间的转移。

Q 学习是基于贝尔曼最优方程来进行的，当取 Q 函数值最大的状态（$\max\limits_{a'}Q^*(s',a')$）的时候可得

$$Q^*(s,a)=R(s,a)+\gamma\sum_{s'\in S}p\left(s'\mid s,a\right)\max_{a'}Q^*\left(s',a'\right) \tag{2.53}$$

我们会在第 3 章介绍 Q 学习的具体内容。

我们把式 (2.51) 代入式 (2.50) 可得

$$\begin{aligned}V^*(s)&=\max_a Q^*(s,a)\\&=\max_a \mathbb{E}[G_t|s_t=s,a_t=a]\\&=\max_a \mathbb{E}[r_{t+1}+\gamma G_{t+1}|s_t=s,a_t=a]\\&=\max_a \mathbb{E}[r_{t+1}+\gamma V^*(s_{t+1})|s_t=s,a_t=a]\end{aligned} \tag{2.54}$$

$$
\begin{aligned}
&= \max_a \mathbb{E}[r_{t+1}] + \max_a \mathbb{E}[\gamma V^*(s_{t+1})|s_t = s, a_t = a] \\
&= \max_a R(s,a) + \max_a \gamma \sum_{s' \in S} p\left(s' \mid s,a\right) V^*\left(s'\right) \\
&= \max_a \left(R(s,a) + \gamma \sum_{s' \in S} p\left(s' \mid s,a\right) V^*\left(s'\right)\right)
\end{aligned}
$$

我们就可以得到状态价值函数的转移。

2.3.12 价值迭代

1. 最优性原理

我们从另一个角度思考问题，动态规划方法将优化问题分成两个部分。第一步执行的是最优的动作。后继状态的每一步都按照最优的策略去做，最后的结果就是最优的。

最优性原理定理（principle of optimality theorem）：一个策略 $\pi(a|s)$ 在状态 s 达到了最优价值，也就是 $V_\pi(s) = V^*(s)$ 成立，当且仅当对于任何能够从 s 到达的 s'，都已经达到了最优价值。也就是对于所有的 s'，$V_\pi(s') = V^*(s')$ 恒成立。

2. 确认性价值迭代

如果我们知道子问题 $V^*(s')$ 的最优解，就可以通过价值迭代来得到最优的 $V^*(s)$ 的解。价值迭代就是把贝尔曼最优方程当成一个更新规则来进行，即

$$
V(s) \leftarrow \max_{a \in A} \left(R(s,a) + \gamma \sum_{s' \in S} p\left(s' \mid s,a\right) V\left(s'\right)\right) \tag{2.55}
$$

只有当整个马尔可夫决策过程已经达到最佳的状态时，式 (2.55) 才满足。但我们可以把它转换成一个备份的等式。备份的等式就是一个迭代的等式。我们不停地迭代贝尔曼最优方程，价值函数就能逐渐趋向于最佳的价值函数，这是价值迭代算法的精髓。

为了得到最佳的 V^*，对于每个状态的 V，我们直接通过贝尔曼最优方程进行迭代，迭代多次之后，价值函数就会收敛。这种价值迭代算法也被称为确认性价值迭代（deterministic value iteration）。

3. 价值迭代算法

价值迭代算法的过程如下。

（1）初始化：令 $k=1$，对于所有状态 s，$V_0(s)=0$。

（2）对于 $k=1:H$（H 是让 $V(s)$ 收敛所需的迭代次数）：

（a）对于所有状态 s

$$Q_{k+1}(s,a)=R(s,a)+\gamma\sum_{s'\in S}p\left(s'\mid s,a\right)V_k\left(s'\right) \tag{2.56}$$

$$V_{k+1}(s)=\max_a Q_{k+1}(s,a) \tag{2.57}$$

（b）$k\leftarrow k+1$。

（3）在迭代后提取最优策略

$$\pi(s)=\underset{a}{\arg\max}\left[R(s,a)+\gamma\sum_{s'\in S}p\left(s'\mid s,a\right)V_{H+1}\left(s'\right)\right] \tag{2.58}$$

我们使用价值迭代算法是为了得到最佳的策略 π。我们可以使用式 (2.55) 进行迭代，迭代多次且收敛后得到的值就是最佳的价值。

价值迭代算法开始的时候，把所有值初始化，接着对每个状态进行迭代。我们把式 (2.56) 代入式 (2.57)，就可以得到式 (2.55)。因此，我们有了式 (2.56) 和式 (2.57) 后，就不停地迭代，迭代多次后价值函数就会收敛，收敛后就会得到 V^*。我们有了 V^* 后，一个问题是如何进一步推算出它的最佳策略。我们可以直接用 arg max 操作来提取最佳策略。我们先重构 Q 函数，重构后，每一列对应的 Q 值最大的动作就是最佳策略。这样我们就可以从最佳价值函数中提取出最佳策略。我们只是在解决一个规划的问题，而不是强化学习的问题，因为我们知道环境如何变化。

价值迭代做的工作类似于价值的反向传播，每次迭代做一步传播，所以中间过程的策略和价值函数是没有意义的。而策略迭代的每一次迭代的结果都是有意义的，都是一个完整的策略。图 2.23 所示为一个可视化的求最短路径的过程，在一个网格世界中，我们设定了一个终点，也就是左上角的点。不管我们在哪一个位置开始，我们都希望能够到达终点（实际上这个终点在迭代过程中是不必要的，只是为了更好地演示）。价值迭代的迭代过程像是一个从某一个状态（这里是我们的终点）反向传播到其他各个状态的过程，因为每次迭代只能影响到与之直接相关的状态。让我们回忆一下最优性原理定理：如果我们某次迭代求解的某个状

态 s 的价值函数 $V_{k+1}(s)$ 是最优解，它的前提是能够从该状态到达的所有状态 s' 都已经得到了最优解；如果不是，它所做的只是一个类似传递价值函数的过程。

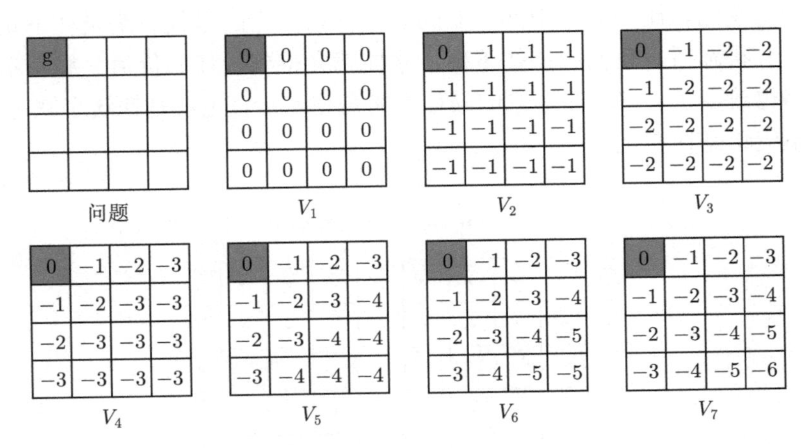

图 2.23 例子：最短路径 [4]

如图 2.23 所示，实际上，对于每一个状态，我们都可以将其看成一个终点。迭代由每一个终点开始，我们每次都根据贝尔曼最优方程重新计算价值。如果它的相邻节点价值发生了变化，变得更好了，那么它的价值也会变得更好，一直到相邻节点都不变。因此，在我们迭代到 V_7 之前，也就是还没将每个终点的最优的价值传递给其他的所有状态之前，中间的几个价值只是一种暂存的不完整的数据，它不能代表每一个状态的价值，所以生成的策略是没有意义的策略。价值迭代是一个迭代过程，图 2.23 可视化了从 V_1 到 V_7 每一个状态的价值的变化。而且因为智能体每走一步就会得到一个负的价值，所以它需要尽快地到达终点，可以发现离它越远的状态，价值就越小。V_7 收敛过后，右下角的价值是 -6，相当于它要走 6 步，才能到达终点。智能体离终点越近，价值越大。当我们得到最优价值后，我们就可以通过策略提取来得到最佳策略。

2.3.13 策略迭代与价值迭代的区别

我们来看一个马尔可夫决策过程控制的动态演示，图 2.24 所示为网格世界的初始化界面。

首先我们来看看策略迭代，之前的例子在每个状态都采取固定的随机策略，每个状态都以 0.25 的概率往上、下、左、右，没有策略的改变。但是我们现在想进行策略迭代，每个状态的策略都进行改变。如图 2.25（a）所示，我们先执行一次策略评估，得到价值函数，每个状态都有一个价值函数。如图 2.25（b）所示，我们接着进行策略改进，单击“策略更新”（policy update），这时有些格子中的策略已经产生变化。比如对于中间 -1 的这个状态，它的最佳策略是往下走。当我们到达 -1 状态后，我们应该往下走，这样就会得到最佳的价值。绿色右边的格子的策略也改变了，它现在选取的最佳策略是往左走，也就是在这个状态的时候，最佳策略应该是往左走。

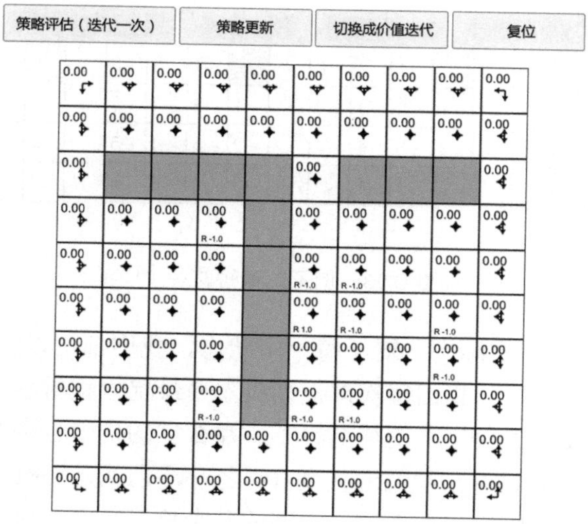

策略评估（迭代一次） 策略更新 切换成价值迭代 复位

0.00	0.00	0.00	0.00	0.00	0.00	0.00	0.00	0.00	0.00
0.00	0.00	0.00	0.00	0.00	0.00	0.00	0.00	0.00	0.00
0.00					0.00				0.00
0.00	0.00	0.00	0.00 R -1.0		0.00	0.00	0.00	0.00	0.00
0.00	0.00	0.00	0.00		0.00 R -1.0	0.00 R -1.0	0.00	0.00	0.00
0.00	0.00	0.00	0.00		0.00 R 1.0	0.00 R -1.0	0.00	0.00 R -1.0	0.00
0.00	0.00	0.00	0.00		0.00	0.00	0.00	0.00 R -1.0	0.00
0.00	0.00	0.00	0.00 R -1.0		0.00 R -1.0	0.00 R -1.0	0.00	0.00	0.00
0.00	0.00	0.00	0.00	0.00	0.00	0.00	0.00	0.00	0.00
0.00	0.00	0.00	0.00	0.00	0.00	0.00	0.00	0.00	0.00

图 2.24 网格世界：初始化界面

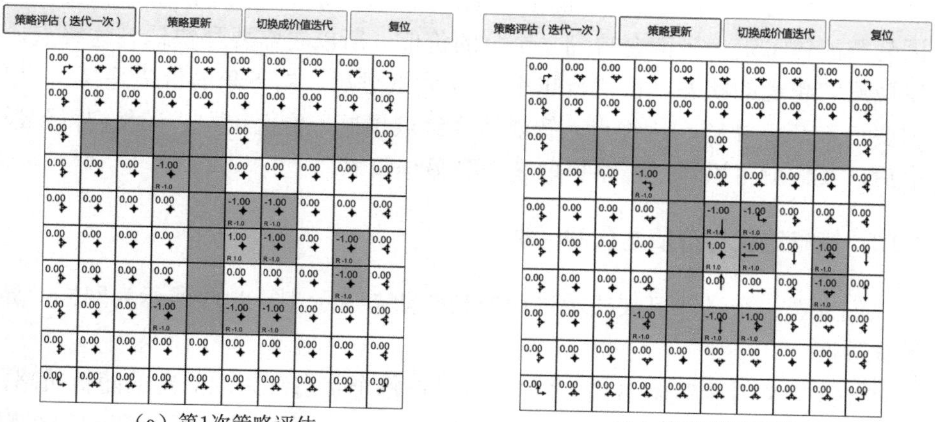

策略评估（迭代一次） 策略更新 切换成价值迭代 复位

0.00	0.00	0.00	0.00	0.00	0.00	0.00	0.00	0.00	0.00
0.00	0.00	0.00	0.00	0.00	0.00	0.00	0.00	0.00	0.00
0.00					0.00				0.00
0.00	0.00	0.00	-1.00 R -1.0		0.00	0.00	0.00	0.00	0.00
0.00	0.00	0.00	0.00		-1.00 R -1.0	-1.00 R -1.0	0.00	0.00	0.00
0.00	0.00	0.00	0.00		1.00 R 1.0	-1.00 R -1.0	0.00	-1.00 R -1.0	0.00
0.00	0.00	0.00	0.00		0.00	0.00	0.00	-1.00 R -1.0	0.00
0.00	0.00	0.00	-1.00 R -1.0		-1.00 R -1.0	-1.00 R -1.0	0.00	0.00	0.00
0.00	0.00	0.00	0.00	0.00	0.00	0.00	0.00	0.00	0.00
0.00	0.00	0.00	0.00	0.00	0.00	0.00	0.00	0.00	0.00

（a）第1次策略评估

策略评估（迭代一次） 策略更新 切换成价值迭代 复位

0.00	0.00	0.00	0.00	0.00	0.00	0.00	0.00	0.00	0.00
0.00	0.00	0.00	0.00	0.00	0.00	0.00	0.00	0.00	0.00
0.00					0.00				0.00
0.00	0.00	0.00	-1.00 R -1.0		0.00	0.00	0.00	0.00	0.00
0.00	0.00	0.00	0.00		-1.00 R -1.0	-1.00 R -1.0	0.00	0.00	0.00
0.00	0.00	0.00	0.00		1.00 R 1.0	-1.00 R -1.0	0.00	-1.00 R -1.0	0.00
0.00	0.00	0.00	0.00		0.00	0.00	0.00	-1.00 R -1.0	0.00
0.00	0.00	0.00	-1.00 R -1.0		-1.00 R -1.0	-1.00 R -1.0	0.00	0.00	0.00
0.00	0.00	0.00	0.00	0.00	0.00	0.00	0.00	0.00	0.00
0.00	0.00	0.00	0.00	0.00	0.00	0.00	0.00	0.00	0.00

（b）第1次策略更新

图 2.25 马尔可夫决策过程控制：策略迭代示例

如图 2.26（a）所示，我们再执行下一轮的策略评估，格子中的值又被改变了。多次之后，格子中的值会收敛。如图 2.26（b）所示，我们再次执行策略更新，每个状态中的值基本都改变了，它们不再上、下、左、右随机改变，而是会选取最佳的策略进行改变。

策略评估（迭代一次）　策略更新　切换成价值迭代　复位

0.00	0.00	0.00	0.00	0.00	0.00	0.00	0.00	0.00	0.00
0.00	0.00	0.00	0.00	0.00	0.00	0.00	0.00	0.00	0.00
0.00					0.00				0.01
0.00	0.00	0.00	-1.00 R -1.0		0.01	0.01	0.02	0.02	0.01
0.00	0.00	0.00	0.00		-0.10 R -1.0	-0.97 R -1.0	0.05	0.02	0.01
0.00	0.00	0.00	0.00		1.00 R 1.0	-0.10 R -1.0	0.12	-0.95 R -1.0	0.01
0.00	0.00	0.00	0.00		0.90	0.50	0.21	-0.92 R -1.0	0.02
0.00	0.00	0.00	-1.00 R -1.0		-0.59 R -1.0	-0.82 R -1.0	0.08	0.04	0.02
0.00	0.00	0.00	0.00	0.00	0.01	0.02	0.03	0.02	0.02
0.00	0.00	0.00	0.00	0.00	0.01	0.01	0.02	0.02	0.02

（a）第2次策略评估

策略评估（迭代一次）　策略更新　切换成价值迭代　复位

0.00	0.00	0.00	0.00	0.00	0.00	0.00	0.00	0.00	0.00
0.00	0.00	0.00	0.00	0.00	0.00	0.00	0.00	0.00	0.00
0.00					0.00				0.01
0.00	0.00	0.00	-1.00 R -1.0		0.01	0.01	0.02	0.02	0.01
0.00	0.00	0.00	0.00		-0.10 R -1.0	-0.97 R -1.0	0.05	0.02	0.01
0.00	0.00	0.00	0.00		1.00 R 1.0	-0.10 R -1.0	0.12	-0.95 R -1.0	0.01
0.00	0.00	0.00	0.00		0.90	0.50	0.21	-0.92 R -1.0	0.02
0.00	0.00	0.00	-1.00 R -1.0		-0.59 R -1.0	-0.82 R -1.0	0.08	0.04	0.02
0.00	0.00	0.00	0.00	0.00	0.01	0.02	0.03	0.02	0.02
0.00	0.00	0.00	0.00	0.00	0.01	0.01	0.02	0.02	0.02

（b）第2次策略更新

图 2.26　马尔可夫决策过程控制：策略迭代示例

如图 2.27（a）所示，我们再次执行策略评估，格子的值又在不停地变化，变化之后又收敛了。如图 2.27（b）所示，我们再执行一次策略更新。现在格子的值又会有变化，每一个状态中格子的最佳策略也会产生一些改变。如图 2.27（a）所

策略评估（迭代一次）　策略更新　切换成价值迭代　复位

0.22	0.25	0.27	0.31	0.34	0.38	0.27	0.31	0.34	0.38
0.25	0.27	0.31	0.34	0.38	0.42	0.38	0.34	0.38	0.42
0.22					0.46				0.46
0.20	0.22	0.25	-0.78 R -1.0		0.52	0.57	0.64	0.57	0.52
0.22	0.25	0.27	0.25		0.08 R -1.0	-0.36 R -1.0	0.71	0.64	0.57
0.25	0.27	0.31	0.27		1.20 R 1.0	0.08 R -1.0	0.79	-0.29 R -1.0	0.52
0.27	0.31	0.34	0.31		1.08	0.97	0.87	-0.21 R -1.0	0.57
0.31	0.34	0.38	-0.58 R -1.0		-0.03 R -1.0	-0.13 R -1.0	0.79	0.71	0.64
0.34	0.38	0.42	0.46	0.52	0.57	0.64	0.71	0.64	0.57
0.31	0.34	0.38	0.42	0.46	0.52	0.57	0.64	0.57	0.52

（a）第3次策略评估

策略评估（迭代一次）　策略更新　切换成价值迭代　复位

0.22	0.25	0.27	0.31	0.34	0.38	0.27	0.31	0.34	0.38
0.25	0.27	0.31	0.34	0.38	0.42	0.38	0.34	0.38	0.42
0.22					0.46				0.46
0.20	0.22	0.25	-0.78 R -1.0		0.52	0.57	0.64	0.57	0.52
0.22	0.25	0.27	0.25		0.08 R -1.0	-0.36 R -1.0	0.71	0.64	0.57
0.25	0.27	0.31	0.27		1.20 R 1.0	0.08 R -1.0	0.79	-0.29 R -1.0	0.52
0.27	0.31	0.34	0.31		1.08	0.97	0.87	-0.21 R -1.0	0.57
0.31	0.34	0.38	-0.58 R -1.0		-0.03 R -1.0	-0.13 R -1.0	0.79	0.71	0.64
0.34	0.38	0.42	0.46	0.52	0.57	0.64	0.71	0.64	0.57
0.31	0.34	0.38	0.42	0.46	0.52	0.57	0.64	0.57	0.52

（b）第3次策略更新

图 2.27　马尔可夫决策过程控制：策略迭代示例

示，我们再执行一遍策略更新，格子的值没有发生变化，这说明整个马尔可夫决策过程已经收敛了，所以现在每个状态的值就是当前最佳的价值函数的值，当前状态对应的策略就是最佳的策略。

通过上面的例子，我们知道策略迭代可以把网格世界“解决掉”。“解决掉”是指，不管在哪个状态，我们都可以利用状态对应的最佳的策略到达可以获得最多奖励的状态。

如图 2.28（b）所示，我们再用价值迭代来解马尔可夫决策过程，单击“切换成价值迭代”（toggle value iteration）。当格子的值确定后，就会产生它的最佳状态，最佳状态提取的策略与策略迭代得出的最佳策略是一致的。在每个状态，我们使用最佳策略，就可以到达得到最多奖励的状态。

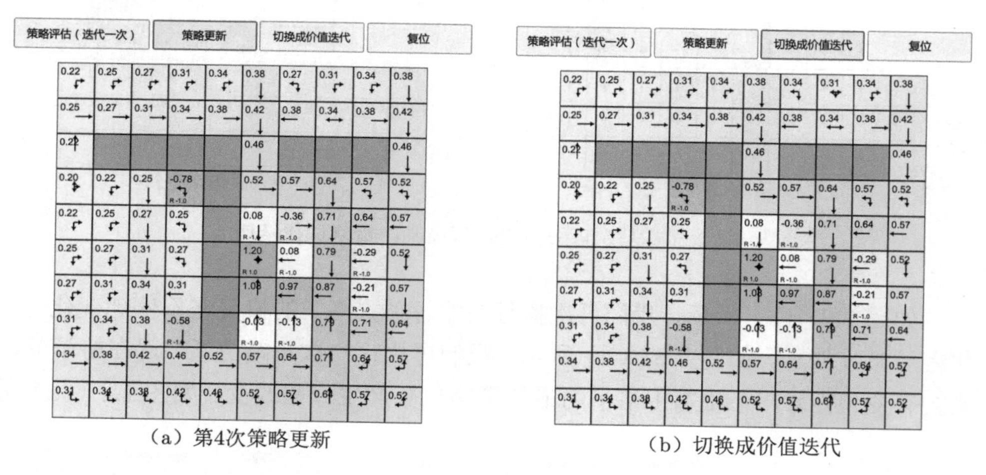

（a）第4次策略更新　　（b）切换成价值迭代

图 2.28　马尔可夫决策过程控制：策略迭代示例

我们再来对比策略迭代和价值迭代，这两个算法都可以解马尔可夫决策过程的控制问题。策略迭代分两步。首先进行策略评估，即对当前已经搜索到的策略函数进行估值。得到估值后，我们进行策略改进，即把 Q 函数算出来，进行进一步改进。不断重复这两步，直到策略收敛。价值迭代直接使用贝尔曼最优方程进行迭代，从而寻找最佳的价值函数。找到最佳价值函数后，我们再提取最佳策略。

2.3.14　马尔可夫决策过程中的预测和控制总结

总结如表 2.1 所示，我们使用动态规划算法来解马尔可夫决策过程中的预测和控制，并且采取不同的贝尔曼方程。对于预测问题，即策略评估的问题，我们不停地执行贝尔曼期望方程，就可以估计出给定的策略，然后得到价值函数。对于控制问题，如果我们采取的算法是策略迭代，使用的就是贝尔曼期望方程；如果我们采取的算法是价值迭代，使用的就是贝尔曼最优方程。

表 2.1　动态规划算法

问题	贝尔曼方程	算法
预测	贝尔曼期望方程	迭代策略评估
控制	贝尔曼期望方程	策略迭代
控制	贝尔曼最优方程	价值迭代

2.4　关键词

马尔可夫性质（Markov property，MP）：如果某一个过程未来的状态与过去的状态无关，只由现在的状态决定，那么其具有马尔可夫性质。换句话说，一个状态的下一个状态只取决于它的当前状态，而与它当前状态之前的状态都没有关系。

马尔可夫链（Markov chain）：概率论和数理统计中具有马尔可夫性质且存在于离散的指数集（index set）和状态空间（state space）内的随机过程（stochastic process）。

状态转移矩阵（state transition matrix）：状态转移矩阵类似于条件概率（conditional probability），表示当智能体到达某状态后，到达其他所有状态的概率。矩阵的每一行描述的是从某节点到达所有其他节点的概率。

马尔可夫奖励过程（Markov reward process，MRP）：本质是马尔可夫链加上奖励函数。在马尔可夫奖励过程中，状态转移矩阵和它的状态都与马尔可夫链的一样，只多了一个奖励函数。奖励函数是一个期望，即在某一个状态可以获得多大的奖励。

范围（horizon）：定义了同一个回合或者一个完整轨迹的长度，它是由有限个步数决定的。

回报（return）：把奖励打折扣，然后获得的对应的奖励。

贝尔曼方程（Bellman equation）：定义了当前状态与未来状态的迭代关系，表示当前状态的价值函数可以通过下个状态的价值函数来计算。贝尔曼方程因其提出者、动态规划创始人理查德 · 贝尔曼（Richard Bellman）而得名，也被叫作“动态规划方程”。贝尔曼方程即 $V(s) = R(s) + \gamma \sum_{s' \in S} p(s'|s)V(s')$，特别地，其

矩阵形式为 $\boldsymbol{V}=\boldsymbol{R}+\gamma\boldsymbol{PV}$。

蒙特卡洛算法（Monte Carlo algorithm，MC algorithm）：可用来计算价值函数的值。使用本节中小船的例子，当得到一个马尔可夫奖励过程后，我们可以从某一个状态开始，把小船放到水中，让它随波流动，这样就会产生一条轨迹，从而得到一个折扣后的奖励 g。当积累该奖励到一定数量后，用它直接除以轨迹数量，就会得到其价值函数的值。

动态规划算法（dynamic programming，DP）：可用来计算价值函数的值。通过一直迭代对应的贝尔曼方程，最后使其收敛。当最后更新的状态与上一个状态差距不大的时候，动态规划算法的更新就可以停止。

Q 函数（Q-function）：定义的是在某一个状态采取某一个动作，有可能得到的回报的一个期望。

马尔可夫决策过程中的预测问题：即策略评估问题，给定一个马尔可夫决策过程以及一个策略 π，计算它的策略函数，即每个状态的价值函数值是多少。可以通过动态规划算法解决。

马尔可夫决策过程中的控制问题：即寻找一个最佳策略，其输入是马尔可夫决策过程，输出是最佳价值函数（optimal value function）以及最佳策略（optimal policy）。可以通过动态规划算法解决。

最佳价值函数：搜索一种策略 π，使每个状态的价值最大，V^* 就是到达每一个状态的极大值。在极大值中，我们得到的策略是最佳策略。最佳策略使得每个状态的价值函数都取得最大值。当我们说某一个马尔可夫决策过程的环境可解时，其实就是我们可以得到一个最佳价值函数。

2.5 习题

2-1 为什么在马尔可夫奖励过程中需要有折扣因子？

2-2 为什么矩阵形式的贝尔曼方程的解析解比较难求得？

2-3 计算贝尔曼方程的常见方法有哪些，它们有什么区别？

2-4 马尔可夫奖励过程与马尔可夫决策过程的区别是什么？

2-5 马尔可夫决策过程中的状态转移与马尔可夫奖励过程中的状态转移的结构或者计算方面的差异有哪些？

2-6 我们如何寻找最佳策略，寻找最佳策略方法有哪些？

2.6 面试题

2-1 友善的面试官：请问马尔可夫过程是什么？马尔可夫决策过程又是什么？其中马尔可夫最重要的性质是什么呢？

2-2 友善的面试官：请问我们一般怎么求解马尔可夫决策过程？

2-3 友善的面试官：请问如果数据流不具备马尔可夫性质怎么办？应该如何处理？

2-4 友善的面试官：请分别写出基于状态价值函数的贝尔曼方程以及基于动作价值函数的贝尔曼方程。

2-5 友善的面试官：请问最佳价值函数 V^* 和最佳策略 π^* 为什么等价呢？

2-6 友善的面试官：能不能手写一下第 n 步的价值函数更新公式呀？另外，当 n 越来越大时，价值函数的期望和方差是分别变大还是变小呢？

参考文献

[1] SUTTON R S, BARTO A G. Reinforcement learning: An introduction(second edition)[M]. London:The MIT Press, 2018.

[2] 邱锡鹏. 神经网络与深度学习 [M]. 北京：机械工业出版社, 2020.

[3] 周志华. 机器学习 [M]. 北京：清华大学出版社, 2016.

[4] David Silver 的课程“UCL Course on RL”.

第3章 表格型方法

策略最简单的表示是查找表（look-up table），即表格型策略（tabular policy）。使用查找表的强化学习方法称为**表格型方法（tabular method）**，如蒙特卡洛、Q 学习和 Sarsa。本章通过最简单的表格型方法来讲解如何使用基于价值的方法求解强化学习问题。

3.1 马尔可夫决策过程

强化学习是一个与时间相关的序列决策的问题。例如，如图 3.1 所示，在 $t-1$ 时刻，我们看到熊对我招手，下意识的动作就是逃跑。熊看到有人逃跑，就可能觉得发现了猎物，并开始发动攻击。而在 t 时刻，我们如果选择装死的动作，可能熊咬咬我、摔几下就觉得挺无趣的，可能会走开。这个时候我们再逃跑，可能就成功了，这就是一个序列决策过程。

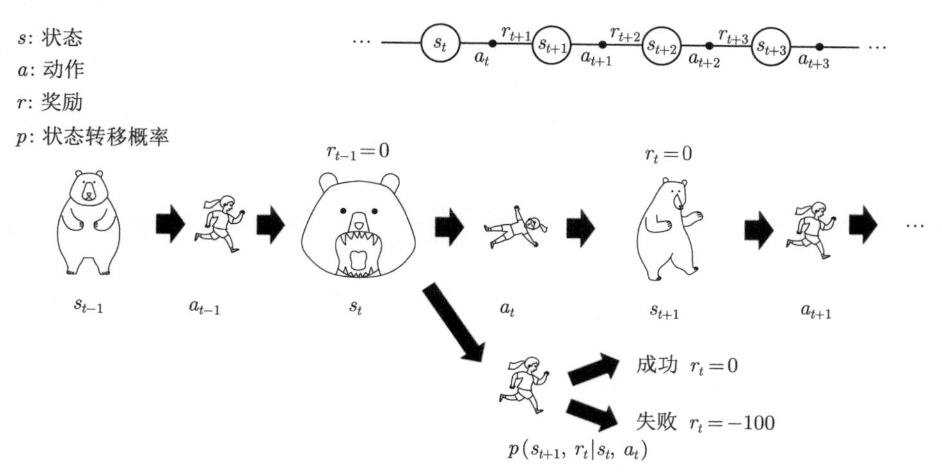

图 3.1 马尔可夫决策过程四元组

在输出每一个动作之前，我们可以选择不同的动作。如果在 t 时刻，我们没有选择装死，而是选择逃跑，这个时候熊已经追上来了，那么我们就会转移到不同的状态。有一定的概率我们会逃跑成功，也有一定的概率我们会逃跑失败。我们用状态转移概率 $p\left(s_{t+1}, r_t \mid s_t, a_t\right)$ 来表示在状态 s_t 选择动作 a_t 的时候，转移到状态 s_{t+1}，而且得到奖励 r_t 的概率。状态转移概率是具有**马尔可夫性质**的（系统下一时刻的状态仅由当前时刻的状态决定，不依赖于以往任何状态）。因为在这个过程中，下一时刻的状态取决于当前的状态 s_t，它和之前的 s_{t-1} 和 s_{t-2} 没有关系。再加上这个过程也取决于智能体与环境交互的 a_t，所以包含了决策的过程，我们称这样的过程为马尔可夫决策过程。马尔可夫决策过程就是序列决策的经典的表现方式。马尔可夫决策过程也是强化学习中一个非常基本的学习框架。状态、动作、状态转移概率和奖励 (S、A、P、R)，这 4 个的合集就构成了强化学习马尔可夫决策过程的四元组，后面也可能会再加上折扣因子构成五元组。

3.1.1　有模型

如图 3.2 所示，把这些可能的动作和可能的状态转移的关系画成树状，它们之间的关系就是从 s_t 到 a_t，再到 s_{t+1}，再到 a_{t+1}，再到 s_{t+2} 的过程。我们与环境交互时，只能走一条完整的通路，这样就产生了一系列决策的过程，与环境交互产生了经验。我们会使用**概率函数（probability function）**$p\left(s_{t+1}, r_t \mid s_t, a_t\right)$

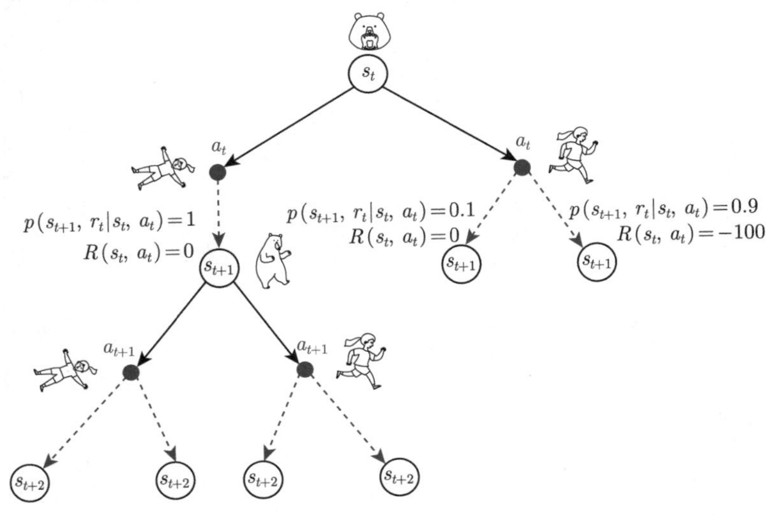

图 3.2　状态转移与序列决策

和奖励函数 $R(s_t, a_t)$ 来描述环境。概率函数就是状态转移的概率，它反映的是环境的随机性。

如果知道概率函数和奖励函数，马尔可夫决策过程就是已知的，我们可以通过策略迭代和价值迭代来找最佳的策略。比如，在熊发怒的情况下，我们如果选择装死，假设熊看到人装死就一定会走开，状态转移概率就是 1。但如果在熊发怒的情况下，我们选择逃跑而导致可能成功以及失败两种情况，转移到跑成功的概率大概 0.1，跑失败的概率大概是 0.9。

如果知道环境的状态转移概率和奖励函数，就可以认为这个环境是已知的，因为我们用这两个函数来描述环境。如果环境是已知的，我们其实可以用动态规划算法去计算能够逃脱的概率最大的最佳策略。

3.1.2 免模型

很多强化学习的经典算法都是免模型的，也就是环境是未知的。因为现实世界中人类第一次遇到熊时，我们根本不知道能不能逃脱，所以 0.1、0.9 的概率都是虚构出来的概率。熊到底在什么时候往什么方向转变，我们通常是不知道的。我们处在未知的环境里，也就是这一系列的决策的概率函数和奖励函数是未知的，这就是有模型与免模型的最大区别。

如图 3.3 所示，强化学习可以应用于完全未知的和随机的环境。强化学习像人类一样学习，人类通过尝试不同的路来学习，通过尝试不同的路，人类可以慢

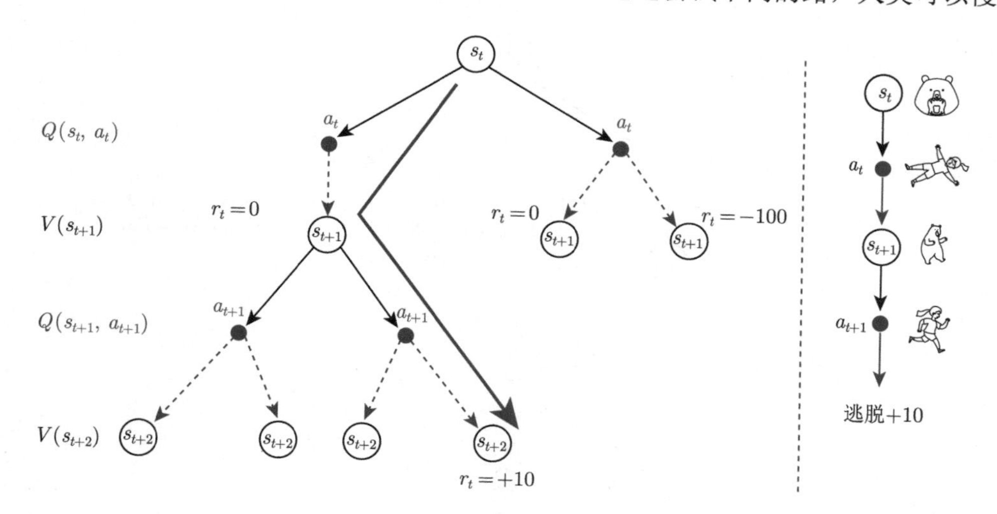

图 3.3 免模型试错探索

慢地了解哪个状态会更好。强化学习用价值函数 $V(s)$ 来表示状态是好的还是坏的，用 Q 函数来判断在什么状态下采取什么动作能够取得最大奖励，即用 Q 函数来表示状态-动作值。

3.1.3 有模型与免模型的区别

如图 3.4 所示，策略迭代和价值迭代都需要得到环境的状态转移概率函数和奖励函数，所以在这个过程中，智能体没有与环境进行交互。在很多实际的问题中，马尔可夫决策过程的模型有可能是未知的，也有可能因模型太大不能进行迭代的计算，比如雅达利游戏、围棋、控制直升机、股票交易等问题，这些问题的状态转移非常复杂。

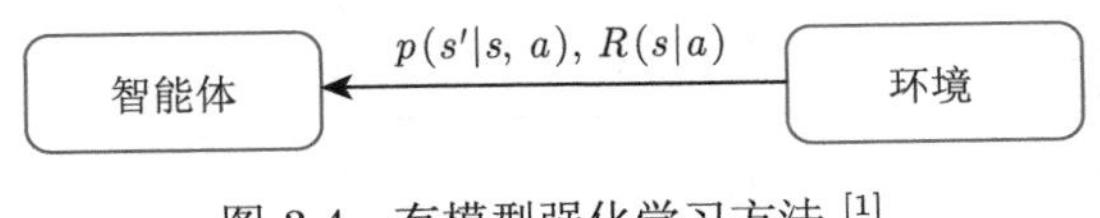

图 3.4　有模型强化学习方法 [1]

如图 3.5 所示，当马尔可夫决策过程的模型未知或者模型很大时，我们可以使用免模型强化学习的方法。免模型强化学习方法没有获取环境的状态转移概率函数和奖励函数，而是让智能体与环境进行交互，采集大量的轨迹数据，智能体从轨迹中获取信息来改进策略，从而获得更多的奖励。

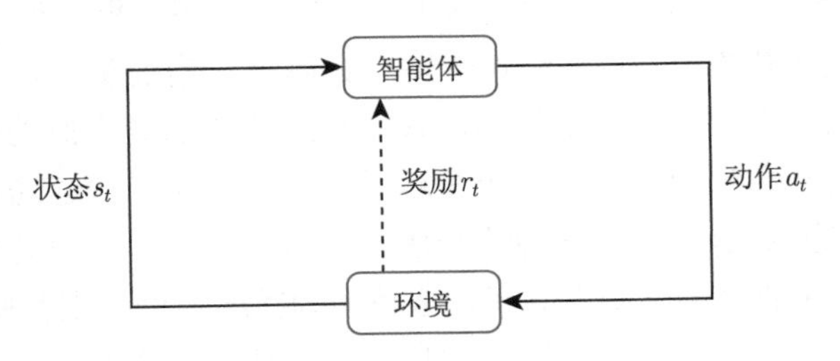

图 3.5　免模型强化学习方法 [1]

3.2 Q 表格

在多次尝试和熊打交道之后，我们就可以对熊的不同的状态做出判断，用状态动作价值来表达在某个状态下某个动作的好坏。如图 3.6 所示，如果 **Q 表格**是一张已经训练好的表格，这张表格就像是一本生活手册。通过查看这本手册，我们就知道在熊发怒的时候，装死的价值会高一点；在熊离开的时候，偷偷逃跑会比较容易获救。这张表格中 Q 函数的意义就是我们选择了某个动作后，最后能不能成功，就需要计算在某个状态下选择某个动作，后续能够获得多少总奖励。如果可以预估未来的总奖励的大小，我们就知道在当前的状态下选择哪个动作价值更高。我们选择某个动作是因为这样未来可以获得的价值会更高。所以强化学习的目标导向性很强，环境给出的奖励是非常重要的反馈，它根据环境的奖励来做选择。

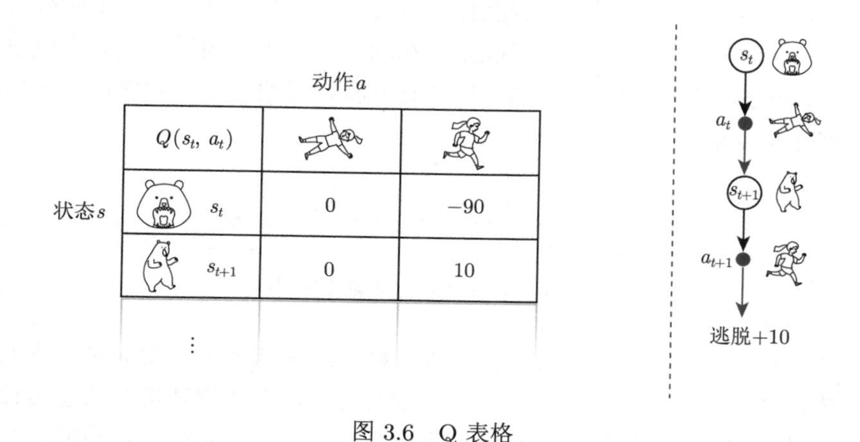

图 3.6　Q 表格

Q：为什么我们可以用未来的总奖励来评价当前动作是好是坏？

A：例如，如图 3.7 所示，假设一辆车在路上，当前是红灯，我们直接闯红灯的奖励就很低，因为这是违法行为，我们得到的奖励是当前的单步奖励。可是如果我们的车是一辆救护车，我们正在运送病人，把病人快速送达医院的奖励非常高，而且越快奖励越高。在这种特殊情况下，在确保安全的前提下我们可能要闯红灯，因为未来的远期奖励太高了。这是因为在现实世界中奖励往往是延迟的，所以强化学习需要学习远期的奖励。我们一般会从当前状态开始，把后续有可能会收到的所有奖励加起来计算当前动作的 Q 值，让 Q 值可以真正代表当前状态下动作的真正价值。

但有的时候把目光放得太长远并不好。如果任务很快就结束，那么考虑到最后一步的奖励无可厚非。但如果任务是一个持续的没有尽头的任务，即**持续式任务（continuing task）**，我们把未来的奖励全部相加作为当前的状态价值就很不合理。股票就是一个典型的例子，如图 3.8 所示，我们关注的是累积的股票奖励，可是如果 10 年之后股票才有一次大涨大跌，我们肯定不会把 10 年后的奖励也作为当前动作的考虑因素。这个时候，我们就可以引入折扣因子 γ 来计算未来总奖励，$\gamma \in [0,1]$，越往后 γ^n 就会越小，越后面的奖励对当前价值的影响就会越小。

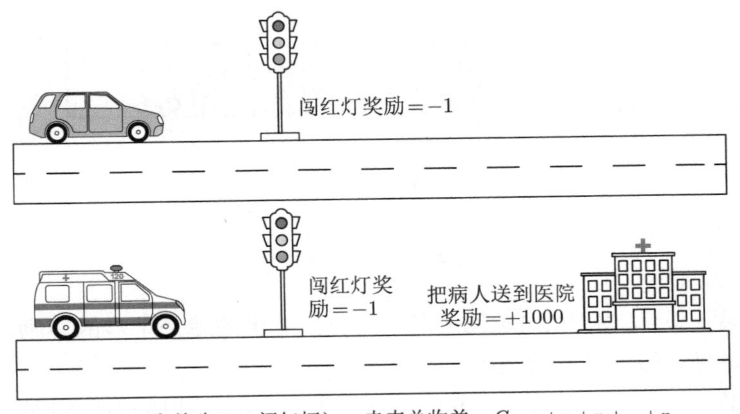

图 3.7 未来的总奖励示例

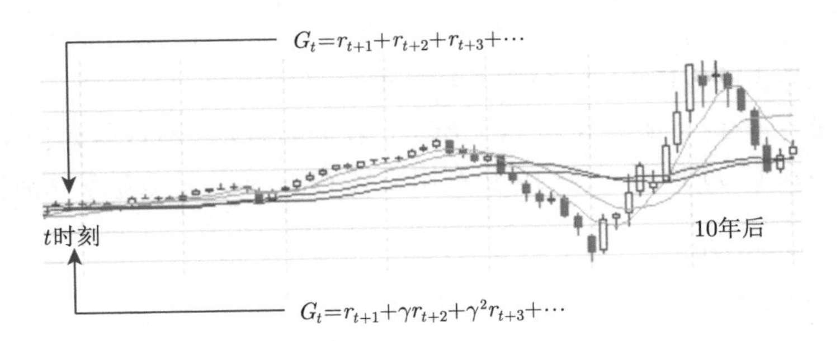

图 3.8 股票的例子

悬崖行走问题是强化学习的一个经典问题，如图 3.9 所示，该问题需要智能体从出发点 S 出发，到达目的地 G，同时避免掉进悬崖（cliff），每走一步就有 −1 分的惩罚，掉进悬崖会有 −100 分的惩罚，但游戏不会结束，智能体会回到出发点，游戏继续，直到到达目的地结束游戏。智能体需要尽快地到达目的地。为了到达目的地，智能体可以沿着例如蓝线或红线的路线行走。

在悬崖行走问题的环境中，怎么计算状态动作价值（未来的总奖励）呢？我们可以选择一条路线，计算出这条路线上每个状态动作的价值。在悬崖行走问题中，智能体每走一步都会拿到 −1 分的奖励，只有到达目的地之后，智能体才会停止。

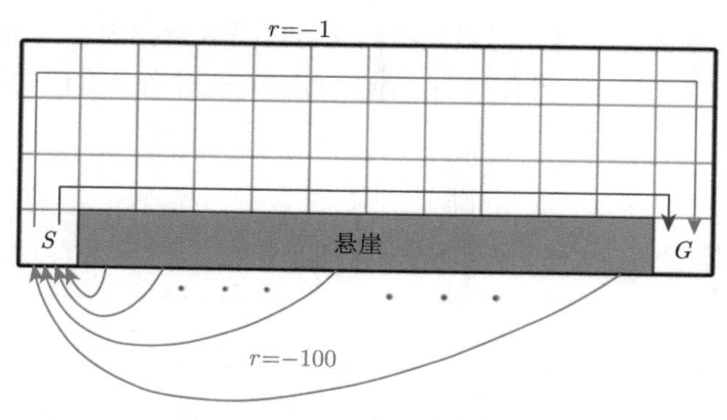

图 3.9 悬崖行走问题 [1]

- 如果 $\gamma=0$，如图 3.10（a）所示，我们考虑的就是单步的奖励，可以认为它是目光短浅的计算方法。
- 如果 $\gamma=1$，如图 3.10（b）所示，就等于把后续所有的奖励全部加起来，我们可以认为它是目光过于长远的计算方法。如果智能体走的不是红色的路线，而是蓝色的路线，算出来的 Q 值可能如图中所示。因此，我们就可以知道，当智能体在 −12 的时候，往右走是 −11，往上走是 −15，它知道往右走的价值更大，它就会往右走。
- 如果 $\gamma=0.6$，如图 3.10（c）所示，我们的目光没有放得太长远，计算结果如式 (3.1) 所示。我们可以利用公式 $G_t=r_{t+1}+\gamma G_{t+1}$ 从后往前推。

$$
\begin{aligned}
&G_{13}=0\\
&G_{12}=r_{13}+\gamma G_{13}=-1+0.6\times 0=-1\\
&G_{11}=r_{12}+\gamma G_{12}=-1+0.6\times(-1)=-1.6\\
&G_{10}=r_{11}+\gamma G_{11}=-1+0.6\times(-1.6)=-1.96\\
&G_{9}=r_{10}+\gamma G_{10}=-1+0.6\times(-1.96)=-2.176\approx-2.18\\
&G_{8}=r_{9}+\gamma G_{9}=-1+0.6\times(-2.176)=-2.3056\approx-2.3\\
&\cdots
\end{aligned}
\tag{3.1}
$$

类似于图 3.11，最后我们要求解的就是一张 Q 表格，它的列数是所有状态的数量，一般可以用坐标来表示格子的状态，也可以用 1、2、3、4、5、6、7 来表示不同的位置。Q 表格的行表示上、下、左、右 4 个动作。最开始的时候，Q 表格会全部初始化为 0。智能体会不断和环境交互得到不同的轨迹，当交互的次数足够多的时候，我们就可以估算出每一个状态下，每个动作的平均总奖励，进而更新 Q 表格。Q 表格的更新就是接下来要引入的强化概念。

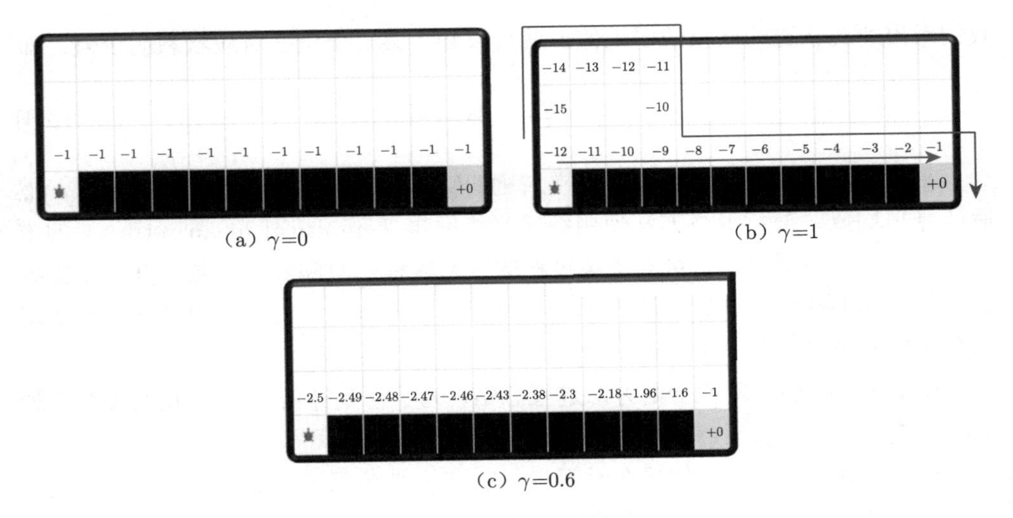

图 3.10 折扣因子

状态	坐标(1, 1)	坐标(1, 2)	坐标(1, 3)	……
上	0	0	0	……
下	0	0	0	……
左	0	0	0	……
右	0	0	0	……

图 3.11 Q 表格

强化是指用下一个状态的价值来更新当前状态的价值，其实就是强化学习中自举的概念。在强化学习中，可以每走一步更新一次 Q 表格，用下一个状态的 Q 值来更新当前状态的 Q 值，这种单步更新的方法被称为时序差分方法。

3.3 免模型预测

在无法获取马尔可夫决策过程的模型情况下，可以通过蒙特卡洛方法和时序差分方法来估计某个给定策略的价值。

3.3.1 蒙特卡洛方法

蒙特卡洛方法是基于采样的方法，给定策略 π，让智能体与环境进行交互，可以得到很多轨迹。每条轨迹都有对应的回报：

$$G_t = r_{t+1} + \gamma r_{t+2} + \gamma^2 r_{t+3} + \cdots \tag{3.2}$$

我们求出所有轨迹的回报的平均值，就可以知道某一个策略对应状态的价值，即

$$V_\pi(s) = \mathbb{E}_{\tau\sim\pi}\left[G_t \mid s_t = s\right] \tag{3.3}$$

蒙特卡洛仿真是指我们可以采样大量的轨迹，计算所有轨迹的真实回报，然后计算平均值。蒙特卡洛方法使用经验平均回报（empirical mean return）的方法来估计，它不需要马尔可夫决策过程的状态转移函数和奖励函数，并且不需要像动态规划那样用自举的方法。此外，蒙特卡洛方法有一定的局限性，它只能用在有终止的马尔可夫决策过程中。

接下来，我们对蒙特卡洛方法进行总结。为了得到评估 $V(s)$，我们采取了如下的步骤。

（1）在每个回合中，如果在时间步 t 状态 s 被访问了，那么：

- 状态 s 的访问数 $N(s)$ 增加 1，$N(s) \leftarrow N(s)+1$；
- 状态 s 的总的回报 $S(s)$ 增加 G_t，$S(s) \leftarrow S(s)+G_t$。

（2）状态 s 的价值可以通过回报的平均来估计，即 $V(s)=S(s)/N(s)$。

根据大数定律，只要我们得到足够多的轨迹，就可以趋近这个策略对应的价值函数。当 $N(s)\rightarrow\infty$ 时，$V(s)\rightarrow V_\pi(s)$。

假设现在有样本 $x_1,x_2,\cdots,x_t$，我们可以把经验均值（empirical mean）转换成增量均值（incremental mean）的形式：

$$\begin{aligned}
\mu_t &= \frac{1}{t}\sum_{j=1}^{t} x_j \\
&= \frac{1}{t}\left(x_t+\sum_{j=1}^{t-1} x_j\right) \\
&= \frac{1}{t}\left(x_t+(t-1)\mu_{t-1}\right) \\
&= \frac{1}{t}\left(x_t+t\mu_{t-1}-\mu_{t-1}\right) \\
&= \mu_{t-1}+\frac{1}{t}\left(x_t-\mu_{t-1}\right)
\end{aligned} \tag{3.4}$$

通过这种转换，我们就可以把上一时刻的平均值与现在时刻的平均值建立联系，即

$$\mu_t = \mu_{t-1}+\frac{1}{t}(x_t-\mu_{t-1}) \tag{3.5}$$

其中，$x_t-\mu_{t-1}$ 是残差，$\frac{1}{t}$ 类似于学习率（learning rate）。当我们得到 x_t 时，就可以用上一时刻的值来更新现在的值。

我们可以把蒙特卡洛方法更新的方法写成增量式蒙特卡洛（incremental MC）方法。我们采集数据，得到一个新的轨迹 $(s_1,a_1,r_1,\cdots,s_t)$。对于这条轨迹，我们采用增量的方法进行更新：

$$
\begin{aligned}
N\left(s_t\right) &\leftarrow N\left(s_t\right)+1 \\
V\left(s_t\right) &\leftarrow V\left(s_t\right)+\frac{1}{N\left(s_t\right)}\left(G_t-V\left(s_t\right)\right)
\end{aligned} \tag{3.6}
$$

我们可以直接把 $\dfrac{1}{N(s_t)}$ 变成 α（学习率），即

$$
V\left(s_t\right) \leftarrow V\left(s_t\right)+\alpha\left(G_t-V\left(s_t\right)\right) \tag{3.7}
$$

其中，α 代表更新的速率，我们可以对其进行设置。

我们再来看一下动态规划方法和蒙特卡洛方法的差异。动态规划方法也是常用的估计价值函数的方法。在动态规划方法中，我们使用了自举的思想。自举就是基于之前估计的量来估计一个量。此外，动态规划方法使用贝尔曼期望备份，通过上一时刻的值 $V_{i-1}(s')$ 来更新当前时刻的值 $V_i(s)$，即

$$
V_i(s) \leftarrow \sum_{a \in A} \pi(a \mid s)\left(R(s, a)+\gamma \sum_{s' \in S} p\left(s' \mid s, a\right) V_{i-1}\left(s'\right)\right) \tag{3.8}
$$

将其不停迭代，最后可以收敛。如图 3.12 所示，贝尔曼期望备份有两层加和，即内部加和与外部加和，计算两次期望，得到一个更新。

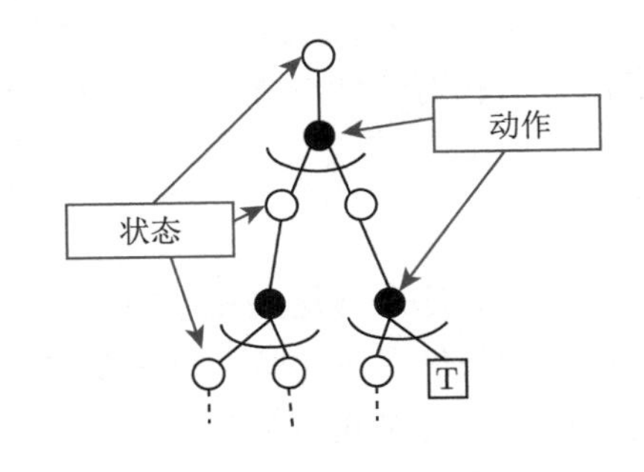

图 3.12　贝尔曼期望备份 [2]

蒙特卡洛方法通过一个回合的经验平均回报（实际得到的奖励）来进行更新，即

$$V\left(s_t\right) \leftarrow V\left(s_t\right)+\alpha\left(G_{i,t}-V\left(s_t\right)\right) \tag{3.9}$$

如图 3.13 所示，我们使用蒙特卡洛方法得到的轨迹对应树上蓝色的轨迹，轨迹上的状态已经是决定的，采取的动作也是已经决定的。现在只更新这条轨迹上的所有状态，与这条轨迹没有关系的状态都不进行更新。

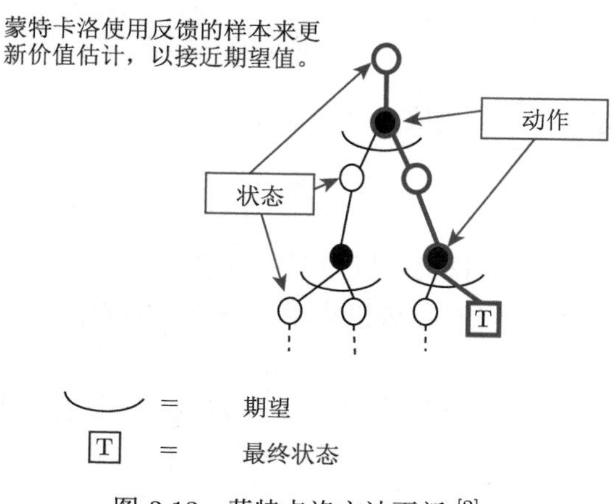

图 3.13 蒙特卡洛方法更新 [2]

蒙特卡洛方法相比动态规划方法是有一些优势的。首先，蒙特卡洛方法适用于环境未知的情况，而动态规划方法是有模型的。蒙特卡洛方法只需要更新一条轨迹的状态，而动态规划方法需要更新所有的状态。状态数量很多的时候（比如 100 万个、200 万个），我们使用动态规划方法进行迭代，速度是非常慢的。这也是基于采样的蒙特卡洛方法相对于动态规划方法的优势。

3.3.2 时序差分方法

为了让读者更好地理解时序差分这种更新方法，我们给出它的“物理意义”。我们先了解一下巴甫洛夫的条件反射实验，如图 3.14 所示，一开始小狗对于铃声这种中性刺激是没有反应的，可是我们把铃声和食物结合起来，每次先给它响一下铃，再给它喂食物，多次重复之后，当铃声响起的时候，小狗也会开始流口水。盆里的食物可以认为是强化学习中那个延迟的奖励，铃声的刺激可以认为是有奖励的那个状态之前的状态。多次重复实验之后，最后的奖励会强化小狗对于铃声

的条件反射，它会让小狗知道这个铃声代表着有食物，这个铃声对于小狗也就有了价值，它听到这个铃声就会流口水。

图 3.14　强化概念：巴甫洛夫的条件反射实验

如图 3.15 所示，巴甫洛夫效应揭示的是，当中性刺激（铃声）与无条件刺激（食物）相邻反复出现的时候，中性刺激也可以引起无条件刺激引起的唾液分泌，然后形成条件刺激。我们称这种中性刺激与无条件刺激在时间上面的结合为强化，强化的次数越多，条件反射就会越巩固。小狗本来不觉得铃声有价值的，经过强化之后，小狗就会慢慢地意识到铃声也是有价值的，它可能带来食物。更重要的是当一种条件反射巩固之后，我们再用另外一种新的刺激和条件反射相结合，还可以形成第二级条件反射，同样地还可以形成第三级条件反射。

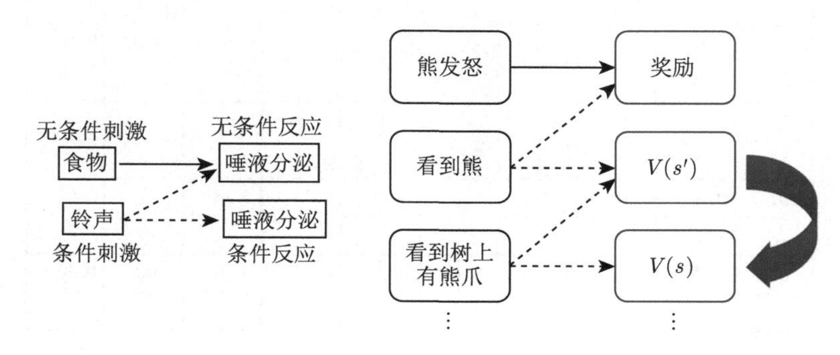

图 3.15　强化示例

在人的身上也可以建立多级的条件反射，例如，我们遇到熊可能是这样一个顺序：看到树上有熊爪，然后看到熊，突然熊发怒并扑过来了。经历这个过程之后，我们可能最开始看到熊才会害怕，后面可能看到树上有熊爪就已经有害怕的感觉了。在不断的重复实验后，下一个状态的价值可以不断地强化影响上一个状态的价值。

为了让读者更加直观地感受下一个状态会如何影响上一个状态（状态价值迭代），我们继续使用第 2 章提到的来自斯坦福大学网站中一个网页的例子。如图 3.16 所示，我们先初始化，然后开始时序差分方法的更新过程。在训练的过程中，小黄球在不断地试错，在探索中会先迅速地发现有奖励的格子。最开始的时候，有奖励的格子才有价值。当小黄球不断地重复走这些路线的时候，有价值的格子可以慢慢地影响它附近的格子的价值。反复训练之后，有奖励的格子周围的格子的状态就会慢慢被强化。强化就是价值最终收敛到最优的情况之后，小黄球就会自动往价值高的格子走，就可以走到能够拿到奖励的格子。

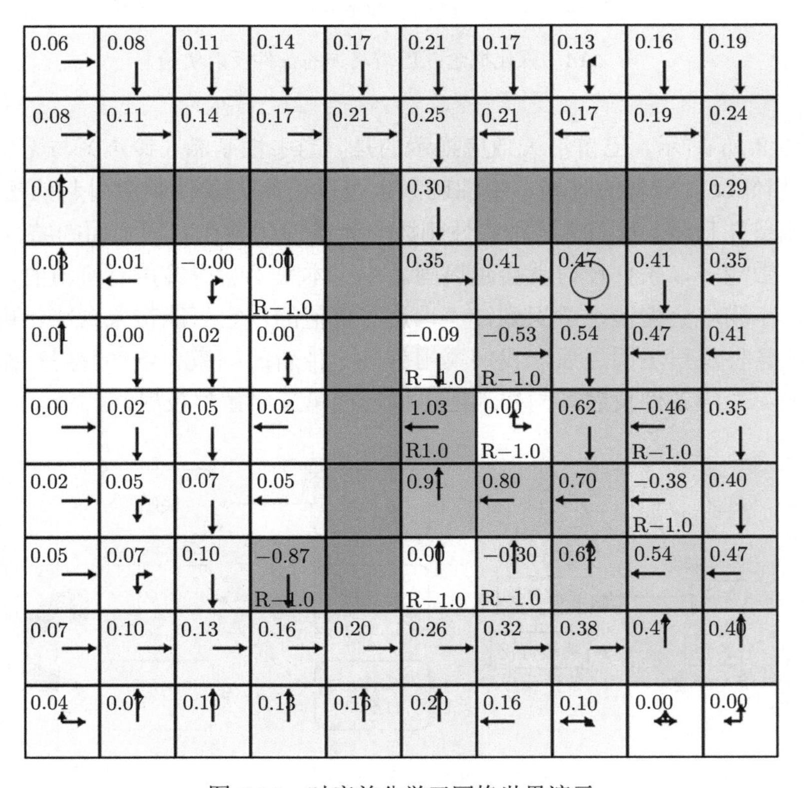

图 3.16 时序差分学习网格世界演示

下面我们开始正式介绍时序差分方法。时序差分方法介于蒙特卡洛方法和动态规划方法之间，它是免模型的，不需要马尔可夫决策过程的转移矩阵和奖励函数。此外，时序差分方法可以从不完整的回合中学习，并且结合了自举的思想。

接下来，我们对时序差分方法进行总结。时序差分方法的目的是对于某个给定的策略 π，在线（online）地算出它的价值函数 V_π，即一步一步地（step-by-step）算。最简单的算法是**一步时序差分（one-step TD）**，即 **TD(0)**。每往前走一步，就做一步自举，用得到的估计回报（estimated return）$r_{t+1}+\gamma V(s_{t+1})$ 来更新上一时刻的值 $V(s_t)$：

$$V\left(s_t\right) \leftarrow V\left(s_t\right)+\alpha\left(r_{t+1}+\gamma V\left(s_{t+1}\right)-V\left(s_t\right)\right) \tag{3.10}$$

估计回报 $r_{t+1}+\gamma V(s_{t+1})$ 被称为**时序差分目标（TD target）**，时序差分目标是带衰减的未来奖励的总和。时序差分目标由两部分组成：

（1）我们走了某一步后得到的实际奖励 r_{t+1}；

（2）我们利用了自举的方法，通过之前的估计来估计 $V(s_{t+1})$，并且加了折扣因子，即 $\gamma V(s_{t+1})$。

时序差分目标是估计有两个原因：

（1）时序差分方法对期望值进行采样；

（2）时序差分方法使用当前估计的 V 而不是真实的 V_π。

时序差分误差（TD error） $\delta=r_{t+1}+\gamma V(s_{t+1})-V(s_t)$。类比增量式蒙特卡洛方法，给定一个回合 i，我们可以更新 $V(s_t)$ 来逼近真实的回报 G_t，具体更新公式为

$$V\left(s_t\right) \leftarrow V\left(s_t\right)+\alpha\left(G_{i,t}-V\left(s_t\right)\right) \tag{3.11}$$

式 (3.11) 体现了强化的概念。

我们对比一下蒙特卡洛方法和时序差分方法。在蒙特卡洛方法中，$G_{i,t}$ 是实际得到的值（可以看成目标），因为它已经把一条轨迹跑完了，可以算出每个状态实际的回报。时序差分方法不等轨迹结束，往前走一步，就可以更新价值函数。如图 3.17 所示，时序差分方法只执行一步，状态的值就更新。蒙特卡洛方法全部执行完之后，到了终止状态之后，再更新它的值。

接下来，进一步比较时序差分方法和蒙特卡洛方法。

（1）时序差分方法可以在线学习（online learning），每走一步就可以更新，效率高。蒙特卡洛方法必须等游戏结束时才可以学习。

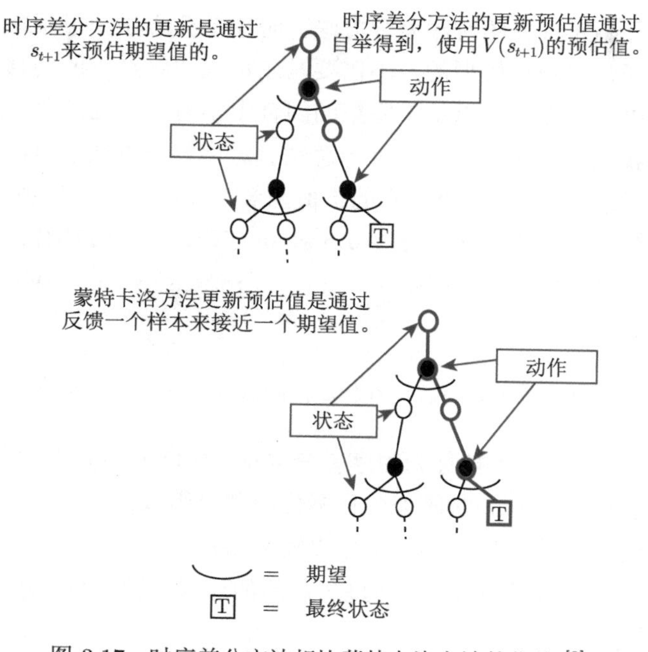

图 3.17　时序差分方法相比蒙特卡洛方法的优势 [2]

（2）时序差分方法可以从不完整序列上进行学习。蒙特卡洛方法只能从完整的序列上进行学习。

（3）时序差分方法可以在连续的环境下（没有终止）进行学习。蒙特卡洛方法只能在有终止的情况下学习。

（4）时序差分方法利用了马尔可夫性质，在马尔可夫环境下有更高的学习效率。蒙特卡洛方法没有假设环境具有马尔可夫性质，利用采样的价值来估计某个状态的价值，在不是马尔可夫的环境下更加有效。

时序差分方法是指在不清楚马尔可夫状态转移概率的情况下，以采样的方式得到不完整的状态序列，估计某状态在该状态序列完整后可能得到的奖励，并通过不断地采样持续更新价值。蒙特卡洛方法则需要经历完整的状态序列后，再来更新状态的真实价值。例如，我们想获得开车去公司的时间，每天上班开车的经历就是一次采样。假设我们今天在路口 A 遇到了堵车，时序差分方法会在路口 A 就开始更新预计到达路口 B、路口 C ……，以及到达公司的时间；而蒙特卡洛方法并不会立即更新时间，而是在到达公司后，再更新到达每个路口和公司的时间。时序差分方法能够在知道结果之前就开始学习，相比蒙特卡洛方法，其更快速、灵活[3]。

如图 3.18 所示，我们可以把时序差分方法进行进一步的推广。之前是只往前走一步，即 TD(0)。我们可以调整步数（step），变成 **n 步时序差分（n-step TD）**。比如两步时序差分，即往前走两步，利用两步得到的回报，使用自举来更新状态的价值。这样我们就可以通过步数来调整算法需要的实际奖励和自举。

$$
\begin{array}{lll}
n=1(\mathrm{TD}) & G_t^{(1)} & =r_{t+1}+\gamma V\left(s_{t+1}\right) \\
n=2 & G_t^{(2)} & =r_{t+1}+\gamma r_{t+2}+\gamma^2 V\left(s_{t+2}\right) \\
 & \vdots & \\
n=\infty(\mathrm{MC}) & G_t^{\infty} & =r_{t+1}+\gamma r_{t+2}+\cdots+\gamma^{T-t-1} r_T
\end{array} \tag{3.12}
$$

如式 (3.12) 所示，通过调整步数，可以进行蒙特卡洛方法和时序差分方法之间的权衡。如果 $n=\infty$，即整个游戏结束后，再进行更新，时序差分方法就变成了蒙特卡洛方法。

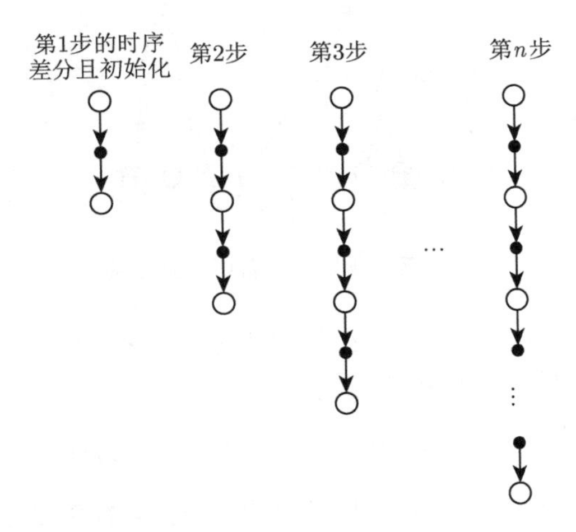

图 3.18 n 步时序差分 [1]

n 步时序差分可写为

$$
G_t^n=r_{t+1}+\gamma r_{t+2}+\cdots+\gamma^{n-1} r_{t+n}+\gamma^n V\left(s_{t+n}\right) \tag{3.13}
$$

得到时序差分目标之后，我们用增量式学习（incremental learning）的方法来更新状态的价值：

$$
V\left(s_t\right) \leftarrow V\left(s_t\right)+\alpha\left(G_t^n-V\left(s_t\right)\right) \tag{3.14}
$$

3.3.3 动态规划方法、蒙特卡洛方法以及时序差分方法的自举和采样

自举是指更新时使用了估计。蒙特卡洛方法没有使用自举，因为它根据实际的回报进行更新。动态规划方法和时序差分方法使用了自举。

采样是指更新时通过采样得到一个期望。蒙特卡洛方法是纯采样的方法。动态规划方法没有使用采样，它是直接用贝尔曼期望方程来更新状态价值的。时序差分方法使用了采样。时序差分目标由两部分组成，一部分是采样，一部分是自举。

如图 3.19 所示，动态规划方法直接计算期望，它把所有相关的状态都进行加和，即

$$V\left(s_t\right) \leftarrow \mathbb{E}_\pi\left[r_{t+1}+\gamma V\left(s_{t+1}\right)\right] \tag{3.15}$$

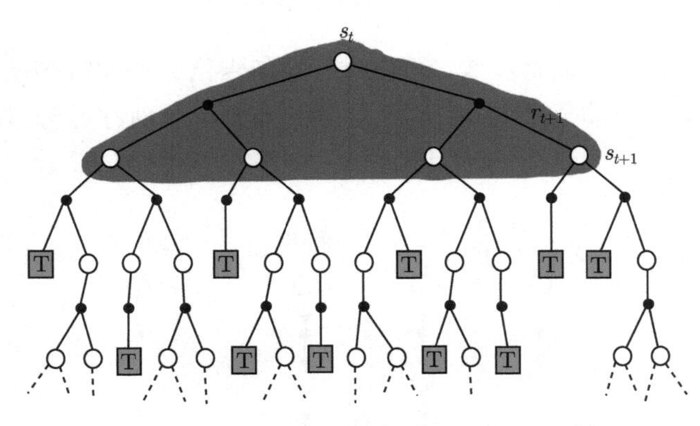

图 3.19 统一视角：动态规划方法备份 [2]

如图 3.20 所示，蒙特卡洛方法在当前状态下，采取一条支路，在这条路径上进行更新，更新这条路径上的所有状态，即

$$V\left(s_t\right) \leftarrow V\left(s_t\right)+\alpha\left(G_t-V\left(s_t\right)\right) \tag{3.16}$$

如图 3.21 所示，时序差分方法从当前状态开始，往前走了一步，关注的是局部的步骤，即

$$\mathrm{TD}(0): V\left(s_t\right) \leftarrow V\left(s_t\right)+\alpha\left(r_{t+1}+\gamma V\left(s_{t+1}\right)-V\left(s_t\right)\right) \tag{3.17}$$

如图 3.22 所示，如果时序差分方法需要更广度的更新，就变成了动态规划方法（因为动态规划方法通过考虑所有状态来进行更新）。如果时序差分方法需要更深度的更新，就变成了蒙特卡洛方法。图 3.22 所示右下角是穷举搜索的方法（exhaustive search），穷举搜索的方法不仅需要很深度的信息，还需要很广度的信息。

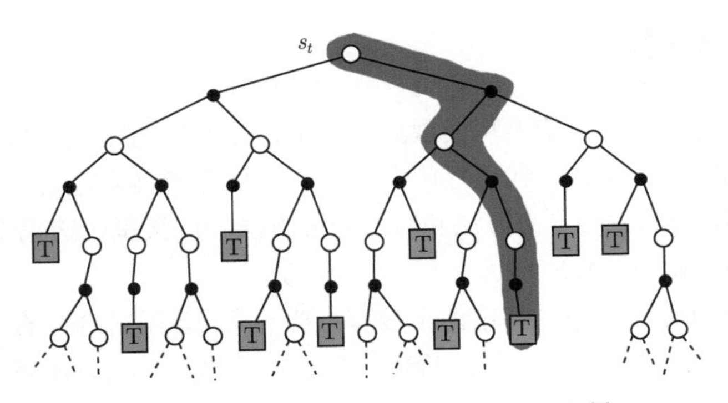

图 3.20 统一视角：蒙特卡洛方法备份 [2]

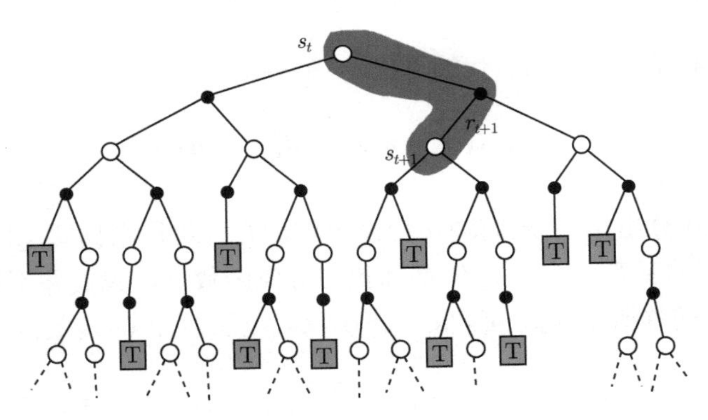

图 3.21 统一视角：时序差分方法备份 [2]

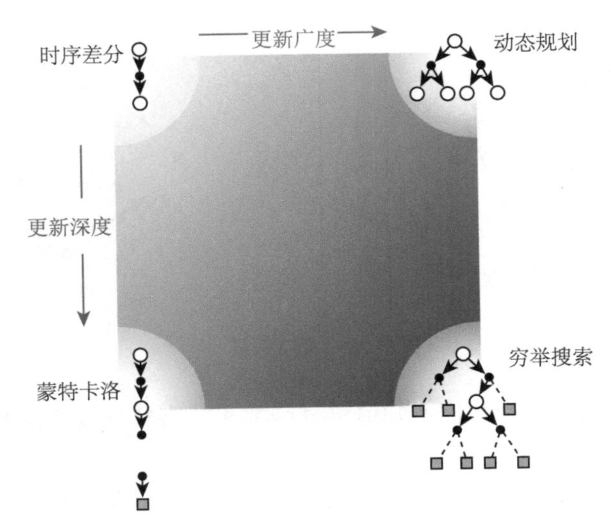

图 3.22 强化学习的统一视角 [1]

3.4 免模型控制

在不知道马尔可夫决策过程模型的情况下，如何优化价值函数，得到最佳的策略呢？我们可以把策略迭代进行广义的推广，使它能够兼容蒙特卡洛方法和时序差分方法，即带有蒙特卡洛方法和时序差分方法的**广义策略迭代（generalized policy iteration，GPI）**。

如图 3.23 所示，策略迭代由两个步骤组成。第一，根据给定的当前策略 π 来估计价值函数；第二，得到估计的价值函数后，通过贪心的方法来改进策略，即

$$\pi^{'} = \text{贪心函数}(V_\pi) \tag{3.18}$$

这两个步骤是一个互相迭代的过程。

$$\pi_{i+1}(s) = \arg\max_a Q_{\pi_i}(s,a) \tag{3.19}$$

我们可以计算出策略 π 的动作价值函数，并且可以根据式 (3.19) 来计算针对状态 $s \in S$ 的新策略 π_{i+1}。但得到状态价值函数后，我们并不知道奖励函数 $R(s,a)$ 和状态转移概率函数 $p(s'|s,a)$，所以就无法估计 Q 函数。

$$Q_{\pi_i}(s,a) = R(s,a) + \gamma \sum_{s' \in S} p\left(s' \mid s,a\right) V_{\pi_i}\left(s'\right) \tag{3.20}$$

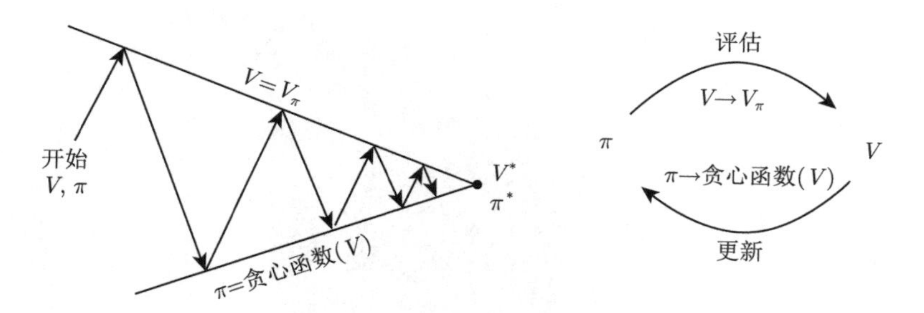

图 3.23 策略迭代 [1]

这里有一个问题：当我们不知道奖励函数和状态转移概率函数时，如何进行策略的优化？

如图 3.24 所示，针对上述情况，我们引入了广义的策略迭代的方法。我们对策略评估部分进行修改，使用蒙特卡洛方法代替动态规划方法估计 Q 函数。首先

进行策略评估，使用蒙特卡洛方法来估计策略 $Q=Q_{\pi}$，然后进行策略更新，即得到 Q 函数后，就可以通过贪心的方法去改进它：

$$\pi(s)=\arg\max_{a} Q(s,a) \tag{3.21}$$

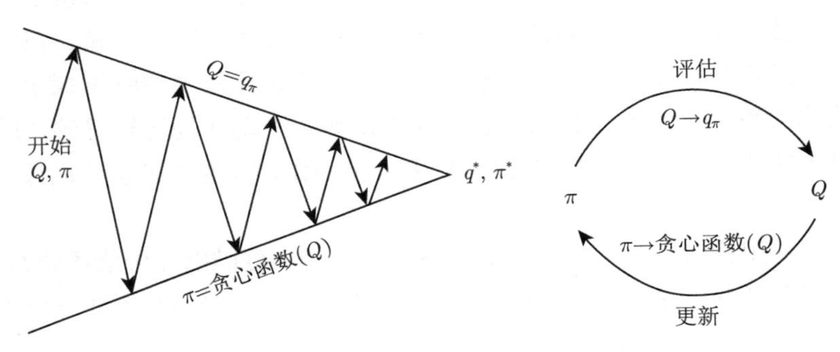

图 3.24 广义策略迭代 [1]

图 3.25 所示为蒙特卡洛方法估计 Q 函数的算法。一个保证策略迭代收敛的假设是回合有**探索性开始（exploring start）**。假设每一个回合都有一个探索性开始，探索性开始保证所有的状态和动作都在无限步的执行后能被采样到，这样才能很好地进行估计。算法通过蒙特卡洛方法产生很多轨迹，每条轨迹都可以算出它的价值。然后，我们可以通过平均的方法去估计 Q 函数。Q 函数可以看成一

初始化。

　　$\pi(s)\in A(s)$（随机初始化），对于所有的$s\in S$。

　　$Q(s,a)\in R$（随机初始化），对于所有的$s\in S$, $a\in A(s)$。

　　$R(s,a)\leftarrow$空值，对于所有的$s\in S$, $a\in A(s)$。

对每一个回合进行循环。

　　随机选择$s_0\in S$, $a_0\in A(s_0)$, 并且保证所有的数据对的概率大于0。

　　从s_0, a_0生成一个回合，并且接下来产生π: s_0, a_0, r_1, $\cdots$, s_{T-1}, a_{T-1}, r_T,

　　$G\leftarrow 0$。

　　对于一个回合中的每一步进行循环$t=T-1$, $T-2$, $\cdots$, 0。

　　　　$G\leftarrow \gamma G+r_{t+1}$。

　　　　如果(s_t, a_t)出现在s_0, a_0, s_1, a_1, $\cdots$, s_{t-1}, a_{t-1}中：

　　　　　　将G追加到$R(s_t, a_t)$中；

　　　　　　$Q(s_t, a_t)\leftarrow\overline{R(s_t, a_t)}$;

　　　　　　$\pi(s_t)\leftarrow\arg\max_a Q(s_t)$。

图 3.25 基于探索性开始的蒙特卡洛方法 [1]

个 Q 表格，我们通过采样的方法把表格的每个单元的值都填上，然后使用策略改进来选取更好的策略。如何用蒙特卡洛方法来填 Q 表格是这个算法的核心。

为了确保蒙特卡洛方法能够有足够的探索，我们使用了 ε-贪心（ε-greedy）探索。ε-贪心是指我们有 $1-\varepsilon$ 的概率会按照 Q 函数来决定动作，通常 ε 就设一个很小的值，$1-\varepsilon$ 可能是 0.9，也就是 0.9 的概率会按照 Q 函数来决定动作，但是有 0.1 的概率是随机的。通常在实现上，ε 的值会随着时间递减。在最开始的时候，因为还不知道哪个动作是比较好的，所以会花比较多的时间探索。接下来随着训练的次数越来越多，我们已经比较确定哪一个动作是比较好的，就会减少探索，把 ε 的值变小。主要根据 Q 函数来决定动作，较少随机决定动作，这就是 ε-贪心。

当我们使用蒙特卡洛方法和 ε-贪心探索的时候，可以确保价值函数是单调的、改进的。对于任何 ε-贪心策略 π，关于 Q_π 的 ε-贪心策略 π' 都是一个改进，即 $V_\pi(s) \leqslant V_{\pi'}(s)$，证明过程如下：

$$
\begin{aligned}
Q_\pi\left(s, \pi'(s)\right) &= \sum_{a \in A} \pi'(a \mid s) Q_\pi(s, a) \\
&= \frac{\varepsilon}{|A|} \sum_{a \in A} Q_\pi(s, a)+(1-\varepsilon) \max_a Q_\pi(s, a) \\
&\geqslant \frac{\varepsilon}{|A|} \sum_{a \in A} Q_\pi(s, a)+(1-\varepsilon) \sum_{a \in A} \frac{\pi(a \mid s)-\frac{\varepsilon}{|A|}}{1-\varepsilon} Q_\pi(s, a) \\
&= \sum_{a \in A} \pi(a \mid s) Q_\pi(s, a)=V_\pi(s)
\end{aligned} \tag{3.22}
$$

基于 ε-贪心探索的蒙特卡洛方法如图 3.26 所示。

与蒙特卡洛方法相比，时序差分方法有如下几个优势：低方差，能够在线学习，能够从不完整的序列中学习。所以我们可以把时序差分方法也放到控制循环（control loop）中去估计 Q 表格，再采取 ε-贪心探索改进。这样就可以在回合没结束的时候更新已经采集到的状态价值。

偏差（bias）：描述的是预测值（估计值）的期望与真实值之间的差距。偏差越高，越偏离真实数据，如图 3.27 第 2 行所示。
方差（variance）：描述的是预测值的变化范围、离散程度，也就是离其期望值的距离。方差越高，数据的分布越分散，如图 3.27 右列所示。

初始化$Q(s, a)=0$, $N(s, a)=0$, $\varepsilon=1$, $k=1$。
$\pi_k=\varepsilon$-贪心函数(Q)。
进行循环
　　对于第k个回合$((s_1, a_1, r_2, \cdots, s_T)\sim\pi_k)$进行采样。
　　对于该回合的状态s_t和动作a_t进行：
　　　　$N(s_t, a_t) \leftarrow N(s_t, a_t)+1$;
　　　　$Q(s_t, a_t) \leftarrow Q(s_t, a_t)+\dfrac{1}{N(s_t, a_t)}(G_t-Q(s_t, a_t))$。
　　$k\leftarrow k+1$, $\varepsilon\leftarrow 1/k$ 。
　　$\pi_k=\varepsilon$-贪心函数(Q)。
停止循环。

图 3.26　基于 ε-贪心探索的蒙特卡洛方法 [1]

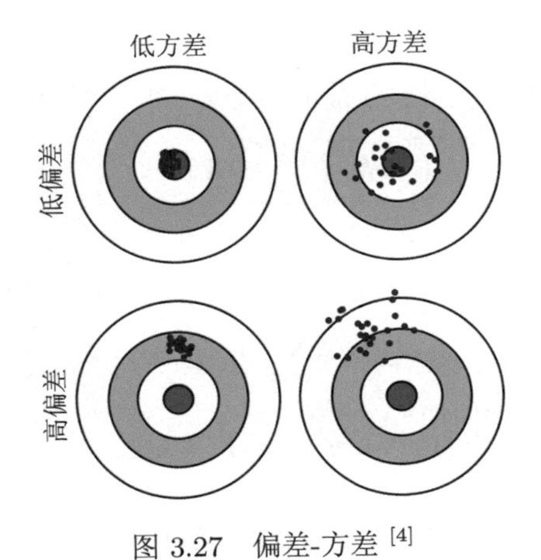

图 3.27　偏差-方差 [4]

3.4.1　Sarsa：同策略时序差分控制

时序差分方法是给定一个策略，估计它的价值函数。接着我们要考虑怎么使用时序差分方法的框架来估计 Q 函数，也就是 Sarsa 算法。

Sarsa 所做出的改变很简单，它将原本时序差分方法更新 V 的过程，变成了更新 Q，即

$$Q\left(s_t, a_t\right) \leftarrow Q\left(s_t, a_t\right)+\alpha\left[r_{t+1}+\gamma Q\left(s_{t+1}, a_{t+1}\right)-Q\left(s_t, a_t\right)\right] \tag{3.23}$$

式 (3.23) 是指可以用下一步的 Q 值 $Q(s_{t+1}, a_{t+1})$ 来更新这一步的 Q 值 $Q(s_t, a_t)$。Sarsa 直接估计 Q 表格，得到 Q 表格后，就可以更新策略。

为了理解式 (3.23)，如图 3.28 所示，我们先把 $r_{t+1}+\gamma Q\left(s_{t+1}, a_{t+1}\right)$ 当作目标值，即 $Q(s_t, a_t)$ 想要逼近的目标值。$r_{t+1}+\gamma Q\left(s_{t+1}, a_{t+1}\right)$ 就是时序差分目标。

我们想要计算的就是 $Q(s_t, a_t)$。因为最开始 Q 值都是随机初始化或者是初始化为 0，所以它需要不断地去逼近它理想中真实的 Q 值（时序差分目标），$r_{t+1}+\gamma Q\left(s_{t+1}, a_{t+1}\right)-Q\left(s_t, a_t\right)$ 就是时序差分误差。我们用 $Q(s_t, a_t)$ 来逼近 G_t，那么 $Q(s_{t+1}, a_{t+1})$ 其实就是近似 G_{t+1}，就可以用 $Q(s_{t+1}, a_{t+1})$ 近似 G_{t+1}，把 $r_{t+1}+\gamma Q(s_{t+1}, a_{t+1})$ 当成目标值。$Q(s_t, a_t)$ 要逼近目标值，我们用软更新的方式来逼近。软更新的方式就是每次只更新一点点，α 类似于学习率。最终 Q 值是可以慢慢地逼近真实的目标值的。这样更新公式只需要用到当前时刻的 s_t、a_t，还有获取的 r_{t+1}、s_{t+1}、a_{t+1}。

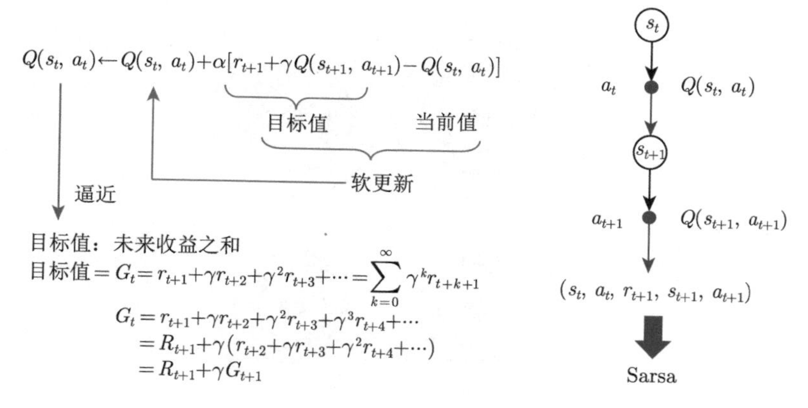

图 3.28 时序差分单步更新

该算法由于每次更新价值函数时需要知道当前的状态（state）、当前的动作（action）、奖励（reward）、下一步的状态（state）、下一步的动作（action），即 $(s_t, a_t, r_{t+1}, s_{t+1}, a_{t+1})$ 这几个值，因此得名 **Sarsa** 算法。它走了一步，获取了 $(s_t, a_t, r_{t+1}, s_{t+1}, a_{t+1})$ 之后，就可以做一次更新。

如图 3.29 所示，Sarsa 的更新公式可写为

$$Q(s, a) \leftarrow Q(s, a)+\alpha\left(r+\gamma Q\left(s^{\prime}, a^{\prime}\right)-Q(s, a)\right) \tag{3.24}$$

Sarsa 的更新公式与时序差分方法的公式是类似的。s' 就是 s_{t+1}。我们就是用下一步的 Q 值 $Q(s', a')$ 来更新这一步的 Q 值 $Q(s, a)$，不断地强化每一个 Q 值。

$$
\begin{aligned}
&n=1(\text{Sarsa}) && Q_t^1 &&= r_{t+1}+\gamma Q\left(s_{t+1},a_{t+1}\right)\\
&n=2 && Q_t^2 &&= r_{t+1}+\gamma r_{t+2}+\gamma^2 Q\left(s_{t+2},a_{t+2}\right)\\
& && &&\vdots\\
&n=\infty(\text{MC}) && Q_t^\infty &&= r_{t+1}+\gamma r_{t+2}+\cdots+\gamma^{T-t-1}r_T
\end{aligned}
\tag{3.25}
$$

我们考虑 n 步的回报（$n=1,2,\cdots,\infty$），如式 (3.25) 所示。Sarsa 属于单步更新算法，每执行一个动作，就会更新一次价值和策略。如果不进行单步更新，而是采取 n 步更新或者回合更新，即在执行 n 步之后再更新价值和策略，这样我们就得到了 ***n* 步 Sarsa（*n*-step Sarsa）**。

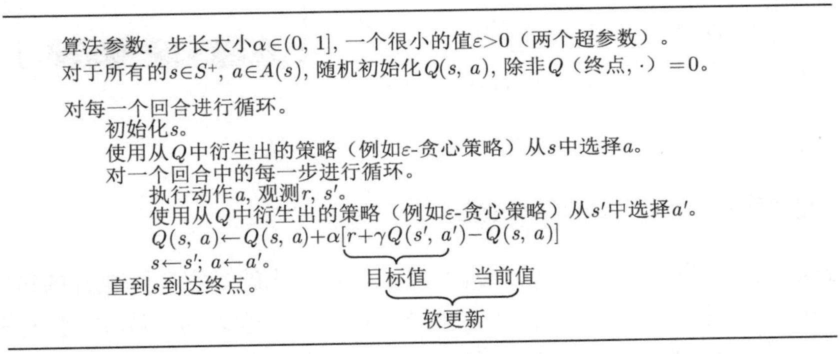

算法参数：步长大小$\alpha\in(0, 1]$, 一个很小的值$\varepsilon>0$（两个超参数）。
对于所有的$s\in S^+$, $a\in A(s)$, 随机初始化$Q(s, a)$, 除非Q（终点, $\cdot$）$=0$。

对每一个回合进行循环。
    初始化s。
    使用从Q中衍生出的策略（例如ε-贪心策略）从s中选择a。
    对一个回合中的每一步进行循环。
        执行动作a, 观测r, s'。
        使用从Q中衍生出的策略（例如ε-贪心策略）从s'中选择a'。
        $Q(s, a)\leftarrow Q(s, a)+\alpha[\underbrace{r+\gamma Q(s', a')}_{\text{目标值}}-\underbrace{Q(s, a)}_{\text{当前值}}]$（软更新）
        $s\leftarrow s'$; $a\leftarrow a'$。
    直到s到达终点。

图 3.29 Sarsa 算法 [1]

比如 2 步 Sarsa 就是执行两步后再来更新 Q 函数的值。对于 Sarsa，在 t 时刻的价值为

$$
Q_t=r_{t+1}+\gamma Q\left(s_{t+1},a_{t+1}\right) \tag{3.26}
$$

而对于 n 步 Sarsa，它的 n 步 Q 回报为

$$
Q_t^n=r_{t+1}+\gamma r_{t+2}+\cdots+\gamma^{n-1}r_{t+n}+\gamma^n Q\left(s_{t+n},a_{t+n}\right) \tag{3.27}
$$

如果给 Q_t^n 加上资格迹衰减参数（decay-rate parameter for eligibility traces）λ 并进行求和，即可得到 Sarsa(λ) 的 Q 回报：

$$
Q_t^\lambda=(1-\lambda)\sum_{n=1}^{\infty}\lambda^{n-1}Q_t^n \tag{3.28}
$$

因此，n 步 Sarsa(λ) 的更新策略为

$$
Q\left(s_t,a_t\right)\leftarrow Q\left(s_t,a_t\right)+\alpha\left(Q_t^\lambda-Q\left(s_t,a_t\right)\right) \tag{3.29}
$$

总之，Sarsa 和 Sarsa(λ) 的差别主要体现在价值的更新上。

了解单步更新的基本公式之后，代码实现就很简单了。如图 3.30 所示，右边是环境，左边是智能体。智能体每与环境交互一次之后，就可以学习一次，向环境输出动作，从环境当中获取状态和奖励。智能体主要实现两个方法：

（1）根据 Q 表格选择动作，输出动作；

（2）获取 $(s_t, a_t, r_{t+1}, s_{t+1}, a_{t+1})$ 这几个值更新 Q 表格。

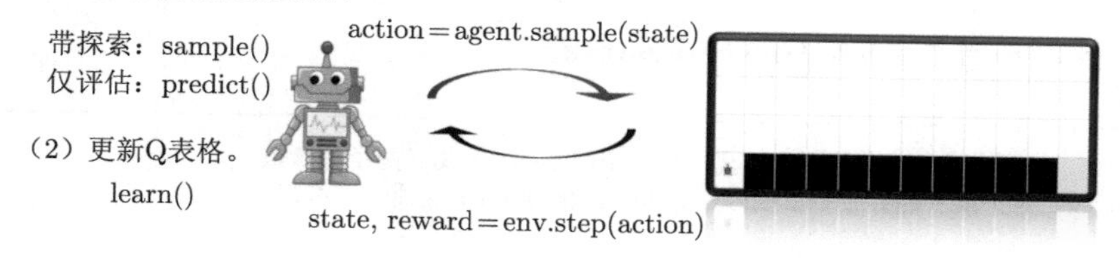

图 3.30 Sarsa 代码实现示意

3.4.2 Q 学习：异策略时序差分控制

Sarsa 是一种**同策略（on-policy）**算法，它优化的是它实际执行的策略，它直接用下一步会执行的动作去优化 Q 表格。同策略在学习的过程中，只存在一种策略，它用一种策略去做动作的选取，也用一种策略去做优化。所以 Sarsa 知道它下一步的动作有可能会跑到悬崖那边，它就会在优化自己的策略的时候，尽可能离悬崖远一点。这样子就会保证，它下一步哪怕是有随机动作，它也还是处在安全区域内。

Q 学习是一种**异策略（off-policy）**算法。如图 3.31 所示，异策略在学习的过程中，有两种不同的策略：**目标策略（target policy）**和**行为策略（behavior policy）**。目标策略是我们需要去学习的策略，一般用 π 来表示。目标策略就像是在后方指挥战术的一个军师，它可以根据自己的经验来学习最优的策略，不需要去和环境交互。行为策略是探索环境的策略，一般用 μ 来表示。行为策略可以大胆地去探索到所有可能的轨迹，采集轨迹，采集数据，然后把采集到的数据“喂”给目标策略学习。而且“喂”给目标策略的数据中并不需要 a_{t+1}，而 Sarsa 是要有 a_{t+1} 的。行为策略像是一个战士，可以在环境中探索所有的动作、轨迹和经验，然后把这些经验交给目标策略去学习。比如目标策略优化的时候，Q 学习不会管我们下一步去往哪里探索，它只选取奖励最大的策略。

图 3.31　异策略

再例如，如图 3.32 所示，比如环境是波涛汹涌的大海，但学习策略（learning policy）太“胆小”了，无法直接与环境交互学习，所以我们有了探索策略（exploratory policy），探索策略是一个不畏风浪的水手，它非常激进，可以在环境中探索。因此探索策略有很多经验，它可以把这些经验“写成稿子”，然后“喂”给学习策略。学习策略可以通过稿子进行学习。

图 3.32　异策略例子

在异策略学习的过程中，轨迹都是行为策略与环境交互产生的，产生这些轨迹后，我们使用这些轨迹来更新目标策略 π。异策略学习有很多好处。首先，我们可以利用探索策略来学到最佳的策略，学习效率高；其次，异策略学习可以学习其他智能体的动作，进行模仿学习，学习人或者其他智能体产生的轨迹；最后，异策略学习可以重用旧的策略产生的轨迹，探索过程需要很多计算资源，这样可以节省资源。

Q 学习有两种策略：行为策略和目标策略。目标策略 π 直接在 Q 表格上使用贪心策略，取它下一步能得到的所有状态，即

$$\pi\left(s_{t+1}\right)=\underset{a'}{\arg\max}\, Q\left(s_{t+1}, a'\right) \tag{3.30}$$

行为策略 μ 可以是一个随机的策略，但我们采取 ε-贪心策略，让行为策略不至于是完全随机的，它是基于 Q 表格逐渐改进的。

我们可以构造 Q 学习目标，Q 学习的下一个动作都是通过 arg max 操作选出来的，于是我们可得

$$
\begin{aligned}
r_{t+1}+\gamma Q\left(s_{t+1}, a'\right) &= r_{t+1}+\gamma Q\left(s_{t+1}, \underset{a'}{\arg\max}\, Q\left(s_{t+1}, a'\right)\right) \\
&= r_{t+1}+\gamma \max_{a'} Q\left(s_{t+1}, a'\right)
\end{aligned} \tag{3.31}
$$

接着我们可以把 Q 学习更新写成增量学习的形式，时序差分目标变成了 $r_{t+1}+\gamma \max_{a} Q\left(s_{t+1}, a\right)$，即

$$
Q\left(s_t, a_t\right) \leftarrow Q\left(s_t, a_t\right)+\alpha\left[r_{t+1}+\gamma \max_{a} Q\left(s_{t+1}, a\right)-Q\left(s_t, a_t\right)\right] \tag{3.32}
$$

如图 3.33 所示，我们再通过对比的方式来进一步理解 **Q 学习**。Q 学习是异策略的时序差分方法，Sarsa 是同策略的时序差分方法。Sarsa 在更新 Q 表格的时候，它用到的是 a'。我们要获取下一个 Q 值的时候，a' 是下一个步骤一定会执行的动作，这个动作有可能是 ε-贪心方法采样出来的动作，也有可能是最大化 Q 值对应的动作，也有可能是随机动作，但这是它实际执行的动作。但是 Q 学习在更新 Q 表格的时候所用到的 Q 值 $Q(s', a)$ 对应的动作，不一定是下一个步骤会执行的实际的动作，因为我们下一个实际会执行的动作可能是因为进一步的探索而得到的。Q 学习默认的下一个动作不是通过行为策略来选取的，Q 学习直接看 Q 表格，取它的最大化的值，它是默认 a' 为最佳策略选取的动作，所以 Q 学习在学习的时候，不需要传入 a'，即 a_{t+1} 的值。

算法参数：步长大小 $\alpha \in (0, 1]$，一个很小的值 $\varepsilon > 0$。
对于所有的 $s \in \mathcal{S}^+$，$a \in \mathcal{A}(s)$，随机初始化 $Q(s, a)$，除非 Q（终止状态，$\cdot$）$= 0$。

对于每一个回合进行循环。
　初始化 s。
　使用从 Q 中衍生出的策略（例如 ε-贪心策略）从 s 中选择 a。
　对一个回合中的每一步进行循环。
　　执行动作 a，得到 r，s'。
　　使用从 Q 中衍生出的策略（例如 ε-贪心策略）从 s' 中选择 a'。
　　$Q(s, a) \leftarrow Q(s, a)+\alpha[r+\gamma Q(s', a')-Q(s, a)]$。
　　$s \leftarrow s'$；$a \leftarrow a'$。
　直到 s 到达终点。

（a）Sarsa

算法参数：步长大小 $\alpha \in (0, 1]$，一个很小的值 $\varepsilon > 0$。
对于所有的 $s \in \mathcal{S}^+$，$a \in \mathcal{A}(s)$，随机初始化 $Q(s, a)$，除非 Q（终止状态，$\cdot$）$= 0$。

对每一个回合进行循环。
　初始化 s。
　对一个回合中的每一步进行循环。
　　使用从 Q 中衍生出的策略（例如 ε-贪心策略）从 s 中选择 a。
　　执行动作 a，得到 r，s'。
　　$Q(s, a) \leftarrow Q(s, a)+\alpha\left[r+\gamma \max_{a} Q(s', a)-Q(s, a)\right]$
　　$s \leftarrow s'$。
　直到 s 到达终点。

（b）Q学习

图 3.33 Sarsa 与 Q 学习的伪代码 [1]

Sarsa 和 Q 学习的更新公式是一样的，区别只在目标计算的部分，Sarsa 是 $r_{t+1}+\gamma Q(s_{t+1},a_{t+1})$，Q 学习是 $r_{t+1}+\gamma \max\limits_{a} Q\left(s_{t+1},a\right)$。

如图 3.34（a）所示，Sarsa 用自己的策略产生了 s,a,r,s',a' 这条轨迹，然后用 $Q(s_{t+1},a_{t+1})$ 更新原本的 Q 值 $Q(s_t,a_t)$。但是 Q 学习并不需要知道我们实际上选择哪一个动作，它默认下一个动作就是 Q 值最大的那个动作。Q 学习知道实际上行为策略可能会有 0.1 的概率选择别的动作，但 Q 学习并不担心受到探索的影响，它默认按照最佳的策略去优化目标策略，所以它可以更大胆地去寻找最优的路径，它表现得比 Sarsa 大胆得多。

如图 3.34（b）所示，我们对 Q 学习进行逐步拆解，Q 学习与 Sarsa 唯一不一样的就是并不需要提前知道 a_2，就能更新 $Q(s_1,a_1)$。在一个回合的训练当中，Q 学习在学习之前也不需要获取下一个动作 a'，它只需要前面的 (s,a,r,s')，这与 Sarsa 很不一样。

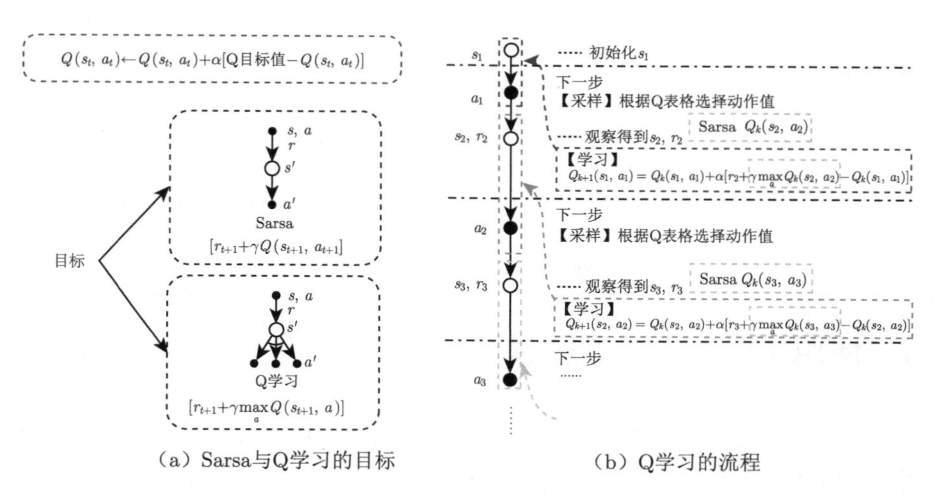

（a）Sarsa与Q学习的目标　　（b）Q学习的流程

图 3.34　Sarsa 与 Q 学习的区别

3.4.3　同策略与异策略的区别

总结一下同策略和异策略的区别。Sarsa 是一个典型的同策略算法，它只用了一个策略 π，它不仅使用策略 π 学习，还使用策略 π 与环境交互产生经验。如果策略采用 ε-贪心算法，它需要兼顾探索，为了兼顾探索和利用，它训练的时候会显得有点“胆小”。它在解决悬崖行走问题的时候，会尽可能地远离悬崖边，确保哪怕自己不小心探索了一点儿，也还是在安全区域内。此外，因为采用的是 ε-贪心算法，策略会不断改变（ε 值会不断变小），所以策略不稳定。Q 学习是一个典型的异策略算法，它有两种策略——目标策略和行为策略，它分离了目标策略与行为策略。Q 学习可以大胆地用行为策略探索得到的经验轨迹来优化目标策略，从而更有可能探索到最佳策略。行为策略可以采用 ε-贪心算法，但目标策略采用的是贪心算法，它直接根据行为策略采集到的数据来采用最佳策略，所以 Q 学习不需要兼顾探索。我们比较一下 Q 学习和 Sarsa 的更新公式，就可以发现 Sarsa 并没有选取最大值的最大化操作。因此，Q 学习是一个非常激进的方法，它希望每一步都获得最大的利益；Sarsa 则相对较为保守，它会选择一条相对安全的迭代路线。

表格型方法总结如图 3.35 所示。

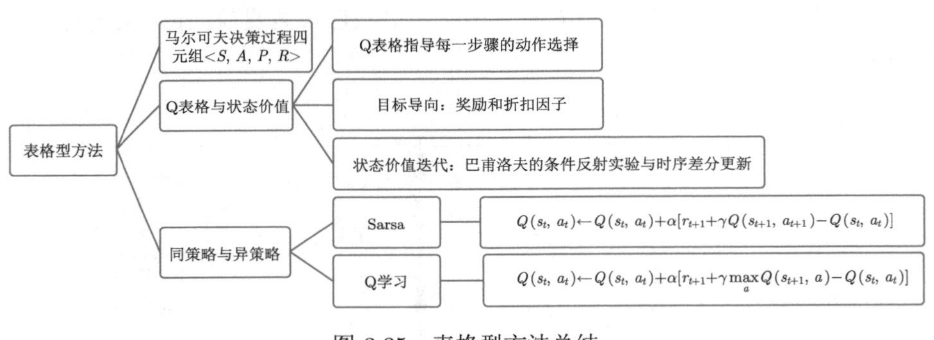

图 3.35　表格型方法总结

3.5　使用 Q 学习解决悬崖寻路问题

强化学习在运动规划方面也有很大的应用前景，目前有很多对应的仿真环境，小到迷宫游戏，大到贴近真实的自动驾驶环境 CARLA。本节使用 OpenAI Gym 开发的 **CliffWalking-v0** 环境，带读者入门 Q 学习算法的代码实战。

3.5.1　CliffWalking-v0 环境简介

我们首先简单介绍 CliffWalking-v0 环境，该环境中文名为悬崖寻路（cliff walking），是一个迷宫类问题。如图 3.36 所示，在一个 4×12 的网格中，智能体以网格的左下角位置为起点，以网格的右下角位置为终点，目标是移动智能体到达终点位置，智能体每次可以在上、下、左、右这 4 个方向中移动一步，每移动一步会得到 -1 单位的奖励。

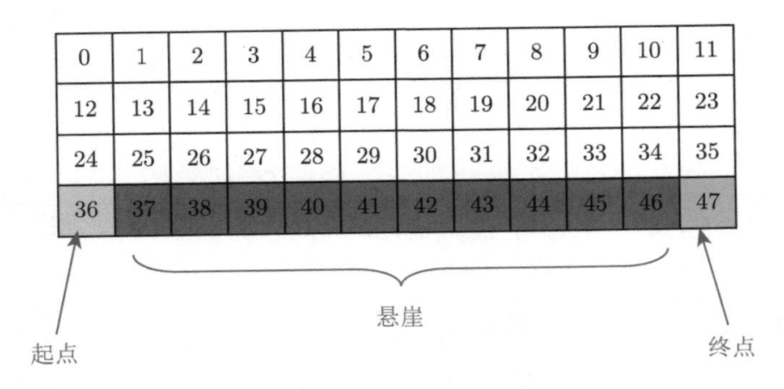

图 3.36 CliffWalking-v0 环境

起、终点之间是一段悬崖，即编号为 37 ~ 46 的网格，智能体移动过程中会有如下的限制：

（1）智能体不能移出网格，如果智能体想执行某个动作移出网格，那么这一步智能体不会移动，但是这个操作依然会得到 −1 单位的奖励；

（2）如果智能体“掉入悬崖”，会立即回到起点位置，并得到 −100 单位的奖励；

（3）当智能体移动到终点时，该回合结束，该回合总奖励为各步奖励之和。

我们的目标是以最少的步数到达终点，容易看出最少需要 13 步智能体才能从起点到达终点，因此最佳算法收敛的情况下，每回合的总奖励应该是 −13，这样人工分析出期望的奖励也便于我们判断算法的收敛情况从而做出相应调整。现在我们可以在代码中定义环境，如下。

```
import gym # 导入gym模块
from envs.gridworld_env import CliffWalkingWapper # 导入自定义装饰器
env = gym.make('CliffWalking-v0')  # 定义环境
env = CliffWalkingWapper(env) # 装饰环境
```

我们在程序中使用了一个装饰器重新定义环境，但不影响对环境的理解，感兴趣的同学具体看相关代码。由于 gym 环境封装得比较好，因此我们想要使用这个环境只需要使用 gym.make 命令输入函数名即可，然后我们就可以查看环境的状态和动作数，如下。

```
n_states = env.observation_space.n # 状态数
n_actions = env.action_space.n # 动作数
```

```
print(f"状态数：{n_states}，动作数：{n_actions}")
```

输出：

```
状态数：48，动作数：4
```

状态数是 48，这里我们设置的是智能体当前所在网格的编号，而动作数是 4，这表示有 0、1、2、3 这 4 个数对应上、右、下、左 4 个动作。另外我们也可以初始化环境并输出当前的状态，如下。

```
state = env.reset()
print(f"初始状态：{state}")
```

结果显示为：

```
初始状态：36
```

也就是当前智能体的状态即当前所在的网格编号 36，正好对应我们前面讲到的起点。

3.5.2 强化学习基本接口

这里所说的接口是指一般强化学习的训练模式，也是大多数算法伪代码遵循的规则，步骤如下：

（1）初始化环境和智能体；

（2）对于每个回合，智能体选择动作；

（3）环境接收动作并反馈下一个状态和奖励；

（4）智能体进行策略更新（学习）；

（5）多个回合之后算法收敛，保存模型以及做后续的分析、画图等。

代码如下。

```
env = gym.make('CliffWalking-v0')  # 定义环境
env = CliffWalkingWapper(env) # 装饰环境
env.seed(1) # 设置随机种子
```

```
n_states = env.observation_space.n # 状态数
n_actions = env.action_space.n # 动作数
agent = QLearning(n_states,n_actions,cfg) # cfg存储算法相关参数
for i_ep in  range(cfg.train_eps): # cfg.train_eps表示最大的训练回合数
    ep_reward = 0  # 记录每个回合的奖励
    state = env.reset()  # 重置环境
    while True:
        action = agent.choose_action(state)  # 算法选择一个动作
        next_state, reward, done, _ = env.step(action)
            # 环境根据动作反馈奖励和下一个状态
        agent.update(state, action, reward, next_state, done)  # 算法更新
        state = next_state  # 更新状态
        ep_reward += reward
        if done: # 终止状态
            break
```

通常我们会记录并分析奖励的变化，所以在接口基础上加一些变量以记录每回合的奖励。此外，由于强化学习训练过程中得到的奖励可能会产生振荡，因此我们也使用一个滑动平均的量来反映奖励变化的趋势，如下。

```
rewards = []
ma_rewards = [] # 滑动平均奖励
for i_ep in  range(cfg.train_eps):
    ep_reward = 0  # 记录每个回合的奖励
    state = env.reset()  # 重置环境，重新开始（开始一个新的回合）
    while True:
        action = agent.choose_action(state)  # 根据算法选择一个动作
        next_state, reward, done, _ = env.step(action)
            # 与环境进行一次动作交互
        agent.update(state, action, reward, next_state, done)
            # Q学习算法更新
        state = next_state  # 存储上一个观察值
        ep_reward += reward
        if done:
            break
    rewards.append(ep_reward)
```

```
    if ma_rewards:
        ma_rewards.append(ma_rewards[-1]*0.9+ep_reward*0.1)
    else:
        ma_rewards.append(ep_reward)
```

3.5.3 Q 学习算法

了解基本接口之后，现在我们看看 Q 学习算法具体是怎么实现的。前文讲到智能体在整个训练中只做两件事，一是选择动作，二是更新策略，所以我们可以定义一个 Qlearning 类，主要包含两个函数，即 choose_action() 和 update()。我们先看看 choose_action() 函数是怎么定义的，如下。

```
def choose_action(self, state):
    self.sample_count += 1
    self.epsilon=self.epsilon_end + (self.epsilon_start - self.epsilon_end) * \
        math.exp(-1. * self.sample_count / self.epsilon_decay)
            # epsilon是会递减的，这里选择指数递减
    #  带有探索的贪心策略
    if np.random.uniform(0, 1) > self.epsilon:
        action = np.argmax(self.Q_table[ str(state)])
            # 选择Q(s,a)最大值对应的动作
    else:
        action = np.random.choice(self.action_dim) # 随机选择动作
    return action
```

一般我们使用 ε-贪心策略选择动作。我们的输入就是当前的状态，随机选取一个值，当这个值大于我们设置的 epsilion 时，我们选取最大 Q 值对应的动作，否则随机选择动作，这样就能在训练中让智能体保持一定的探索率，这也是平衡探索与利用的技巧之一。

下面是我们要实现的策略更新函数。

```
def update(self, state, action, reward, next_state, done):
    Q_predict = self.Q_table[ str(state)][action]
    if done: # 终止状态
        Q_target = reward
```

```
    else:
        Q_target = reward + self.gamma
            * np. max(self.Q_table[ str(next_state)])
    self.Q_table[ str(state)][action] += self.lr * (Q_target - Q_predict)
```

这里实现的逻辑就是伪代码中的更新公式，如式 (3.33) 所示。

$$Q(s,a) \leftarrow Q(s,a) + \alpha\left(r + \gamma \max_{a} Q\left(s',a\right) - Q(s,a)\right) \tag{3.33}$$

注意：终止状态下，我们是获取不到下一个动作的，我们直接将 Q_target 更新为对应的奖励即可。

3.5.4 结果分析

到现在我们就基本完成了 Q 学习算法的代码实现，具体可以查看本书配套代码，代码运行结果如图 3.37 所示。

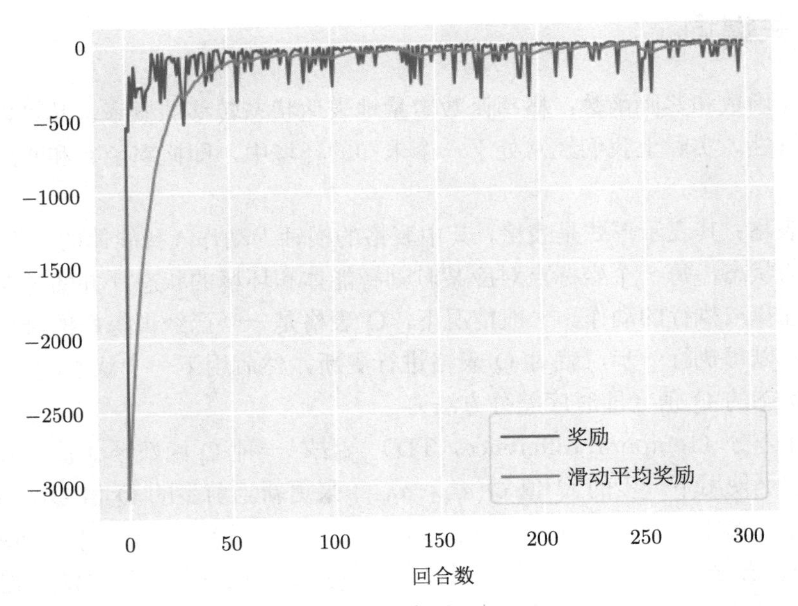

图 3.37 CliffWalking-v0 环境下 Q 学习算法的训练学习曲线

由于这个环境比较简单，因此可以看到算法很快达到收敛，然后我们再测试训练好的模型，一般测试模型只需要 20 ~ 50 回合。

如图 3.38 所示，这里我们测试的回合数为 30，可以看到每个回合智能体都得到了最优的奖励，说明我们算法的训练效果很不错！

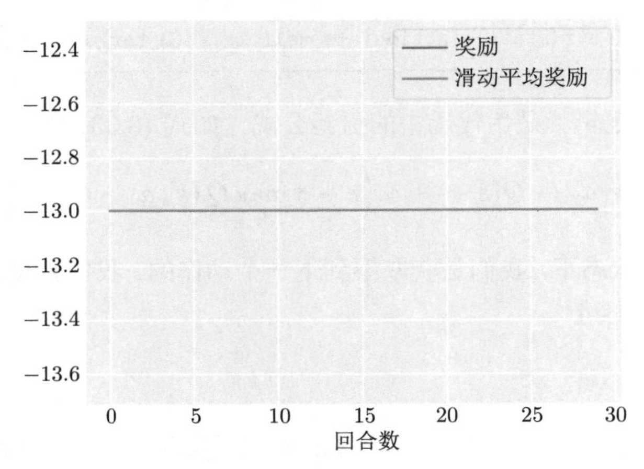

图 3.38 CliffWalking-v0 环境下 Q 学习算法的测试学习曲线

3.6 关键词

概率函数和奖励函数：概率函数定量地表达状态转移的概率，其可以表现环境的随机性。实际上我们经常处于一个未知的环境中，即概率函数和奖励函数是未知的。

Q 表格：其表示形式是表格，其中表格的横轴为动作（智能体的动作），纵轴为环境的状态，每一个坐标点对应某时刻智能体和环境的状态，并通过对应的奖励反馈选择被执行的动作。一般情况下，Q 表格是一个已经训练好的表格，不过我们也可以每执行一步，就对 Q 表格进行更新，然后用下一个状态的 Q 值来更新当前状态的 Q 值（即时序差分方法）。

时序差分（temporal difference，TD）方法：一种 Q 函数（Q 值）的更新方式，流程是使用下一步的 Q 值 $Q(s_{t+1},a_{t+1})$ 来更新当前步的 Q 值 $Q(s_t,a_t)$。完整的计算公式如下：$Q(s_t,a_t) \leftarrow Q(s_t,a_t) + \alpha[r_{t+1} + \gamma Q(s_{t+1},a_{t+1}) - Q(s_t,a_t)]$。

Sarsa 算法：一种更新前一时刻状态的单步更新的强化学习算法，也是一种同策略学习算法。该算法由于每次更新 Q 函数时需要知道前一步的状态、动作、奖励以及当前时刻的状态、将要执行的动作，即 s_t、a_t、r_{t+1}、s_{t+1}、a_{t+1} 这几个值，因此被称为 Sarsa 算法。智能体每进行一次循环，都会用 s_t、a_t、r_{t+1}、s_{t+1}、a_{t+1} 对前一步的 Q 值（函数）进行一次更新。

3.7 习题

3-1 构成强化学习的马尔可夫决策过程的四元组有哪些变量？

3-2 请通俗地描述强化学习的“学习”流程。

3-3 请描述基于 Sarsa 算法的智能体的学习过程。

3-4 Q 学习算法和 Sarsa 算法的区别是什么？

3-5 同策略和异策略的区别是什么？

3.8 面试题

3-1 友善的面试官：同学，你能否简述同策略和异策略的区别呢？

3-2 友善的面试官：能否细致地讲一下 Q 学习算法，最好可以写出其 $Q(s_t, a_t)$ 的更新公式。另外，它是同策略还是异策略，原因是什么呢？

3-3 友善的面试官：好的，看来你对于 Q 学习算法很了解，那么能否讲一下与 Q 学习算法类似的 Sarsa 算法呢，最好也可以写出其对应的 $Q(s_t, a_t)$ 更新公式。另外，它是同策略还是异策略，为什么？

3-4 友善的面试官：请问基于价值的方法和基于策略的方法的区别是什么？

3-5 友善的面试官：请简述一下时序差分方法。

3-6 友善的面试官：请问蒙特卡洛方法和时序差分方法是无偏估计吗？另外谁的方差更大呢？为什么？

3-7 友善的面试官：能否简单说一下动态规划方法、蒙特卡洛方法和时序差分方法的异同点？

参考文献

[1] SUTTON R S, BARTO A G. Reinforcement learning: An introduction (second edition)[M]. London:The MIT Press, 2018.

[2] David Silver 的课程“UCL Course on RL”

[3] 诸葛越，江云胜，葫芦娃. 百面深度学习：算法工程师带你去面试 [M]. 北京：人民邮电出版社, 2020.

[4] Scott Fortmann-Roe 的文章“Understanding the Bias-Variance Tradeoff”.

第4章 策略梯度

策略梯度算法是基于策略的方法，其对策略进行了参数化。假设参数为 θ 的策略为 π_θ，该策略为随机性策略，其输入某个状态，输出一个动作的概率分布。策略梯度算法不需要在动作空间中最大化价值，因此较为适合解决具有高维或者连续动作空间的问题。

4.1 策略梯度算法

如图 4.1 所示，强化学习有 3 个组成部分：**演员（actor）**、**环境**和**奖励函数**。智能体玩视频游戏时，演员负责操控游戏的摇杆，比如向左、向右、开火等操作；环境就是游戏的主机，负责控制游戏的画面、负责控制怪兽的移动等；奖励函数就是当我们做什么事情、发生什么状况的时候，可以得到多少分数，比如打败一只怪兽得到 20 分等。同样的概念用在围棋上也是一样的，演员就是 AlphaGo，它要决定棋子落在哪一个位置；环境就是对手；奖励函数就是围棋的规则，赢就是得一分，输就是负一分。在强化学习里，环境与奖励函数不是我们可以控制的，它们是在开始学习之前给定的。我们唯一需要做的就是调整演员的策略，使得演员

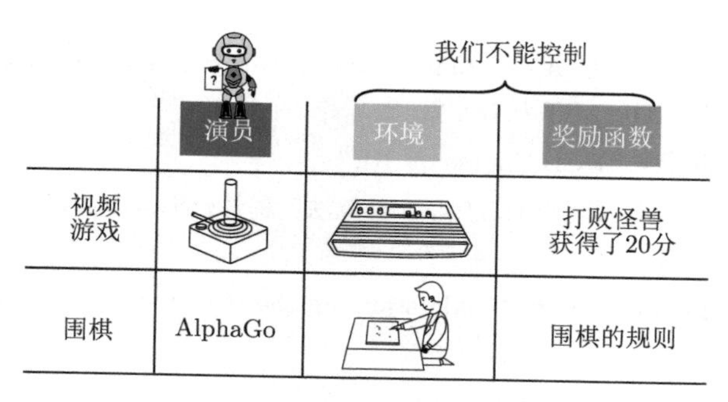

图 4.1 强化学习的组成部分

可以得到最大的奖励。演员的策略决定了演员的动作，即给定一个输入，它会输出演员现在应该要执行的动作。

策略一般记作 π。假设我们使用深度学习来做强化学习，策略就是一个网络。网络中有一些参数，我们用 θ 来代表 π 的参数。网络的输入是智能体看到的东西，如果让智能体玩视频游戏，智能体看到的东西就是游戏的画面。智能体看到的东西会影响我们训练的效果。例如，在玩游戏的时候，也许我们觉得游戏的画面是前后相关的，所以应该让策略去看从游戏开始到当前这个时间点之间所有画面的总和。因此我们可能会觉得要用到循环神经网络（recurrent neural network，RNN）来处理它，不过这样会比较难处理。我们可以用向量或矩阵来表示智能体的观测，并将观测输入策略网络，策略网络就会输出智能体要采取的动作。图 4.2 就是具体的例子，策略是一个网络；输入是游戏的画面，它通常是由像素组成的；输出是我们可以执行的动作，有几个动作，输出层就有几个神经元。假设我们现在可以执行的动作有 3 个，输出层就有 3 个神经元，每个神经元对应一个可以采取的动作。输入一个东西后，网络会给每一个可以采取的动作一个分数。我们可以把这个分数当作概率，演员根据概率的分布来决定它要采取的动作，比如 0.7 的概率向左走、0.2 的概率向右走、0.1 的概率开火等。概率分布不同，演员采取的动作就会不一样。

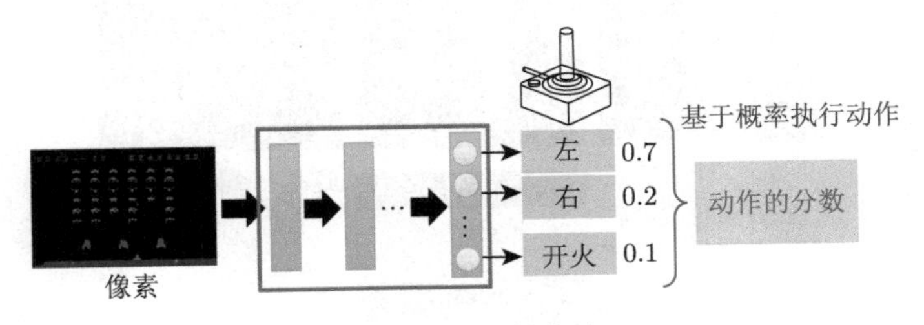

图 4.2 演员的策略

接下来我们用一个例子来说明演员与环境交互的过程。如图 4.3 所示，首先演员会看到一个视频游戏的初始画面，接下来它会根据内部的网络（内部的策略）来决定一个动作。假设演员现在决定的动作是向右，决定完动作以后，它就会得到一个奖励，奖励代表它采取这个动作以后得到的分数。

游戏初始的画面可记作 s_1，第一次执行的动作可记作 a_1，第一次执行动作以后得到的奖励可记作 r_1。不同的人有不同的记法，有人觉得在 s_1 执行 a_1 得到的奖励应该记为 r_2，这两种记法都可以。演员决定一个动作以后，就会看到一个新的游戏画面 s_2。把 s_2 输入给演员，演员决定要开火，它可能打败了一只怪兽，就得到五分。这个过程反复地持续下去，直到在某一个时间点执行某一个动作，得到奖励之后，环境决定这个游戏结束。例如，如果在这个游戏中，我们控制宇宙飞船去击杀怪兽，如果宇宙飞船被毁或是把所有的怪兽都清空，游戏就结束了。

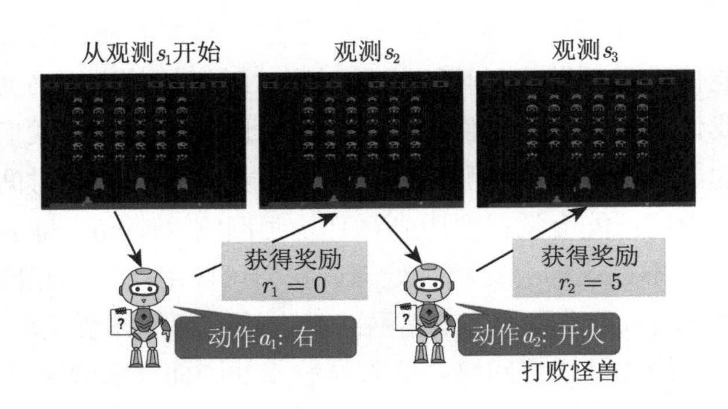

图 4.3　玩视频游戏的例子

如图 4.4 所示，一场游戏称为一个回合，将这场游戏中得到的所有奖励都加起来，就是**总奖励（total reward）**，也就是**回报**，我们用 R 来表示它。演员要想办法来最大化它可以得到的奖励。

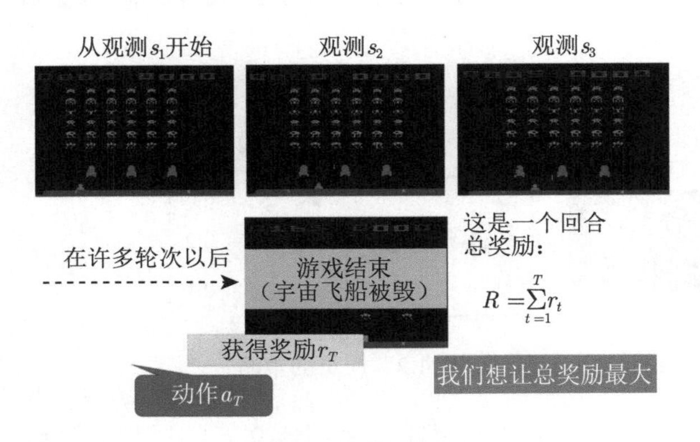

图 4.4　回报的例子

如图 4.5 所示，首先，环境是一个函数，游戏的主机可看成一个函数，虽然它不一定是神经网络，可能是基于规则的（rule-based）模型，但我们可以把它看作一个函数。这个函数一开始先“吐”出一个状态（游戏画面 s_1），接下来演员看到游戏画面 s_1 以后，它“吐”出动作 a_1。环境把动作 a_1 当作它的输入，再“吐”出新的游戏画面 s_2。演员看到新的游戏画面 s_2，再采取新的动作 a_2。环境看到 a_2，再“吐”出 s_3……这个过程会一直持续下去，直到环境觉得应该要停止为止。

在一场游戏中，我们把环境输出的 s 与演员输出的动作 a 全部组合起来，就是一条轨迹，即

$$\tau=\{s_1,a_1,s_2,a_2,\cdots,s_t,a_t\} \tag{4.1}$$

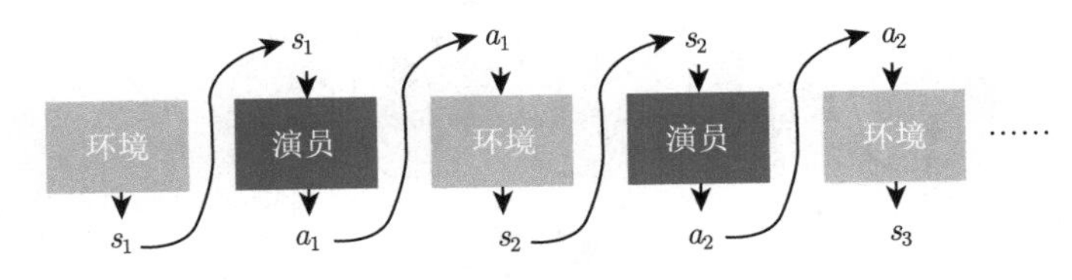

图 4.5　演员和环境

给定演员的参数 θ，我们可以计算某条轨迹 τ 发生的概率为

$$\begin{aligned}p_\theta(\tau)&=p(s_1)p_\theta(a_1|s_1)p(s_2|s_1,a_1)p_\theta(a_2|s_2)p(s_3|s_2,a_2)\cdots\\&=p(s_1)\prod_{t=1}^{T}p_\theta(a_t|s_t)p(s_{t+1}|s_t,a_t)\end{aligned} \tag{4.2}$$

先计算环境输出 s_1 的概率 $p(s_1)$，再计算根据 s_1 执行 a_1 的概率 $p_\theta(a_1|s_1)$，$p_\theta(a_1|s_1)$ 是由策略中的网络参数 θ 所决定的。策略网络的输出是一个分布，演员根据这个分布进行采样，决定实际要采取的动作。接下来环境根据 a_1 与 s_1 产生 s_2，因为 s_2 与 s_1 是有关系的（游戏画面是连续的，下一个游戏画面与上一个游戏画面通常是有关系的），所以给定上一个游戏画面 s_1 和演员采取的动作 a_1，就会产生 s_2。主机在决定输出游戏画面的时候，可能有概率，也可能没有概率，这取决于环境（主机内部设定）。如果主机输出游戏画面的时候没有概率，游戏的每次的画面都一样，我们只要找到一条路径就可以过关了，这样的游戏没有意义。所以输出游戏画面时通常有一定概率，给定同样的前一个画面，我们采取同样的动作，下次产生的画面不一定是一样的。反复执行下去，我们就可以计算一条轨迹 τ 出现的概率有多大。某条轨迹出现的概率取决于环境的动作和智能体的动作。环境的动作是指环境根据其函数内部的参数或内部的规则采取的动作。$p(s_{t+1}|s_t,a_t)$ 代表的是环境，因为环境是设定好的，所以通常我们无法控制环境，能控制的是 $p_\theta(a_t|s_t)$。给定一个 s_t，演员要采取的 a_t 取决于演员的参数 θ，所以智能体的动作是演员可以控制的。演员的动作不同，每个同样的轨迹就有不同的出现的概率。

在强化学习中，除了环境与演员以外，还有奖励函数。如图 4.6 所示，奖励函数根据在某一个状态采取的某一个动作决定这个动作可以得到的分数。对奖励

函数输入 s_1、a_1，它会输出 r_1；输入 s_2、a_2，奖励函数会输出 r_2。我们把轨迹所有的奖励 r 都加起来，就得到了 $R(\tau)$，其代表某一条轨迹 τ 的奖励。

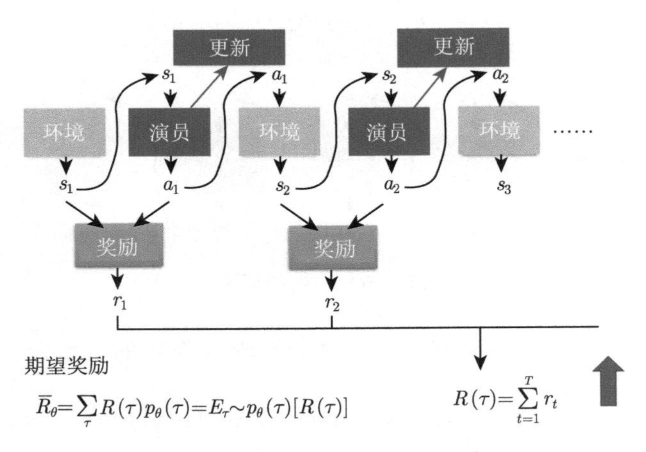

图 4.6 期望的奖励

在某一场游戏的某一个回合中，得到 $R(\tau)$ 后，我们要做的就是调整演员内部的参数 θ，使得 $R(\tau)$ 的值越大越好。但实际上 $R(\tau)$ 并不只是一个标量（scalar），它是一个随机变量，因为演员在给定同样的状态下会采取什么样的动作，这是有随机性的。环境在给定同样的观测时要采取什么样的动作，要产生什么样的观测，本身也是有随机性的，所以 $R(\tau)$ 是一个随机变量，我们能够计算的是 $R(\tau)$ 的期望值。给定某一组参数 θ，R_θ 的期望值可计算为

$$\bar{R}_\theta = \sum_\tau R(\tau)p_\theta(\tau) \tag{4.3}$$

我们要穷举所有可能的轨迹 τ，每一条轨迹 τ 都有一个概率。比如 θ 对应的模型很强，如果有一个回合 θ 很快就死掉了，因为这种情况很少会发生，所以该回合对应的轨迹 τ 的概率就很小；如果有一个回合 θ 一直没死，因为这种情况很可能发生，所以该回合对应的轨迹 τ 的概率就很大。我们可以根据 θ 算出某一条轨迹 τ 出现的概率，接下来计算 τ 的总奖励。总奖励使用 τ 出现的概率进行加权，对所有的 τ 进行求和，就是期望值。给定一个参数，我们可以计算期望值为

$$\bar{R}_\theta = \sum_\tau R(\tau)p_\theta(\tau) = \mathbb{E}_{\tau\sim p_\theta(\tau)}[R(\tau)] \tag{4.4}$$

从分布 $p_\theta(\tau)$ 采样一条轨迹 τ，计算 $R(\tau)$ 的期望值，就是期望奖励（expected reward）。我们要最大化期望奖励，因为要让奖励越大越好，所以可以使用**梯度上**

升（**gradient ascent**）来最大化期望奖励。要进行梯度上升，我们先要计算期望奖励 $\bar{R}_\theta$ 的梯度，对 $\bar{R}_\theta$ 做梯度运算

$$\nabla \bar{R}_\theta = \sum_\tau R(\tau) \nabla p_\theta(\tau) \tag{4.5}$$

其中，只有 $p_\theta(\tau)$ 与 θ 有关。奖励函数 $R(\tau)$ 不需要是可微分的（differentiable），这不影响我们解决接下来的问题。例如，如果在生成对抗网络（generative adversarial network，GAN）中，$R(\tau)$ 是一个判别器（discriminator），它就算无法微分，我们还是可以做接下来的运算。

我们可以对 $\nabla p_\theta(\tau)$ 使用式 (4.6)，得到 $\nabla p_\theta(\tau) = p_\theta(\tau) \nabla \log p_\theta(\tau)$。

$$\nabla f(x) = f(x) \nabla \log f(x) \tag{4.6}$$

接下来，我们可得

$$\frac{\nabla p_\theta(\tau)}{p_\theta(\tau)} = \nabla \log p_\theta(\tau) \tag{4.7}$$

如式 (4.8) 所示，我们对 τ 进行求和，把 $R(\tau)$ 和 $\log p_\theta(\tau)$ 这两项使用 $p_\theta(\tau)$ 进行加权，既然使用 $p_\theta(\tau)$ 进行加权，它们就可以被写成期望的形式。也就是我们从 $p_\theta(\tau)$ 这个分布中采样 τ，去计算 $R(\tau)$ 乘 $\nabla \log p_\theta(\tau)$，对所有可能的 τ 进行求和，就是期望的值（expected value）。

$$\begin{aligned}
\nabla \bar{R}_\theta &= \sum_\tau R(\tau) \nabla p_\theta(\tau) \\
&= \sum_\tau R(\tau) p_\theta(\tau) \frac{\nabla p_\theta(\tau)}{p_\theta(\tau)} \\
&= \sum_\tau R(\tau) p_\theta(\tau) \nabla \log p_\theta(\tau) \\
&= \mathbb{E}_{\tau \sim p_\theta(\tau)} [R(\tau) \nabla \log p_\theta(\tau)]
\end{aligned} \tag{4.8}$$

实际上期望值 $\mathbb{E}_{\tau \sim p_\theta(\tau)} [R(\tau) \nabla \log p_\theta(\tau)]$ 无法计算，所以我们用采样的方式采样 N 个 τ 并计算每一个值，把每一个值加起来，就可以得到梯度，即

$$\begin{aligned}
\mathbb{E}_{\tau \sim p_\theta(\tau)} [R(\tau) \nabla \log p_\theta(\tau)] &\approx \frac{1}{N} \sum_{n=1}^{N} R\left(\tau^n\right) \nabla \log p_\theta\left(\tau^n\right) \\
&= \frac{1}{N} \sum_{n=1}^{N} \sum_{t=1}^{T_n} R\left(\tau^n\right) \nabla \log p_\theta\left(a_t^n \mid s_t^n\right)
\end{aligned} \tag{4.9}$$

$\nabla \log p_\theta(\tau)$ 的具体计算过程可写为

$$
\begin{aligned}
\nabla \log p_\theta(\tau) &= \nabla \left(\log p(s_1) + \sum_{t=1}^{T} \log p_\theta(a_t|s_t) + \sum_{t=1}^{T} \log p(s_{t+1}|s_t, a_t) \right) \\
&= \nabla \log p(s_1) + \nabla \sum_{t=1}^{T} \log p_\theta(a_t|s_t) + \nabla \sum_{t=1}^{T} \log p(s_{t+1}|s_t, a_t) \\
&= \nabla \sum_{t=1}^{T} \log p_\theta(a_t|s_t) \\
&= \sum_{t=1}^{T} \nabla \log p_\theta(a_t|s_t)
\end{aligned} \tag{4.10}
$$

注意，$p(s_1)$ 和 $p(s_{t+1}|s_t, a_t)$ 来自环境，$p_\theta(a_t|s_t)$ 来自智能体。$p(s_1)$ 和 $p(s_{t+1}|s_t, a_t)$ 由环境决定，与 θ 无关，因此 $\nabla \log p(s_1) = 0$，$\nabla \sum_{t=1}^{T} \log p(s_{t+1}|s_t, a_t) = 0$。

$$
\begin{aligned}
\nabla \bar{R}_\theta &= \sum_{\tau} R(\tau) \nabla p_\theta(\tau) \\
&= \sum_{\tau} R(\tau) p_\theta(\tau) \frac{\nabla p_\theta(\tau)}{p_\theta(\tau)} \\
&= \sum_{\tau} R(\tau) p_\theta(\tau) \nabla \log p_\theta(\tau) \\
&= \mathbb{E}_{\tau \sim p_\theta(\tau)} \left[R(\tau) \nabla \log p_\theta(\tau) \right] \\
&\approx \frac{1}{N} \sum_{n=1}^{N} R\left(\tau^n\right) \nabla \log p_\theta\left(\tau^n\right) \\
&= \frac{1}{N} \sum_{n=1}^{N} \sum_{t=1}^{T_n} R\left(\tau^n\right) \nabla \log p_\theta\left(a_t^n \mid s_t^n\right)
\end{aligned} \tag{4.11}
$$

我们可以直观地理解式 (4.11)，也就是在采样到的数据中，采样到在某一个状态 s_t 要执行某一个动作 a_t，(s_t, a_t) 是在整条轨迹 τ 的某一个状态和动作的对。假设我们在 s_t 执行 a_t，最后发现 τ 的奖励是正的，就要增加在 s_t 执行 a_t 的概率。反之，如果在 s_t 执行 a_t 会导致 τ 的奖励变成负的，就要减少在 s_t 执行 a_t 的概率。这怎么实现呢？我们用梯度上升来更新参数，原来有一个参数 θ，把 θ 加上梯度 $\nabla \bar{R}_\theta$，当然要有一个学习率 η，可用 Adam、RMSProp 等方法来调整

学习率，即

$$\theta \leftarrow \theta + \eta \nabla \bar{R}_\theta \tag{4.12}$$

我们可以使用式 (4.13) 来计算梯度。实际上要计算梯度，如图 4.7 所示，首先要收集很多 s 与 a 的对（pair），还要知道这些 s 与 a 在与环境交互的时候，会得到多少奖励。这些数据怎么收集呢？我们要用参数为 θ 的智能体与环境交互，也就是拿已经训练好的智能体先与环境交互，交互完以后，就可以得到大量游戏的数据，我们会记录在第一场游戏中，在状态 s_1 采取动作 a_1，在状态 s_2 采取动作 a_2。智能体本身是有随机性的，在同样的状态 s_1 下，不是每次都会采取动作 a_1 的，所以我们要记录，在状态 s_1^1 采取 a_1^1、在状态 s_2^1 采取 a_2^1 等，整场游戏结束以后，得到的奖励是 $R(\tau^1)$。我们会采样到另外一些数据，也就是另外一场游戏。在另外一场游戏中，在状态 s_1^2 采取 a_1^2，在状态 s_2^2 采取 a_2^2，我们采样到的就是 τ^2，得到的奖励是 $R(\tau^2)$。

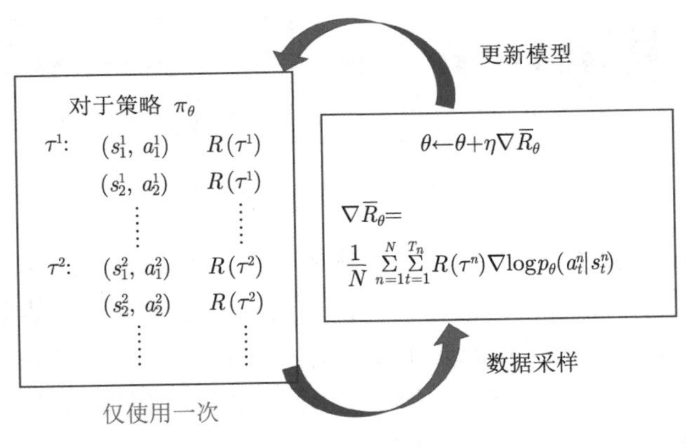

图 4.7 策略梯度

这时我们就可以把采样到的数据代入式 (4.13) 中，把梯度算出来。也就是把每一个 s 与 a 的对拿进来，计算在某个状态下采取某个动作的对数概率（log probability）$\log p_\theta\left(a_t^n|s_t^n\right)$。对这个概率取梯度，在梯度前面乘一个权重，权重就是这场游戏的奖励。计算出梯度后，就可以更新模型。

$$\nabla \bar{R}_\theta = \frac{1}{N}\sum_{n=1}^{N}\sum_{t=1}^{T_n} R\left(\tau^n\right) \nabla \log p_\theta\left(a_t^n|s_t^n\right) \tag{4.13}$$

更新完模型以后，要重新采样数据再更新模型。注意，一般**策略梯度（policy**

gradient，PG）采样的数据只会用一次。我们采样这些数据，然后用这些数据更新参数，再丢掉这些数据。接着重新采样数据，才能去更新参数。

接下来我们讲一些实现细节。如图 4.8 所示，强化学习可被想成一个分类问题，这个分类问题就是输入一个图像，输出某个类。在解决分类问题时，我们要收集一些训练数据，数据中要有输入与输出的对。在实现的时候，我们把状态当作分类器的输入，就像在解决图像分类的问题，只是现在的类不是图像里的东西，而是看到这张图像要采取什么样的动作，每一个动作就是一个类。比如第一个类是向左，第二个类是向右，第三个类是开火。

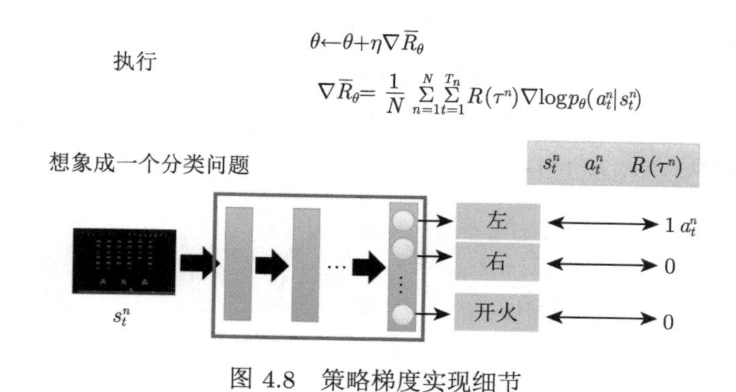

图 4.8 策略梯度实现细节

在解决分类问题时，要有输入和正确的输出，要有训练数据。但在强化学习中，我们通过采样来获得训练数据。假设在采样的过程中，在某个状态下，我们采样到要采取动作 a，那么就把动作 a 当作标准答案（ground truth）。比如，我们在某个状态下，采样到要向左。因为是采样，所以向左这个动作不一定概率最高。假设我们采样到向左，在训练的时候，让智能体调整网络的参数，如果看到某个状态，我们就向左。在一般的分类问题中，在实现分类的时候，目标函数都会写成最小化交叉熵（cross entropy），最小化交叉熵就是最大化对数似然（log likelihood）。

在解决分类问题的时候，目标函数就是最大化或最小化的对象，因为我们现在是最大化似然（likelihood），所以其实是最大化，我们要最大化

$$\frac{1}{N}\sum_{n=1}^{N}\sum_{t=1}^{T_n}\log p_\theta\left(a_t^n \mid s_t^n\right) \tag{4.14}$$

PyTorch 里可调用现成的函数来自动计算损失函数，并且把梯度计算出来。

这是一般的分类问题，强化学习与分类问题唯一不同的地方是损失前面乘一个权重——整场游戏得到的总奖励 $R(\tau)$，而不是在状态 s 采取动作 a 的时候得到的奖励，即

$$\frac{1}{N}\sum_{n=1}^{N}\sum_{t=1}^{T_n} R\left(\tau^n\right)\log p_\theta\left(a_t^n \mid s_t^n\right) \tag{4.15}$$

我们要把每一笔训练数据，都使用 $R(\tau)$ 进行加权。如图 4.9 所示，使用 PyTorch 或 TensorFlow 之类的深度学习框架计算梯度就结束了，与一般分类问题差不多。

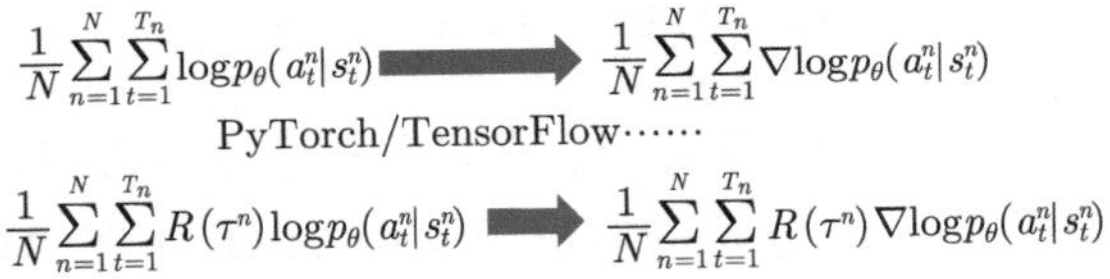

$$\frac{1}{N}\sum_{n=1}^{N}\sum_{t=1}^{T_n}\log p_\theta(a_t^n|s_t^n) \longrightarrow \frac{1}{N}\sum_{n=1}^{N}\sum_{t=1}^{T_n}\nabla\log p_\theta(a_t^n|s_t^n)$$

PyTorch/TensorFlow……

$$\frac{1}{N}\sum_{n=1}^{N}\sum_{t=1}^{T_n}R(\tau^n)\log p_\theta(a_t^n|s_t^n) \longrightarrow \frac{1}{N}\sum_{n=1}^{N}\sum_{t=1}^{T_n}R(\tau^n)\nabla\log p_\theta(a_t^n|s_t^n)$$

图 4.9　自动求梯度

4.2　策略梯度实现技巧

下面介绍一些在实现策略梯度时可以使用的技巧。

4.2.1　技巧 1：添加基线

第一个技巧：添加基线（baseline）。如果给定状态 s 采取动作 a，整场游戏得到正的奖励，就要增加 (s,a) 的概率。如果给定状态 s 执行动作 a，整场游戏得到负的奖励，就要减小 (s,a) 的概率。但在很多游戏中，奖励总是正的，最低都是 0。比如打乒乓球游戏，分数为 0 ~ 21 分，所以 $R(\tau)$ 总是正的。假设我们直接使用式 (4.15)，在训练的时候告诉模型，不管是什么动作，都应该要把它的概率提升。虽然 $R(\tau)$ 总是正的，但它的值是有大有小的，比如我们在玩乒乓球游戏时，得到的奖励总是正的，但采取某些动作可能得到 0 分，采取某些动作可能得到 20 分。

如图 4.10 所示，假设我们在某一个状态有 3 个动作 a、b、c 可以执行。根据式 (4.16)，我们要把这 3 个动作的概率、对数概率都提高。但是它们前面的权重 $R(\tau)$ 是不一样的。权重是有大有小的，权重小的，该动作的概率提高得就少；权重大的，该动作的概率提高得就多。因为对数概率是一个概率，所以动作 a、b、c

的对数概率的和是 0。所以提高少的，在做完归一化（normalize）以后，动作 b 的概率就是下降的；提高多的，该动作的概率才会上升。

$$\nabla \bar{R}_\theta \approx \frac{1}{N} \sum_{n=1}^{N} \sum_{t=1}^{T_n} R\left(\tau^n\right) \nabla \log p_\theta\left(a_t^n \mid s_t^n\right) \tag{4.16}$$

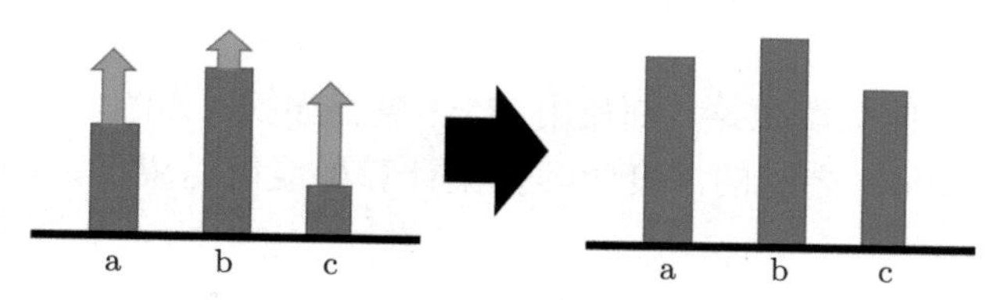

图 4.10 理想情况下动作概率的变化

这是一个理想的情况，但是实际上，在做采样本来这边应该是一个期望（expectation），对所有可能的 s 与 a 的对进行求和。但真正在学习的时候，只是采样了少量的 s 与 a 的对。因为我们做的是采样，所以有一些动作可能从来都没有被采样到。如图 4.11 所示，在某一个状态，虽然可以执行的动作有 a、b、c，但我们可能只采样到动作 b 和动作 c，没有采样到动作 a。但现在所有动作的奖励都是正的，所以根据式 (4.16)，在这个状态采取 a、b、c 的概率都应该要提高。我们会遇到的问题是，因为 a 没有被采样到，所以其他动作的概率如果都要提高，a 的概率就要下降。a 不一定是一个不好的动作，它只是没有被采样到。但因为 a 没有被采样到，它的概率就会下降，这显然是有问题的。要怎么解决这个问题呢？我们会希望奖励不总是正的。

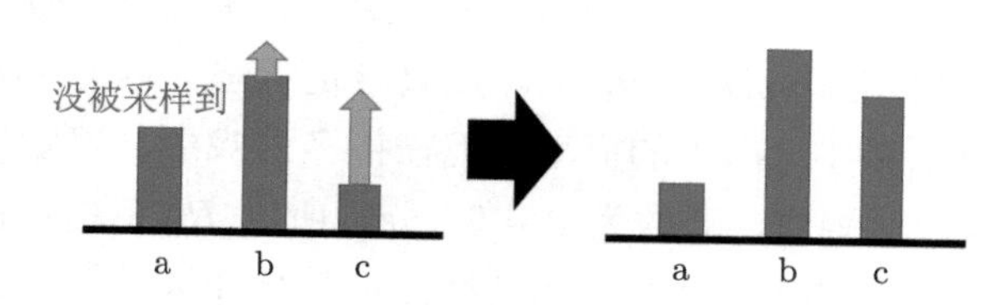

图 4.11 实际情况下动作概率的变化

为了解决奖励总是正的的问题，可以把奖励减 b，即

$$\nabla \bar{R}_\theta \approx \frac{1}{N} \sum_{n=1}^{N} \sum_{t=1}^{T_n} \left(R\left(\tau^n\right) - b\right) \nabla \log p_\theta\left(a_t^n \mid s_t^n\right) \tag{4.17}$$

其中，b 称为基线。通过这种方法，就可以让 $R(\tau) - b$ 这一项有正有负。如果总奖励 $R(\tau) > b$，就让 (s, a) 的概率上升。如果 $R(\tau) < b$，就算 $R(\tau)$ 是正的，值

很小也是不好的，就让 (s,a) 的概率下降，让这个状态采取这个动作的分数下降。b 怎么设置呢？我们可以对 τ 的值取期望，计算 τ 的平均值，令 $b \approx \mathbb{E}[R(\tau)]$。所以在训练的时候，我们会不断地把 $R(\tau)$ 的值记录下来，会不断地计算 $R(\tau)$ 的平均值，把这个平均值当作 b 来使用。这样就可以让我们在训练的时候，$R(\tau)-b$ 是有正有负的，这是第一个技巧。

4.2.2 技巧 2：分配合适的分数

第二个技巧：给每一个动作分配合适的分数（credit）。如式 (4.18) 所示，只要在同一个回合、同一场游戏中，所有的状态-动作对就使用同样的奖励项进行加权。

$$\nabla \bar{R}_\theta \approx \frac{1}{N} \sum_{n=1}^{N} \sum_{t=1}^{T_n} \left(R\left(\tau^n\right)-b\right) \nabla \log p_\theta\left(a_t^n \mid s_t^n\right) \tag{4.18}$$

这显然是不公平的，因为在同一场游戏中，也许有些动作是好的，有些动作是不好的。假设整场游戏的结果是好的，但并不代表这场游戏中每一个动作都是好的。若是整场游戏结果不好，但并不代表游戏中的每一个动作都是不好的。所以我们希望可以给每一个不同的动作前面都乘上不同的权重。每一个动作的不同权重反映了每一个动作到底是好的还是不好的。例如，如图 4.12（a）所示，假设游戏都很短，只有 3 ~ 4 个交互，在 s_a 执行 a_1 得到 5 分，在 s_b 执行 a_2 得到 0 分，在 s_c 执行 a_3 得到 -2 分。整场游戏下来，我们得到 +3 分。+3 分并不一定代表在 s_b 执行 a_2 是好的，因为这个正的分数，主要来自在 s_a 执行了 a_1，与在 s_b 执行 a_2 是没有关系的，也许在 s_b 执行 a_2 反而是不好的，因为它导致我们接下来会进入 s_c，执行 a_3 被扣分。所以整场游戏得到的结果是好的，并不代表每一个动作都是好的。

如果按照我们刚才的说法，整场游戏得到的分数是 +3 分，因此在训练的时候，每一个状态-动作对都会被乘上 +3。在理想的状况下，如果采样数据够多，就可以解决这个问题。因为假设采样数据够多，(s_b,a_2) 被采样到很多。某一场游戏里，在 s_b 执行 a_2，我们会得到 +3 分。但在另外一场游戏里，如图 4.12（b）所示，在 s_b 执行 a_2，我们却得到了 -7 分，为什么会得到 -7 分呢？因为我们在 s_b 执行 a_2 之前，在 s_a 执行 a_2 得到 -5 分，-5 分也不是在 s_b 执行 a_2 导致的。因为 (s_a,a_2) 先发生，所以 (s_a,a_2) 与 (s_b,a_2) 是没有关系的。在 s_b 执行 a_2 可能造成的问题只有会在接下来得到 -2 分，而与前面的 -5 分没有关系。但是假设采样状态-动作对的次数够多，把所有产生这种情况的分数通通都集合起来，这可能不是一个问题。但现在的问题是，采样的次数是不够多的。在采样的次数不够多的情况下，我们要给每一个状态-动作对分配合理的分数，要让大家知道它合理的贡献。

一个做法是计算某个状态-动作对的奖励的时候，不把整场游戏得到的奖励全部加起来，只计算从这个动作执行以后得到的奖励。因为这场游戏在执行这个动作之前发生的事情是与执行这个动作是没有关系的，所以在执行这个动作之前得到的奖励都不能算是这个动作的贡献。我们把执行这个动作以后发生的所有奖励加起来，才是这个动作真正的贡献。所以图 4.12（a）中，在 s_b 执行 a_2 这件事情，也许它真正会导致我们得到的分数应该是 -2 分而不是 $+3$ 分，因为前面的 $+5$ 分并不是执行 a_2 的功劳。实际上执行 a_2 以后，到游戏结束前，我们只被扣了 2 分，所以分数应该是 -2。同理，图 4.12（b）中，执行 a_2 实际上不应该是扣 7 分，因为前面扣 5 分，与在 s_b 执行 a_2 是没有关系的。在 s_b 执行 a_2，只会让我们被扣 2 分而已。

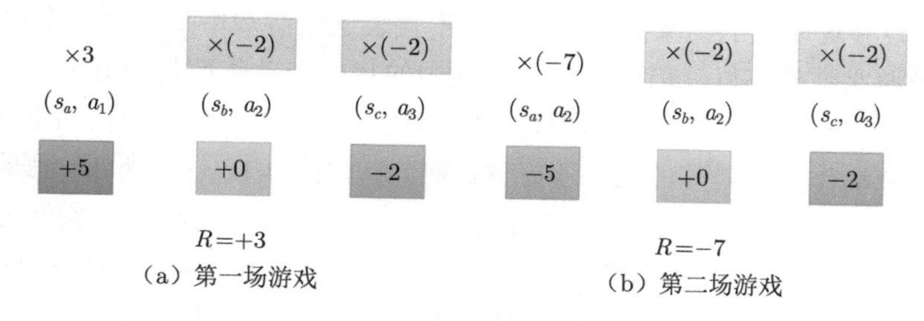

图 4.12　分配合适的分数

分配合适的分数这一技巧可以表达为

$$\nabla \bar{R}_\theta \approx \frac{1}{N} \sum_{n=1}^{N} \sum_{t=1}^{T_n} \left(\sum_{t'=t}^{T_n} r_{t'}^n - b \right) \nabla \log p_\theta \left(a_t^n \mid s_t^n \right) \tag{4.19}$$

原来的权重是整场游戏的奖励的总和，现在改成从某个时刻 t 开始，假设这个动作是在 t 开始执行的，从 t 一直到游戏结束所有奖励的总和才能代表这个动作的好坏。

接下来更进一步，我们把未来的奖励做一个折扣，即

$$\nabla \bar{R}_\theta \approx \frac{1}{N} \sum_{n=1}^{N} \sum_{t=1}^{T_n} \left(\sum_{t'=t}^{T_n} \gamma^{t'-t} r_{t'}^n - b \right) \nabla \log p_\theta \left(a_t^n \mid s_t^n \right) \tag{4.20}$$

为什么要把未来的奖励做一个折扣呢？因为虽然在某一时刻，执行某一个动作，会影响接下来所有的结果（有可能在某一时刻执行的动作，接下来得到的奖励都是这个动作的功劳），但在一般的情况下，时间拖得越长，该动作的影响力就越小。比如在第 2 个时刻执行某一个动作，那在第 3 个时刻得到的奖励可能是在第 2 个时刻执行某个动作的功劳，但是在第 100 个时刻之后又得到奖励，那可能就不是在第 2 个时刻执行某一个动作的功劳。实际上，我们会在 R 前面乘一个折扣因子 γ（$\gamma \in [0,1]$，一般会设为 0.9 或 0.99），如果 $\gamma=0$，这表示我们只关心即时奖励；如果 $\gamma=1$，这表示未来奖励等同于即时奖励。时刻 t' 越大，R 前面乘的 γ 就越多，就代表现在在某一个状态 s_t，执行某一个动作 a_t 的时候，它真正的分数是执行这个动作之后所有奖励的总和，而且还要乘 γ。例如，假设游戏有两个回合，我们在游戏的第二回合的某一个 s_t 执行 a_t 得到 +1 分，在 s_{t+1} 执行 a_{t+1} 得到 +3 分，在 s_{t+2} 执行 a_{t+2} 得到 −5 分，第二回合结束。a_t 的分数应该是

$$1+\gamma \times 3+\gamma^2 \times (-5)$$

实际上就是这么实现的，b 可以是依赖状态（state-dependent）的，事实上 b 通常是一个网络估计出来的，它是一个网络的输出。我们把 $R-b$ 这一项称为**优势函数（advantage function）**，用 $A^\theta(s_t,a_t)$ 来代表优势函数。优势函数取决于 s 和 a，我们就是要计算在某个状态 s 采取某个动作 a 时，优势函数的值。在计算优势函数值时，我们要计算 $\sum_{t'=t}^{T_n} r_{t'}^n$，需要有一个模型与环境交互，才能知道接下来得到的奖励。优势函数 $A^\theta\left(s_t,a_t\right)$ 的上标是 θ，θ 代表用模型 θ 与环境交互。从时刻 t 开始到游戏结束为止，所有 r 的加和减去 b，这就是优势函数。优势函数的意义是，假设在某一个状态 s_t 执行某一个动作 a_t，相较于其他可能的动作的优势。优势函数在意的不是绝对的好，而是相对的好，即**相对优势（relative advantage）**。因为在优势函数中，我们会减去一个基线 b，所以这个动作是相对的好，不是绝对的好。$A^\theta\left(s_t,a_t\right)$ 通常可以由一个网络估计出来，这个网络被称为评论员（critic）。

4.3 REINFORCE：蒙特卡洛策略梯度

如图 4.13 所示，蒙特卡洛方法可以理解为算法完成一个回合之后，再利用这个回合的数据去学习，做一次更新。因为我们已经获得了整个回合的数据，所以也能够获得每一个步骤的奖励，可以很方便地计算每个步骤的未来总奖励，即回

报 G_t。G_t 是未来总奖励，代表从这个步骤开始，能获得的奖励之和。G_1 代表从第一步开始，往后能够获得的总奖励。G_2 代表从第二步开始，往后能够获得的总奖励。

相比蒙特卡洛方法一个回合更新一次，时序差分方法是每个步骤更新一次，即每走一步，更新一次，时序差分方法的更新频率更高。时序差分方法使用 Q 函数来近似地表示未来总奖励 G_t。

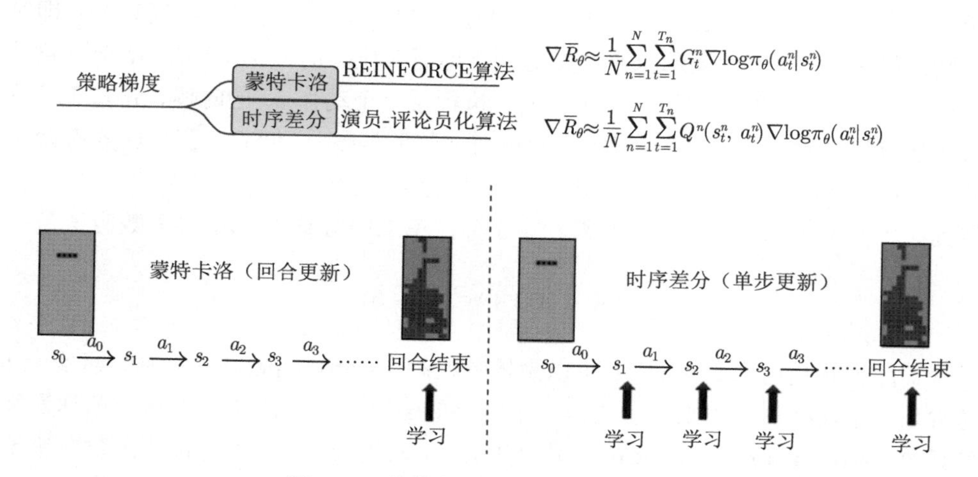

图 4.13 蒙特卡洛方法与时序差分方法

我们介绍一下策略梯度中最简单的也是最经典的一个算法 **REINFORCE**。REINFORCE 用的是回合更新的方式，它在代码上的处理上是先获取每个步骤的奖励，然后计算每个步骤的未来总奖励 G_t，将每个 G_t 代入

$$\nabla \bar{R}_\theta \approx \frac{1}{N}\sum_{n=1}^{N}\sum_{t=1}^{T_n} G_t^n \nabla \log \pi_\theta\left(a_t^n \mid s_t^n\right) \tag{4.21}$$

优化每一个动作的输出。所以我们在编写代码时会设计一个函数，这个函数的输入是每个步骤获取的奖励，输出是每一个步骤的未来总奖励。因为未来总奖励可写为

$$\begin{aligned} G_t &= \sum_{k=t+1}^{T} \gamma^{k-t-1} r_k \\ &= r_{t+1} + \gamma G_{t+1} \end{aligned} \tag{4.22}$$

即上一个步骤和下一个步骤的未来总奖励的关系如式 (4.22) 所示，所以在代码的

计算上，我们是从后往前推，一步一步地往前推，先算 G_T，然后往前推，一直算到 G_1。

如图 4.14 所示，REINFORCE 的伪代码主要看最后 4 行，先产生一个回合的数据，比如

$$(s_1, a_1, G_1), (s_2, a_2, G_2), \cdots, (s_T, a_T, G_T)$$

然后针对每个动作计算梯度 $\nabla \log \pi(a_t \mid s_t, \theta)$。在代码上计算时，我们要获取神经网络的输出。神经网络会输出每个动作对应的概率值（比如 0.2、0.5、0.3），然后我们还可以获取实际的动作 a_t，把动作转成独热（one-hot）向量（比如 [0,1,0]）与 $\log[0.2, 0.5, 0.3]$ 相乘就可以得到 $\nabla \log \pi(a_t \mid s_t, \theta)$。

输入：可微调的策略参数$\pi(a|s, \theta)$。
算法参数：步长大小 $\alpha>0$。
初始化的策略参数 $\theta\in\mathbb{R}^{d'}$ (例如，初始化为0)。

对每一个回合进行循环。
　根据$\pi(\cdot|\cdot, \theta)$, 生成$s_0, a_0, r_0, \cdots, s_{T-1}, r_T$。
　对一个回合中的每一步进行循环，$t=0, 1, \cdots, T-1$:
　　$G\leftarrow\sum_{k=t+1}^{T}\gamma^{k-t-1}r_k$;　　(G_t)
　　$\theta\leftarrow\theta+\alpha\gamma^t G\nabla\log\pi(a_t|s_t, \theta)$。

(s_1, a_1, G_1)
(s_2, a_2, G_2)
$\cdots$
(s_T, a_T, G_T)

对于每一个动作：　损失$=-G_t\cdot[0, 1, 0]\cdot\log[0.2, 0.5, 0.3]$
实际a_t　$\pi(a|s, \theta)$

图 4.14　REINFORCE 算法 [1]

> 独热编码（one-hot encoding）通常用于处理类别间不具有大小关系的特征。例如血型，一共有 4 个取值（A 型、B 型、AB 型、O 型），独热编码会把血型变成一个 4 维稀疏向量，A 型血表示为 [1,0,0,0]，B 型血表示为 [0,1,0,0]，AB 型血表示为 [0,0,1,0]，O 型血表示为 [0,0,0,1][2]。

如图 4.15 所示，手写数字识别是一个经典的多分类问题，输入是一张手写数字的图片，经过神经网络处理后，输出的是各个类别的概率。我们希望输出的概率分布尽可能地贴近真实值的概率分布。因为真实值只有一个数字 9，所以如果我们用独热向量的形式给它编码，也可以把真实值理解为一个概率分布，9 的概

率就是 1，其他数字的概率就是 0。神经网络的输出一开始可能会比较平均，通过不断地迭代、训练优化之后，我们会希望输出 9 的概率可以远高于输出其他数字的概率。

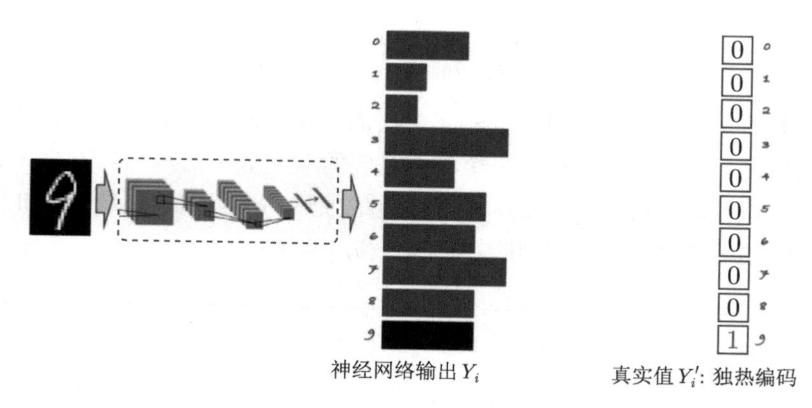

图 4.15 监督学习例子：手写数字识别

如图 4.16 所示，我们所要做的就是提高输出 9 的概率，降低输出其他数字的概率，让神经网络输出的概率分布能够更贴近真实值的概率分布，可以用交叉熵来表示两个概率分布之间的差距。

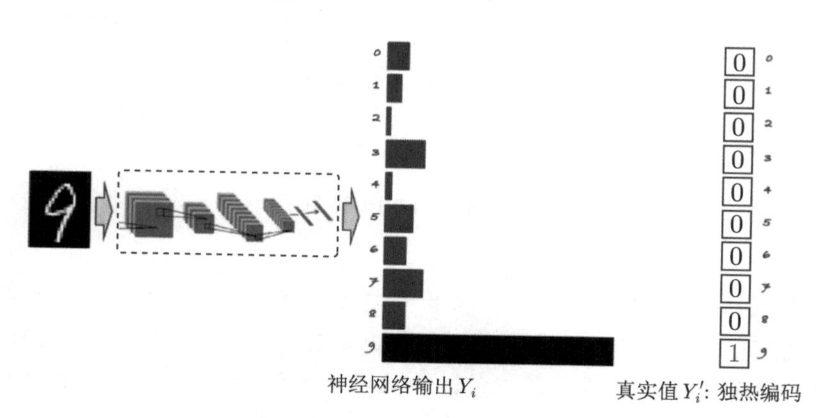

图 4.16 提高数字 9 的概率

我们看一下监督学习的优化流程，即怎么让输出逼近真实值。如图 4.17 所示，监督学习的优化流程就是将图片作为输入传给神经网络，神经网络会判断图片中的数字属于哪一类数字，输出所有数字可能的概率，再计算交叉熵，即神经网络的输出 Y_i 和真实的标签值 Y_i' 之间的距离 $-\sum Y_i' \cdot \log(Y_i)$。我们希望尽可能地缩小这两个概率分布之间的差距，计算出的交叉熵可以作为损失函数传给神经网络中的优化器进行优化，以自动进行神经网络的参数更新。

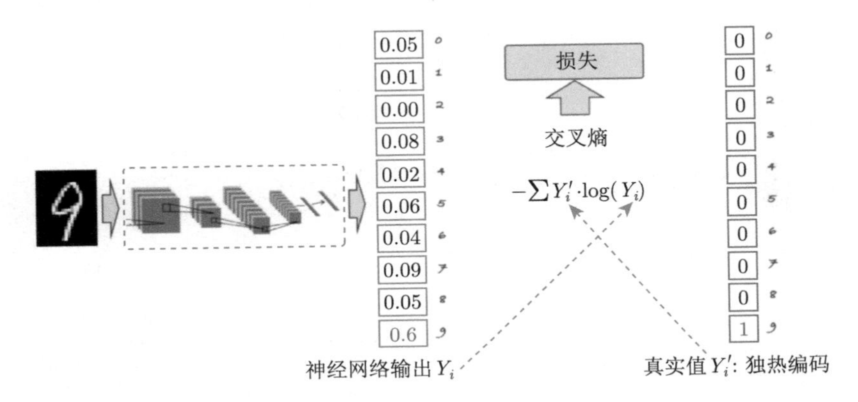

图 4.17　优化流程

类似地，如图 4.18 所示，策略梯度预测每一个状态下应该要输出的动作的概率，即输入状态 s_t，输出动作 a_t 的概率，比如 0.02、0.08、0.9。实际上输出给环境的动作是随机选择一个动作，比如选择向右这个动作，它的独热向量就是 [0,0,1]。我们把神经网络的输出和实际动作代入交叉熵的公式就可以求出输出动作的概率和实际动作的概率之间的差距。但实际的动作 a_t 只是输出的真实的动作，它不一定是正确的动作，它不能像手写数字识别一样作为一个正确的标签来指导神经网络朝着正确的方向更新，所以需要乘奖励回报 G_t。G_t 相当于对真实动作的评价。如果 G_t 越大，未来总奖励越大，就说明当前输出的真实的动作就越好，损失就越需要重视。如果 G_t 越小，就说明动作 a_t 不是很好，损失的权重就要小一点儿，优化力度也要小一点儿。通过与手写数字识别的一个对比，我们就知道策略梯度损失会构造成这样的原因。

如图 4.19 所示，实际上在计算策略梯度损失的时候，要先对实际执行的动作取独热向量，再获取神经网络预测的动作概率，将它们相乘，就可以得到 $\log \pi\left(a_t \mid s_t, \theta\right)$，这就是我们要构造的损失。因为我们可以获取整个回合的所有的轨迹，所以可以对这一条轨迹中的每个动作都去计算一个损失。把所有的损失加起来，再将其“扔”给 Adam 的优化器去自动更新参数就好了。

图 4.20 所示为 REINFORCE 算法示意，首先我们需要一个策略模型来输出动作概率，输出动作概率后，通过 sample() 函数得到一个具体的动作，与环境交互后，可以得到整个回合的数据。得到回合数据之后，我们再去执行 learn() 函

数，在 learn() 函数中，我们就可以用这些数据去构造损失函数，“扔”给优化器优化，更新我们的策略模型。

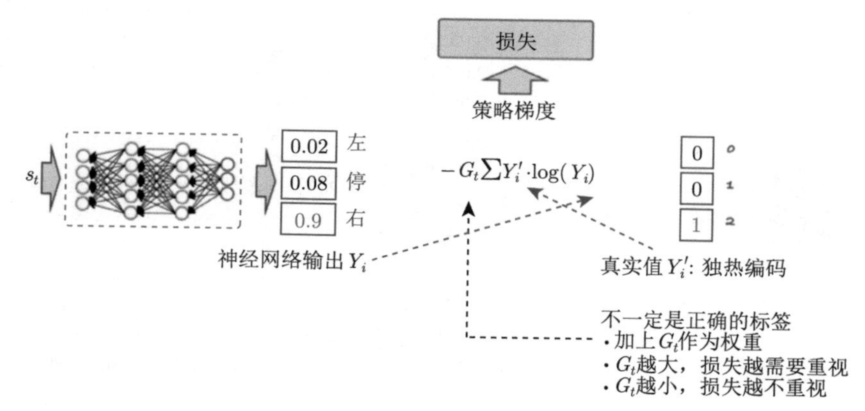

图 4.18 策略梯度损失

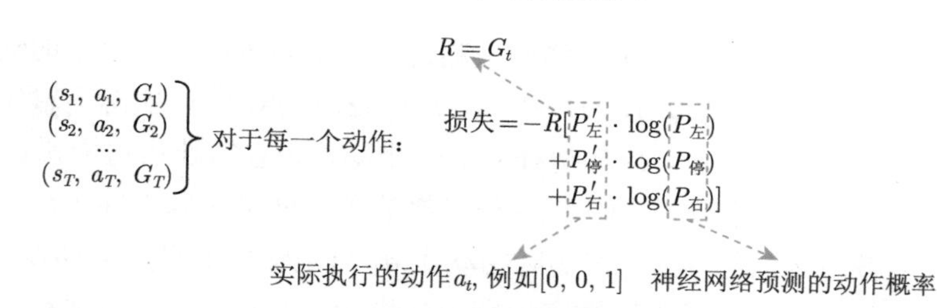

图 4.19 损失计算

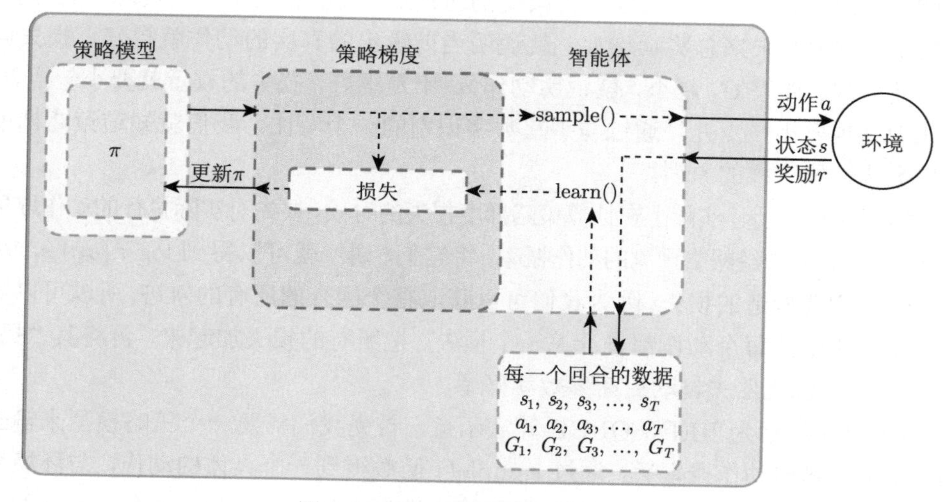

图 4.20 REINFORCE 算法示意

4.4 关键词

策略（policy）：在每一个演员中会有对应的策略，这个策略决定了演员的后续动作。具体来说，策略就是对于外界的输入，输出演员现在应该要执行的动作。一般地，我们将策略写成 π。

回报（return）：一个回合（episode）或者试验（trial）得到的所有奖励的总和，也被人们称为总奖励（total reward）。一般地，我们用 R 来表示它。

轨迹（trajectory）：一个试验中我们将环境输出的状态 s 与演员输出的动作 a 全部组合起来形成的集合称为轨迹，即 $\tau=\{s_1,a_1,s_2,a_2,\cdots,s_t,a_t\}$。

奖励函数（reward function）：用于反映在某一个状态采取某一个动作可以得到的奖励分数，这是一个函数。即给定一个状态-动作对 (s_1,a_1)，奖励函数可以输出 r_1。给定 (s_2,a_2)，它可以输出 r_2。我们把轨迹所有的奖励 r 都加起来，就得到了 $R(\tau)$，其代表某一条轨迹 τ 的奖励。

期望奖励（expected reward）：$\bar{R}_\theta=\sum_\tau R(\tau)p_\theta(\tau)=\mathbb{E}_{\tau\sim p_\theta(\tau)}[R(\tau)]$。

REINFORCE:基于策略梯度的强化学习的经典算法,其采用回合更新的模式。

4.5 习题

4-1 如果我们想让机器人自己玩视频游戏，那么强化学习中的 3 个组成部分（演员、环境、奖励函数）具体分别代表什么？

4-2 在一个过程中，一个具体的轨迹s_1,a_1,s_2,a_2 出现的概率取决于什么？

4-3 当我们最大化期望奖励时，应该使用什么方法？

4-4 我们应该如何理解策略梯度的公式呢？

4-5 我们可以使用哪些方法来进行梯度提升的计算？

4-6 进行基于策略梯度的优化的技巧有哪些？

4-7 对于策略梯度的两种方法，蒙特卡洛强化学习和时序差分强化学习两种方法有什么联系和区别？

4-8 请详细描述 REINFORCE 算法的计算过程。

4.6 面试题

4-1 友善的面试官：同学来吧，给我手动推导一下策略梯度公式的计算过程。

4-2 友善的面试官：可以说一下你所了解的基于策略梯度优化的技巧吗？

参考文献

[1] SUTTON R S, BARTO A G. Reinforcement learning: An introduction(second edition)[M]. London:The MIT Press, 2018.

[2] 诸葛越，江云胜，葫芦娃. 百面深度学习：算法工程师带你去面试 [M]. 北京：人民邮电出版社, 2020.

第5章 近端策略优化

5.1 重要性采样

在介绍**近端策略优化（proximal policy optimization，PPO）**之前，我们先回顾同策略和异策略这两种训练方法的区别。在强化学习中，要学习的是一个智能体。如果要学习的智能体和与环境交互的智能体是相同的，就称之为同策略。如果要学习的智能体和与环境交互的智能体不是相同的，就称之为异策略。

为什么我们会想要考虑异策略？让我们回忆一下策略梯度。策略梯度是同策略的算法，因为在策略梯度中，需要一个智能体、一个策略和一个演员。演员去与环境交互收集数据，收集很多的轨迹 τ，根据收集到的数据按照策略梯度的公式更新策略的参数，所以策略梯度是一个同策略的算法。PPO 是策略梯度的变形，它是现在 OpenAI 默认的强化学习算法。

$$\nabla \bar{R}_\theta = \mathbb{E}_{\tau \sim p_\theta(\tau)}\left[R(\tau)\nabla \log p_\theta(\tau)\right] \tag{5.1}$$

问题在于式 (5.1) 的 $\mathbb{E}_{\tau \sim p_\theta(\tau)}$ 是对策略 π_θ 采样的轨迹 τ 求期望。一旦更新了参数，从 θ 变成 θ'，概率 $p_\theta(\tau)$ 就不对了，之前采样的数据也不能用了。所以策略梯度是一个会花很多时间来采样数据的算法，其大多数时间都在采样数据。智能体与环境交互以后，接下来就要更新参数。我们只能更新参数一次，然后就要重新采样数据，才能再次更新参数。这显然是非常费时的，所以我们想要从同策略变成异策略，这样就可以用另外一个策略 $\pi_{\theta'}$、另外一个演员 θ' 与环境交互（θ' 被固定了），用 θ' 采样到的数据去训练 θ。假设我们可以用 θ' 采样到的数据去训练 θ，可以多次使用 θ' 采样到的数据，可以多次执行梯度上升（gradient ascent），可以多次更新参数，都只需要用同一批数据。因为假设 θ 有能力学习另外一个演

员 θ' 所采样的数据，所以 θ' 只需采样一次，并采样多一点的数据，让 θ 去更新很多次，这样就会比较有效率。

具体怎么做呢？这就需要介绍**重要性采样（importance sampling）**的概念。

> 对于一个随机变量，我们通常用概率密度函数来刻画该变量的概率分布特性。具体来说，给定随机变量的一个取值，可以根据概率密度函数来计算该值对应的概率（密度）。反过来，也可以根据概率密度函数提供的概率分布信息来生成随机变量的一个取值，这就是采样。因此，从某种意义上来说，采样是概率密度函数的逆向应用。与根据概率密度函数计算样本点对应的概率值不同，采样过程往往没有那么直接，通常需要根据待采样分布的具体特点来选择合适的采样策略。[1]

假设我们有一个函数 $f(x)$，要计算从分布 p 采样 x，再把 x 代入 f，得到 $f(x)$。怎么计算 $f(x)$ 的期望值呢？假设不能对分布 p 做积分，但可以从分布 p 采样一些数据 x^i。把 x^i 代入 $f(x)$，取其平均值，就可以近似 $f(x)$ 的期望值。

现在有另外一个问题，假设不能从分布 p 采样数据，只能从另外一个分布 q 采样数据 x，q 可以是任何分布。如果从 q 采样 x^i，就不能使用式 (5.2)。因为式 (5.2) 是假设 x 都是从 p 采样出来的。

$$\mathbb{E}_{x\sim p}[f(x)] \approx \frac{1}{N}\sum_{i=1}^{N} f(x^i) \tag{5.2}$$

所以我们做一个修正，期望值 $\mathbb{E}_{x\sim p}[f(x)]$ 就是 $\int f(x)p(x)\mathrm{d}x$，我们对其做如下的变换：

$$\int f(x)p(x)\mathrm{d}x = \int f(x)\frac{p(x)}{q(x)}q(x)\mathrm{d}x = \mathbb{E}_{x\sim q}[f(x)\frac{p(x)}{q(x)}] \tag{5.3}$$

就可得

$$\mathbb{E}_{x\sim p}[f(x)] = \mathbb{E}_{x\sim q}\left[f(x)\frac{p(x)}{q(x)}\right] \tag{5.4}$$

我们就可以写成对 q 中所采样出来的 x 取期望值。我们从 q 中采样 x，再计算 $f(x)\frac{p(x)}{q(x)}$，再取期望值。所以就算我们不能从 p 中采样数据，但只要能从 q 中采样数据，就可以计算从 p 采样 x 代入 f 以后的期望值。

因为是从 q 采样数据，所以从 q 采样出来的每一笔数据，都需要乘一个**重要性权重（importance weight）** $\frac{p(x)}{q(x)}$ 来修正这两个分布的差异。$q(x)$ 可以是任何分布，唯一的限制就是 $q(x)$ 的概率是 0 的时候，$p(x)$ 的概率不为 0，不然会没有定义。假设 $q(x)$ 的概率是 0 的时候，$p(x)$ 的概率也都是 0，$p(x)$ 除以 $q(x)$ 是有定义的。所以这个时候我们就可以使用重要性采样，把从 p 采样换成从 q 采样。

重要性采样有一些问题。虽然我们可以把 p 换成任何的 q。但是在实现上，p 和 q 的差距不能太大。差距太大，会有一些问题。比如，虽然式 (5.4) 成立（式 (5.4) 左边是 $f(x)$ 的期望值，其分布是 p，式 (5.4) 右边是 $f(x)\frac{p(x)}{q(x)}$ 的期望值，其分布是 q），但如果不是计算期望值，而是计算方差，$\text{Var}_{x\sim p}[f(x)]$ 和 $\text{Var}_{x\sim q}\left[f(x)\frac{p(x)}{q(x)}\right]$ 是不一样的。两个随机变量的平均值相同，并不代表它们的方差相同。

我们可以将 $f(x)$ 和 $f(x)\frac{p(x)}{q(x)}$ 代入方差的公式 $\text{Var}[X]=\mathbb{E}\left[X^2\right]-(\mathbb{E}[X])^2$，可得

$$\text{Var}_{x\sim p}[f(x)]=\mathbb{E}_{x\sim p}\left[f(x)^2\right]-\left(\mathbb{E}_{x\sim p}[f(x)]\right)^2 \tag{5.5}$$

$$\begin{aligned}\text{Var}_{x\sim q}\left[f(x)\frac{p(x)}{q(x)}\right]&=\mathbb{E}_{x\sim q}\left[\left(f(x)\frac{p(x)}{q(x)}\right)^2\right]-\left(\mathbb{E}_{x\sim q}\left[f(x)\frac{p(x)}{q(x)}\right]\right)^2\\&=\mathbb{E}_{x\sim p}\left[f(x)^2\frac{p(x)}{q(x)}\right]-\left(\mathbb{E}_{x\sim p}[f(x)]\right)^2\end{aligned} \tag{5.6}$$

$\text{Var}_{x\sim p}[f(x)]$ 和 $\text{Var}_{x\sim q}\left[f(x)\frac{p(x)}{q(x)}\right]$ 区别在于第一项，$\text{Var}_{x\sim q}\left[f(x)\frac{p(x)}{q(x)}\right]$ 的第一项多乘了 $\frac{p(x)}{q(x)}$，如果 $\frac{p(x)}{q(x)}$ 差距很大，$f(x)\frac{p(x)}{q(x)}$ 的方差就会很大。所以理论上它们的期望值一样，只要对分布 p 采样足够多次，对分布 q 采样足够多次，得到的结果会是一样的。但是如果采样的次数不够多，因为它们的方差差距是很大的，所以我们就有可能得到差别非常大的结果。

例如，当 $p(x)$ 和 $q(x)$ 差距很大时，就会有问题。如图 5.1 所示，假设蓝线是 $p(x)$ 的分布，绿线是 $q(x)$ 的分布，红线是 $f(x)$。如果要计算 $f(x)$ 的期望值，从分布 $p(x)$ 做采样，显然 $\mathbb{E}_{x\sim p}[f(x)]$ 是负的。这是因为左边区域 $p(x)$ 的概率很高，所以采样会到这个区域，而 $f(x)$ 在这个区域是负的，所以理论上这一项算出来会是负的。

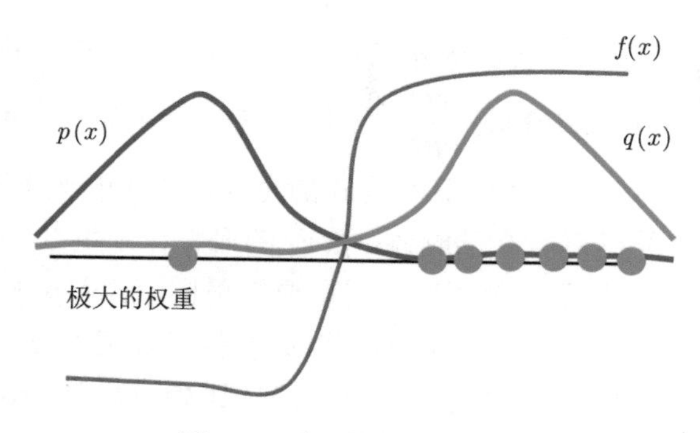

图 5.1　重要性采样的问题

接下来我们改成从 $q(x)$ 采样，因为 $q(x)$ 在右边区域的概率比较高，所以如果我们采样的点不够多，可能只会采样到右侧。如果只采样到右侧，可能 $\mathbb{E}_{x\sim q}\left[f(x)\frac{p(x)}{q(x)}\right]$ 是正的。我们这边采样到这些点，去计算它们的 $f(x)\frac{p(x)}{q(x)}$ 都是正的。我们采样到这些点都是正的，取期望值后也都是正的，这是因为采样的次数不够多。假设我们采样次数很少，只能采样到右边。左边虽然概率很低，但也有可能被采样到。假设我们好不容易采样到左边的点，因为左边的点的 $p(x)$ 和 $q(x)$ 是差很多的，这边 $p(x)$ 很大，$q(x)$ 很小。$f(x)$ 好不容易终于采样到一个负的，这个负的就会被乘上一个非常大的权重，这样就可以平衡刚才那边一直采样到正的值的情况。最终我们算出这一项的期望值，终究还是负的。但前提是要采样足够多次，这件事情才会发生。但有可能采样次数不够多，$\mathbb{E}_{x\sim p}[f(x)]$ 与 $\mathbb{E}_{x\sim q}\left[f(x)\frac{p(x)}{q(x)}\right]$ 可能就有很大的差距。这就是重要性采样的问题。

现在要做的就是把重要性采样用在异策略的情况中，把同策略训练的算法改成异策略训练的算法。怎么改呢？如式 (5.7) 所示，之前我们用策略 π_θ 与环境交互，采样出轨迹 τ，计算 $R(\tau)\nabla\log p_\theta(\tau)$。现在我们不用 θ 与环境交互，假设有另外一个策略 π'_θ，它就是另外一个演员，其工作是做示范（demonstration）。

$$\nabla\bar{R}_\theta=\mathbb{E}_{\tau\sim p_{\theta'}(\tau)}\left[\frac{p_\theta(\tau)}{p_{\theta'}(\tau)}R(\tau)\nabla\log p_\theta(\tau)\right] \tag{5.7}$$

θ' 的工作是为 θ 做示范，它与环境交互，告诉 θ 与环境交互会发生什么事，借此来训练 θ。我们要训练的是 θ，θ' 只负责做示范，负责与环境交互。现在的 τ 是从 θ' 采样出来的，是用 θ' 与环境交互。所以采样出来的 τ 是从 θ' 采样出来的，这两个分布不一样。但没有关系，假设本来是从 p 采样，但发现不能从 p 采样，所以不用 θ 与环境交互，可以把 p 换成 q，在后面补上一个重要性权重。同理，把 θ 换成 θ' 后，要补上一个重要性权重 $\dfrac{p_\theta(\tau)}{p_{\theta'}(\tau)}$。这个重要性权重就是某一条轨迹 τ 用 θ 算出来的概率除以这条轨迹 τ 用 θ' 算出来的概率。这一项是很重要的，因为我们要学习的是演员 θ，而 θ 和 θ' 是不太一样的，θ' 见到的情形与 θ 见到的情形可能不是一样的，所以中间要有一个修正的项。

Q：现在的数据是从 θ' 中采样出来的，从 θ 换成 θ' 有什么优势？

A：因为现在与环境交互的是 θ' 而不是 θ，所以采样的数据与 θ 本身是没有关系的。因此就可以让 θ' 与环境交互采样大量的数据，θ 可以多次更新参数，一直到 θ 训练到一定的程度。更新多次以后，θ' 再重新做采样，这就是同策略换成异策略的妙处。

实际在做策略梯度的时候，并不是给整条轨迹 τ 一样的分数，而是将每一个状态-动作对分开计算。实际更新梯度的过程可写为

$$\mathbb{E}_{(s_t,a_t)\sim\pi_\theta}\left[A^\theta\left(s_t,a_t\right)\nabla\log p_\theta\left(a_t\mid s_t\right)\right] \tag{5.8}$$

我们用演员 θ 采样出 s_t 与 a_t，采样出状态-动作的对，并计算这个状态-动作对的优势（advantage）$A^\theta\left(s_t,a_t\right)$。$A^\theta\left(s_t,a_t\right)$ 即用累积奖励减去基线，这一项就是估测出来的。它要估测的是，在状态 s_t 采取动作 a_t 是好的还是不好的。接下来在后面乘 $\nabla\log p_\theta\left(a_t\mid s_t\right)$，也就是如果 $A^\theta\left(s_t,a_t\right)$ 是正的，就要增大概率；如果是负的，就要减小概率。

我们可以通过重要性采样把同策略变成异策略，从 θ 变成 θ'。所以现在 s_t、a_t 是 θ' 与环境交互以后所采样到的数据。但是训练时，要调整的参数是模型 θ。因为 θ' 与 θ 是不同的模型，所以我们要有一个修正的项。这个修正的项，就是用重要性采样的技术，把 s_t、a_t 用 θ 采样出来的概率除以 s_t、a_t 用 θ' 采样出来的概率。

$$\mathbb{E}_{(s_t,a_t)\sim\pi_{\theta'}}\left[\frac{p_\theta\left(s_t,a_t\right)}{p_{\theta'}\left(s_t,a_t\right)}A^\theta\left(s_t,a_t\right)\nabla\log p_\theta\left(a_t\mid s_t\right)\right] \tag{5.9}$$

其中，$A^\theta(s_t,a_t)$ 有一个上标 θ，θ 代表 $A^\theta(s_t,a_t)$ 是演员 θ 与环境交互的时候计算出来的。但是实际上从 θ 换到 θ' 的时候，$A^\theta(s_t,a_t)$ 应该改成 $A^{\theta'}(s_t,a_t)$，因为 $A(s_t,a_t)$ 这一项是想要估测在某一个状态采取某一个动作，接下来会得到累积奖励的值减去基线的值。怎么估计 $A(s_t,a_t)$? 我们在状态 s_t 采取动作 a_t，接下来会得到的奖励的总和，再减去基线就是 $A(s_t,a_t)$。之前是 θ 与环境交互，所以我们

观察到的是 θ 可以得到的奖励。但现在是 θ' 与环境交互，所以这个优势是根据 θ' 所估计出来的优势。但我们现在先不要管那么多，就假设 $A^{\theta}(s_t,a_t)$ 和 $A^{\theta'}(s_t,a_t)$ 可能是差不多的。

接下来，我们可以拆解 $p_{\theta}\left(s_t,a_t\right)$ 和 $p_{\theta'}\left(s_t,a_t\right)$，即

$$\begin{aligned} p_{\theta}\left(s_t,a_t\right)&=p_{\theta}\left(a_t|s_t\right)p_{\theta}(s_t)\\ p_{\theta'}\left(s_t,a_t\right)&=p_{\theta'}\left(a_t|s_t\right)p_{\theta'}(s_t) \end{aligned} \tag{5.10}$$

于是我们可得

$$\mathbb{E}_{(s_t,a_t)\sim\pi_{\theta'}}\left[\frac{p_{\theta}\left(a_t|s_t\right)}{p_{\theta'}\left(a_t|s_t\right)}\frac{p_{\theta}\left(s_t\right)}{p_{\theta'}\left(s_t\right)}A^{\theta'}\left(s_t,a_t\right)\nabla\log p_{\theta}\left(a_t\mid s_t\right)\right] \tag{5.11}$$

这里需要做的一件事情是，假设模型是 θ 的时候看到 s_t 的概率，与模型是 θ' 的时候看到 s_t 的概率是一样的，即 $p_{\theta}(s_t)=p_{\theta'}(s_t)$。因为 $p_{\theta}(s_t)$ 和 $p_{\theta'}(s_t)$ 是一样的，所以我们可得

$$\mathbb{E}_{(s_t,a_t)\sim\pi_{\theta'}}\left[\frac{p_{\theta}\left(a_t|s_t\right)}{p_{\theta'}\left(a_t|s_t\right)}A^{\theta'}\left(s_t,a_t\right)\nabla\log p_{\theta}\left(a_t\mid s_t\right)\right] \tag{5.12}$$

Q：为什么可以假设 $p_{\theta}(s_t)$ 和 $p_{\theta'}(s_t)$ 是一样的？

A：因为状态往往与采取的动作是没有太大的关系的。比如我们玩不同的雅达利游戏，其实看到的游戏画面都是差不多的，所以也许不同的 θ 对 s_t 是没有影响的。但更直接的理由就是 $p_{\theta}(s_t)$ 很难算，$p_{\theta}(s_t)$ 有一个参数 θ，它表示的是我们用 θ 去与环境交互，计算 s_t 出现的概率，而这个概率很难算。尤其是如果输入的是图片，同样的 s_t 可能根本就不会出现第二次。我们就无法估计 $p_{\theta}(s_t)$，所以干脆就无视这个问题。

但是 $p_{\theta}(a_t|s_t)$ 很好算，我们有参数 θ，它就是一个策略网络。输入状态 s_t 到策略网络中，它会输出每一个 a_t 的概率。所以只要知道 θ 和 θ' 的参数就可以计算 $\dfrac{p_{\theta}\left(a_t|s_t\right)}{p_{\theta'}\left(a_t|s_t\right)}$。

式 (5.12) 是梯度，我们可以从梯度反推原来的目标函数：

$$\nabla f(x)=f(x)\nabla\log f(x) \tag{5.13}$$

注意，对 θ 求梯度时，$p_{\theta'}(a_t|s_t)$ 和 $A^{\theta'}\left(s_t,a_t\right)$ 都是常数。

所以实际上，当我们使用重要性采样的时候，要去优化的目标函数为

$$J^{\theta'}(\theta)=\mathbb{E}_{(s_t,a_t)\sim\pi_{\theta'}}\left[\frac{p_\theta\left(a_t|s_t\right)}{p_{\theta'}\left(a_t|s_t\right)}A^{\theta'}\left(s_t,a_t\right)\right] \tag{5.14}$$

我们将其记为 $J^{\theta'}(\theta)$，因为 $J^{\theta'}(\theta)$ 括号中的 θ 代表要优化的参数。θ' 是指我们用 θ' 做示范，就是现在真正在与环境交互的是 θ'。因为 θ 不与环境交互，是 θ' 在与环境交互。然后用 θ' 与环境交互，采样出 s_t、a_t 以后，要去计算 s_t 与 a_t 的优势 $A^{\theta'}\left(s_t,a_t\right)$，再用它乘 $\dfrac{p_\theta\left(a_t|s_t\right)}{p_{\theta'}\left(a_t|s_t\right)}$。$\dfrac{p_\theta\left(a_t|s_t\right)}{p_{\theta'}\left(a_t|s_t\right)}$ 是容易计算的，我们可以从采样的结果来估测 $A^{\theta'}\left(s_t,a_t\right)$，所以 $J^{\theta'}(\theta)$ 是可以计算的。实际上在更新参数的时候，就是按照式 (5.12) 来更新参数的。

5.2 近端策略优化

我们可以通过重要性采样把同策略换成异策略，但重要性采样有一个问题：如果 $p_\theta\left(a_t|s_t\right)$ 与 $p_{\theta'}\left(a_t|s_t\right)$ 相差太多，即这两个分布相差太多，重要性采样的结果就会不好。怎么避免它们相差太多呢？这就是 PPO 要做的事情。

如式 (5.15) 所示，PPO 需要优化目标函数 $J^{\theta'}(\theta)$。但是这个目标函数又牵涉到重要性采样。在做重要性采样的时候，$p_\theta\left(a_t|s_t\right)$ 不能与 $p_{\theta'}\left(a_t|s_t\right)$ 相差太多。做示范的模型不能与真正的模型相差太多，相差太多，重要性采样的结果就会不好。在训练的时候，应多加一个约束（constrain）。这个约束是 θ 与 θ' 输出的动作的 KL 散度（KL divergence），这一项用于衡量 θ 与 θ' 的相似程度。我们希望在训练的过程中，学习出的 θ 与 θ' 越相似越好。因为如果 θ 与 θ' 不相似，最后的结果就会不好。所以在 PPO 中有两项：一项是优化本来要优化的 $J^{\theta'}(\theta)$，另一项是一个约束。这个约束就好像正则化（regularization）的项（term）一样，它所做的就是希望最后学习出的 θ 与 θ' 相差不大。注意，虽然 PPO 的优化目标涉及了重要性采样，但其只用到了上一轮策略 θ' 的数据。PPO 目标函数中加入了 KL 散度的约束，行为策略 θ' 和目标策略 θ 非常接近，PPO 的行为策略和目标策略可认为是同一个策略，因此 PPO 是同策略算法。

$$\begin{aligned}
&J_{\mathrm{PPO}}^{\theta'}(\theta)=J^{\theta'}(\theta)-\beta\mathrm{KL}\left(\theta,\theta'\right)\\
&J^{\theta'}(\theta)=\mathbb{E}_{(s_t,a_t)\sim\pi_{\theta'}}\left[\frac{p_\theta\left(a_t\mid s_t\right)}{p_{\theta'}\left(a_t\mid s_t\right)}A^{\theta'}\left(s_t,a_t\right)\right]
\end{aligned} \tag{5.15}$$

PPO 有一个前身：**信任区域策略优化（trust region policy optimization, TRPO）**。TRPO 可表示为

$$J_{\mathrm{TRPO}}^{\theta'}(\theta)=\mathbb{E}_{(s_t,a_t)\sim\pi_{\theta'}}\left[\frac{p_\theta\left(a_t|s_t\right)}{p_{\theta'}\left(a_t|s_t\right)}A^{\theta'}\left(s_t,a_t\right)\right],\mathrm{KL}\left(\theta,\theta'\right)<\delta \tag{5.16}$$

TRPO 与 PPO 不一样的地方是约束所在的位置不一样，PPO 直接把约束放到要优化的式子中，我们就可以用梯度上升的方法去最大化式 (5.15)。但 TRPO 是把 KL 散度当作约束，它希望 θ 与 θ' 的 KL 散度小于 δ。如果我们使用的是基于梯度的优化，有约束是很难处理的。TRPO 是很难处理的，因为它把 KL 散度约束当作一个额外的约束，没有放在目标（objective）中，所以它很难计算。因此我们一般就使用 PPO，而不使用 TRPO。PPO 与 TRPO 的性能差不多，但 PPO 在实现上比 TRPO 容易得多。

KL 散度到底指的是什么？这里直接把 KL 散度当作一个函数，输入是 θ 与 θ'，但并不是把 θ 或 θ' 当作一个分布，计算这两个分布之间的距离。所谓的 θ 与 θ' 的距离并不是参数上的距离，而是行为（behavior）上的距离。假设我们有两个演员——θ 和 θ'，所谓参数上的距离就是计算这两组参数有多相似。这里讲的不是参数上的距离，而是它们行为上的距离。我们先代入一个状态 s，它会对动作的空间输出一个分布。假设有 3 个动作，3 个可能的动作就输出 3 个值。行为距离（behavior distance）就是，给定同样的状态，输出动作之间的差距。这两个动作的分布都是概率分布，所以我们可以计算这两个概率分布的 KL 散度。把不同的状态输出的这两个分布的 KL 散度的平均值就是我们所指的两个演员间的 KL 散度。

Q：为什么不直接计算 θ 和 θ' 之间的距离？计算这个距离甚至不用计算 KL 散度，L1 与 L2 的范数（norm）也可以保证 θ 与 θ' 很相似。

A：在做强化学习的时候，之所以我们考虑的不是参数上的距离，而是动作上的距离，是因为很有可能对于演员，参数的变化与动作的变化不一定是完全一致的。有时候参数稍微变了，它可能输出动作的就差很多。或者是参数变很多，但输出的动作可能没有什么改变。所以我们真正在意的是演员的动作上的差距，而不是它们参数上的差距。因此在做 PPO 的时候，所谓的 KL 散度并不是参数的距离，而是动作的距离。

5.2.1 近端策略优化惩罚

PPO 算法有两个主要的变种：**近端策略优化惩罚（PPO-penalty）**和**近端策略优化裁剪（PPO-clip）**。

我们来看一下近端策略优化惩罚算法。它先初始化一个策略的参数 θ^0。在每一个迭代中，用前一个训练的迭代得到的演员的参数 θ^k 与环境交互，采样到大量状态-动作对。根据 θ^k 交互的结果，我们估测 $A^{\theta^k}(s_t,a_t)$。我们使用 PPO 的优化公式。但与原来的策略梯度不一样，原来的策略梯度只能更新一次参数，更新完以后，就要重新采样数据。但是现在不同，我们用 θ^k 与环境交互，采样到这组数据以后，可以让 θ 更新很多次，想办法最大化目标函数，如式 (5.17) 所示。这里的 θ 更新很多次也没有关系，因为我们已经有重要性采样，所以这些经验，这些状态-动作对是从 θ^k 采样出来的也没有关系。θ 可以更新很多次，它与 θ^k 变得不太一样也没有关系，可以照样训练 θ。

$$J_{\mathrm{PPO}}^{\theta^k}(\theta)=J^{\theta^k}(\theta)-\beta \mathrm{KL}\left(\theta,\theta^k\right) \tag{5.17}$$

在 PPO 的论文中还有一个**自适应 KL 散度（adaptive KL divergence）**。这里会遇到一个问题：β 要设置为多少？这个问题与正则化一样，正则化前面也要乘一个权重，所以 KL 散度前面也要乘一个权重，但 β 要设置为多少呢？我们有一个动态调整 β 的方法。在这个方法中，先设一个可以接受的 KL 散度的最大值。假设优化完式 (5.17) 以后，KL 散度的值太大，这就代表后面惩罚的项 $\beta\mathrm{KL}\left(\theta,\theta^k\right)$ 没有发挥作用，就把 β 增大。另外，我们设一个 KL 散度的最小值。如果优化完式 (5.17) 后，KL 散度比最小值还要小，就代表后面这一项的效果太强了，我们怕他只优化后一项，使 θ 与 θ^k 一样，这不是我们想要的，所以要减小 β。β 是可以动态调整的，因此称之为**自适应 KL 惩罚（adaptive KL penalty）**。总结一下自适应 KL 惩罚：如果 $\mathrm{KL}(\theta,\theta^k)>\mathrm{KL}_{\max}$，增大 β；如果 $\mathrm{KL}(\theta,\theta^k)<\mathrm{KL}_{\min}$，减小 β。

近端策略优化惩罚可表示为

$$\begin{aligned}
&J_{\mathrm{PPO}}^{\theta^k}(\theta)=J^{\theta^k}(\theta)-\beta \mathrm{KL}\left(\theta,\theta^k\right)\\
&J^{\theta^k}(\theta)\approx\sum_{(s_t,a_t)}\frac{p_\theta\left(a_t\mid s_t\right)}{p_{\theta^k}\left(a_t\mid s_t\right)}A^{\theta^k}\left(s_t,a_t\right)
\end{aligned} \tag{5.18}$$

5.2.2 近端策略优化裁剪

如果我们觉得计算 KL 散度很复杂，那么可以使用近端策略优化裁剪算法。近端策略优化裁剪的目标函数中没有 KL 散度，其要最大化的目标函数为

$$
\begin{aligned}
J_{\mathrm{PPO}}^{\theta^k}(\theta) \approx \sum_{(s_t,a_t)} \min\Bigg(& \frac{p_\theta\left(a_t|s_t\right)}{p_{\theta^k}\left(a_t|s_t\right)} A^{\theta^k}\left(s_t,a_t\right), \\
& \operatorname{clip}\left(\frac{p_\theta\left(a_t|s_t\right)}{p_{\theta^k}\left(a_t|s_t\right)}, 1-\varepsilon, 1+\varepsilon\right) A^{\theta^k}\left(s_t,a_t\right)\Bigg)
\end{aligned}
\tag{5.19}
$$

其中，

- 操作符（operator）min 是在第一项与第二项中选择比较小的项；
- 第二项前面有一个裁剪（clip）函数，裁剪函数是指，在括号中有 3 项，如果第一项小于第二项，那就输出 $1-\varepsilon$，第一项如果大于第三项，那就输出 $1+\varepsilon$；
- ε 是一个超参数，是我们要调整的，可以设置成 0.1 或 0.2。

假设设置 $\varepsilon=0.2$，我们可得

$$
\operatorname{clip}\left(\frac{p_\theta\left(a_t|s_t\right)}{p_{\theta^k}\left(a_t|s_t\right)}, 0.8, 1.2\right) \tag{5.20}
$$

如果 $\frac{p_\theta\left(a_t|s_t\right)}{p_{\theta^k}\left(a_t|s_t\right)}$ 的值小于 0.8，就输出 0.8；如果 $\frac{p_\theta\left(a_t|s_t\right)}{p_{\theta^k}\left(a_t|s_t\right)}$ 的值大于 1.2，那就输出 1.2。

我们先要理解

$$
\operatorname{clip}\left(\frac{p_\theta\left(a_t|s_t\right)}{p_{\theta^k}\left(a_t|s_t\right)}, 1-\varepsilon, 1+\varepsilon\right) \tag{5.21}
$$

图 5.2 的横轴代表 $\frac{p_\theta\left(a_t|s_t\right)}{p_{\theta^k}\left(a_t|s_t\right)}$，纵轴代表裁剪函数的输出。如果 $\frac{p_\theta\left(a_t|s_t\right)}{p_{\theta^k}\left(a_t|s_t\right)}$ 大于 $1+\varepsilon$，输出就是 $1+\varepsilon$；如果小于 $1-\varepsilon$，输出就是 $1-\varepsilon$；如果介于 $1-\varepsilon \sim 1+\varepsilon$，输出等于输入。

如图 5.3（a）所示，$\frac{p_\theta\left(a_t|s_t\right)}{p_{\theta^k}\left(a_t|s_t\right)}$ 是绿色的虚线；$\operatorname{clip}\left(\frac{p_\theta\left(a_t|s_t\right)}{p_{\theta^k}\left(a_t|s_t\right)}, 1-\varepsilon, 1+\varepsilon\right)$ 是蓝色的虚线；在绿色的虚线与蓝色的虚线中间，我们要取一个最小的结果。假设前面乘上的项 A 大于 0，取最小的结果，就是红色的线。如图 5.3（b）所示，如果 A 小于 0，取最小的结果以后，就得到红色的线。

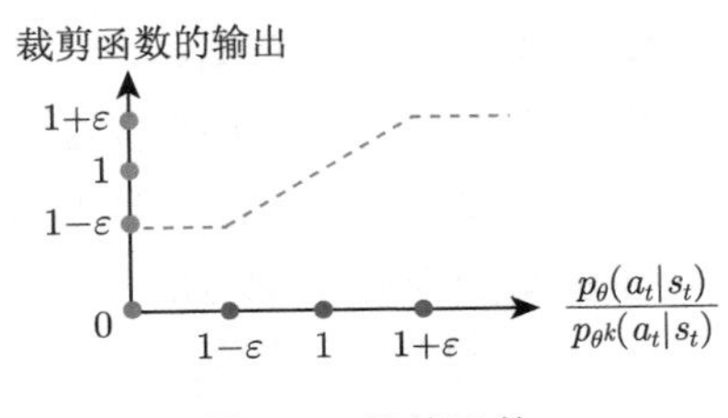

图 5.2 裁剪函数

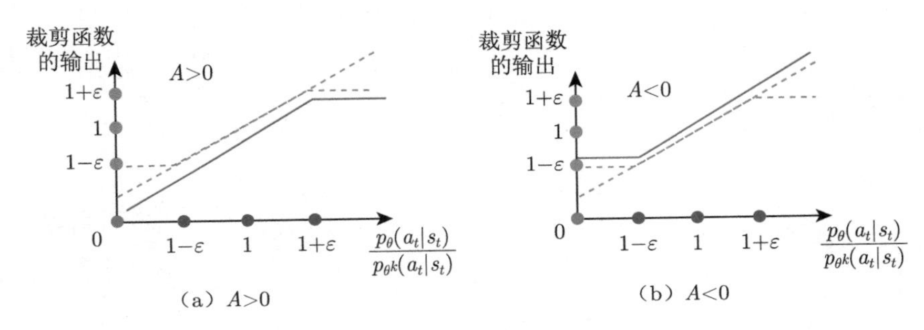

（a）$A>0$ （b）$A<0$

图 5.3 A 对裁剪函数输出的影响

式 (5.19) 看起来复杂，但其实现比较简单，因为式 (5.19) 想要做的就是希望 $p_\theta(a_t|s_t)$ 与 $p_{\theta^k}(a_t|s_t)$ 比较接近，也就是做示范的模型与实际上学习的模型在优化以后不要差距太大。

怎么让它做到不要差距太大呢？如果 $A>0$，也就是某一个状态-动作对是好的，我们希望增大这个状态-动作对的概率，即我们想让 $p_\theta(a_t|s_t)$ 越大越好，但它与 $p_{\theta^k}(a_t|s_t)$ 的比值不可以超过 $1+\varepsilon$。如果超过 $1+\varepsilon$，就没有好处了。红色的线就是目标函数，我们希望目标函数值越大越好，希望 $p_\theta(a_t|s_t)$ 越大越好。但是 $\frac{p_\theta\left(a_t|s_t\right)}{p_{\theta^k}\left(a_t|s_t\right)}$ 只要大过 $1+\varepsilon$，就没有好处了。所以在训练的时候，当 $p_\theta(a_t|s_t)$ 被训练到 $\frac{p_\theta\left(a_t|s_t\right)}{p_{\theta^k}\left(a_t|s_t\right)}>1+\varepsilon$ 时，它就会停止。假设 $p_\theta(a_t|s_t)$ 比 $p_{\theta^k}(a_t|s_t)$ 还要小，并且这个优势是正的。因为这个动作是好的，我们希望这个动作被采取的概率越大越好，希望 $p_\theta(a_t|s_t)$ 越大越好。所以假设 $p_\theta(a_t|s_t)$ 还比 $p_{\theta^k}(a_t|s_t)$ 小，那就尽量把它变大，但只要大到 $1+\varepsilon$ 就好。

如果 $A<0$，即某一个状态-动作对是不好的，那么我们希望把 $p_\theta(a_t|s_t)$ 减小。如果 $p_\theta(a_t|s_t)$ 比 $p_{\theta^k}(a_t|s_t)$ 还大，我们就尽量把它减小，减到 $\frac{p_\theta\left(a_t|s_t\right)}{p_{\theta^k}\left(a_t|s_t\right)}$ 是 $1-\varepsilon$ 的时候停止，此时不用再减得更小。这样的好处就是，我们不会让 $p_\theta(a_t|s_t)$

与 $p_{\theta^k}(a_t|s_t)$ 差距太大。要实现这个其实很简单。

图 5.4 所示为 PPO 与其他算法的比较。优势演员-评论员和优势演员-评论员 + 信任区域（trust region）算法是基于演员-评论员的方法。PPO 算法是用紫色线表示，图 5.4 中每张子图表示某一个强化学习的任务，在多数情况中，PPO 都是不错的，即使不是最好的，一般也是第二好的。

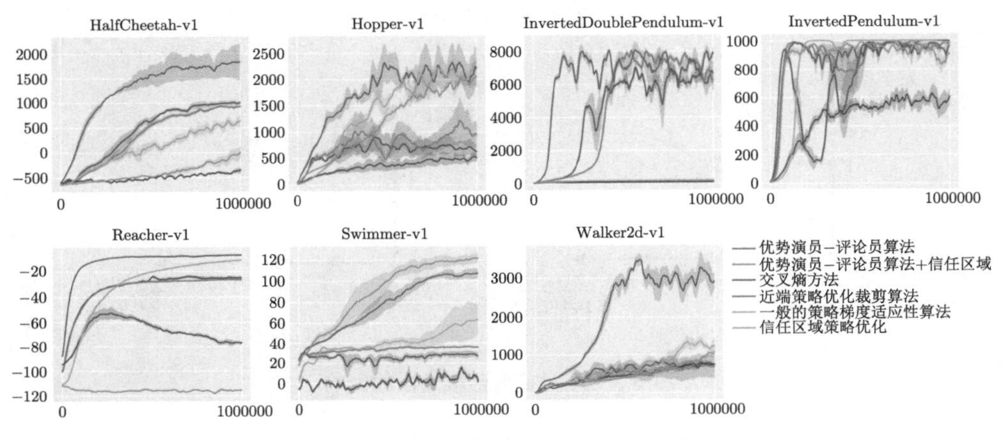

图 5.4 PPO 与其他算法的比较 [2]

5.3 关键词

同策略（on-policy）：要学习的智能体和与环境交互的智能体是同一个时对应的策略。

异策略（off-policy）：要学习的智能体和与环境交互的智能体不是同一个时对应的策略。

重要性采样（important sampling）：使用另外一种分布，来逼近所求分布的一种方法，在强化学习中通常和蒙特卡洛方法结合使用，公式如下：

$$\int f(x)p(x)\mathrm{d}x = \int f(x)\frac{p(x)}{q(x)}q(x)\mathrm{d}x = \mathbb{E}_{x\sim q}[f(x)\frac{p(x)}{q(x)}] = \mathbb{E}_{x\sim p}[f(x)]$$

我们在已知 q 的分布后，可以使用上式计算出从 p 这个分布采样 x 代入 f 以后得到的期望值。

近端策略优化（proximal policy optimization，PPO）：避免在使用重要性采样时由于在 θ 下的 $p_\theta(a_t|s_t)$ 与在 θ' 下的 $p_{\theta'}(a_t|s_t)$ 相差太多，导致重要性采样

结果偏差较大而采取的算法。具体来说就是在训练的过程中增加一个限制，这个限制对应 θ 和 θ' 输出的动作的 KL 散度，来衡量 θ 与 θ' 的相似程度。

5.4 习题

5-1 基于同策略的策略梯度有什么可改进之处？或者说其效率较低的原因在于什么？

5-2 使用重要性采样时需要注意的问题有哪些？

5-3 基于异策略的重要性采样中的数据是从 θ' 中采样出来的，从 θ 换成 θ' 有什么优势？

5-4 在本节中近端策略优化中的 KL 散度指的是什么？

5.5 面试题

5-1 友善的面试官：请问什么是重要性采样呀？

5-2 友善的面试官：请问同策略和异策略的区别是什么？

5-3 友善的面试官：请简述一下近端策略优化算法。其与信任区域策略优化算法有何关系呢？

参考文献

[1] 诸葛越，江云胜，葫芦娃. 百面机器学习：算法工程师带你去面试 [M]. 北京：人民邮电出版社, 2018.

[2] SCHULMAN J, WOLSKI F, DHARIWAL P, et al. Proximal policy optimization algorithms[J]. arXiv preprint arXiv:1707.06347, 2017.

第6章　深度Q网络

本章介绍基于价值的典型强化学习算法——**深度 Q 网络（deep Q-network, DQN）**。

传统的强化学习算法会使用表格的形式存储状态价值函数 $V(s)$ 或动作价值函数 $Q(s,a)$，但是这样的方法存在很大的局限性。例如，现实中的强化学习任务所面临的状态空间往往是连续的，存在无穷多个状态，在这种情况下，就不能再使用表格对价值函数进行存储。价值函数近似利用函数直接拟合状态价值函数或动作价值函数，降低了对存储空间的要求，有效地解决了这个问题。

为了在连续的状态和动作空间中计算值函数 $Q_\pi(s,a)$，我们可以用一个函数 $Q_\phi(\boldsymbol{s},\boldsymbol{a})$ 来表示近似计算，称为**价值函数近似（value function approximation）**。

$$Q_\phi(\boldsymbol{s},\boldsymbol{a}) \approx Q_\pi(\boldsymbol{s},\boldsymbol{a}) \tag{6.1}$$

其中，$\boldsymbol{s}$、$\boldsymbol{a}$ 分别是状态 s 和动作 a 的向量表示，函数 $Q_\phi(\boldsymbol{s},\boldsymbol{a})$ 通常是一个参数为 ϕ 的函数，比如神经网络，其输出为一个实数，称为 **Q 网络（Q-network）**。

深度 Q 网络是指基于深度学习的 Q 学习算法，主要结合了价值函数近似与神经网络技术，并采用目标网络和经验回放等方法进行网络的训练。在 Q 学习中，我们使用表格来存储每个状态 s 下采取动作 a 获得的奖励，即状态-动作值函数 $Q(s,a)$。然而，这种方法在状态量巨大甚至是连续的任务中，会遇到维度灾难问题，往往是不可行的。因此，深度 Q 网络采用了价值函数近似的表示方法。

深度 Q 网络算法的核心是维护 Q 函数并使用其进行决策。$Q_\pi(s,a)$ 为在该策略 π 下的动作价值函数，每次到达一个状态 s_t 之后，遍历整个动作空间，使用让 $Q_\pi(s,a)$ 最大的动作作为策略：

$$a_t = \underset{a}{\arg\max}\, Q_\pi(s_t,a) \tag{6.2}$$

深度 Q 网络采用贝尔曼方程来迭代更新 $Q_\pi(s,a)$：

$$Q_\pi(s_t,a_t) \leftarrow Q_\pi(s_t,a_t) + \alpha\left(r_t + \gamma \max_a Q_\pi(s_{t+1},a) - Q_\pi(s_t,a_t)\right) \tag{6.3}$$

通常在简单任务上，使用全连接神经网络（fully connected neural network）来拟合 Q_π，但是在较为复杂的任务上（如玩雅达利游戏），会使用卷积神经网络来拟合从图像到价值函数的映射。由于深度 Q 网络的这种表达形式只能处理有限个动作值，因此其通常用于处理离散动作空间的任务。

6.1 状态价值函数

深度 Q 网络是基于价值的算法，在基于价值的算法中，我们学习的不是策略，而是**评论员（critic）**。评论员的任务是评价现在的动作有多好或有多不好。假设有一个演员，其要学习一个策略来得到尽量高的回报。评论员就是评价演员的策略 π 好还是不好，即策略评估。例如，有一种评论员称为**状态价值函数** V_π。状态价值函数是指，假设演员的策略是 π，用 π 与环境交互，假设 π 看到了某一个状态 s，例如在玩雅达利游戏，状态 s 是某一个画面，π 看到某一个画面，接下来一直到游戏结束，期望的累积奖励有多大。如图 6.1（a）所示，V_π 是一个函数，输入一个状态，它会输出一个标量。这个标量代表演员的策略 π 看到状态 s 的时候，预期到游戏结束的时候，它可以获得多大的奖励。例如，假设我们在玩《太空侵略者》，图 6.1（b）所示的状态 s，这个游戏画面，$V_\pi(s)$ 也许会很大，因为这时还有很多的怪兽可以击杀，所以我们会得到很高的分数。一直到游戏结束的时候，我们仍然有很多的分数可以获得。图 6.1（c）所示的情况 $V_\pi(s)$ 可能就很小，因为剩下的怪兽也不多，并且红色的防护罩已经消失了，所以我们可能很快就会“死掉”。因此接下来得到预期的奖励，就不会太大。

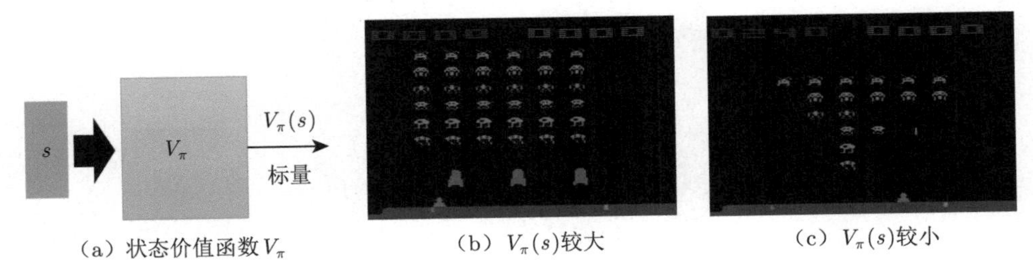

（a）状态价值函数 V_π （b）$V_\pi(s)$较大 （c）$V_\pi(s)$较小

图 6.1 玩《太空侵略者》

这里需要强调，评论员无法凭空评价一个状态的好坏，它所评价的是在给定某一个状态的时候，如果接下来交互的演员的策略是 π，我们会得到多少奖励，这个奖励就是评价得出的值。因为就算是同样的状态，接下来的 π 不一样，得到的奖励也是不一样的。例如，在图 6.1（b）所示的情况下，假设是一个正常的 π，它可以击杀很多怪兽；假设它是一个很弱的 π，它就站在原地不动，马上就被射死了，我们得到的 $V_\pi(s)$ 还是很小。所以评论员的输出值取决于状态和演员。评论员其实都要绑定一个演员，它是在衡量某一个演员的好坏，而不是衡量一个状态的好坏。这里要强调一下，评论员的输出是与演员有关的，状态的价值其实取决于演员，当演员改变的时候，状态价值函数的输出其实也是会跟着改变的。

怎么衡量状态价值函数 $V_\pi(s)$ 呢？有两种不同的方法：基于蒙特卡洛的方法和基于时序差分的方法。基于蒙特卡洛的方法就是让演员与环境交互，我们要看演员好不好，就让演员与环境交互，让评论员评价。评论员根据统计结果，将演员和状态对应起来，如果演员看到某一个状态 s_a，将预测接下来的累积奖励有多大；如果看到另一个状态 s_b，将预测接下来的累积奖励有多大。但是实际上，我们不可能看到所有的状态。如果我们在玩雅达利游戏，状态是图像，那么无法看到所有的状态。所以实际上 $V_\pi(s)$ 是一个网络。对一个网络来说，就算输入状态是从来都没有看过的，它也可以想办法估测一个值。怎么训练这个网络呢？如图 6.2 所示，如果在状态 s_a，接下来的累积奖励就是 G_a。对于价值函数，如果输入状态是 s_a，正确的输出应该是 G_a；如果输入状态是 s_b，正确的输出应该是 G_b。所以在训练的时候，它就是一个回归问题（regression problem）。网络的输出就是一个值，我们希望在输入 s_a 的时候，输出的值与 G_a 越接近越好；输入状态 s_b 的时候，输出的值与 G_b 越接近越好。接下来继续训练网络。这是基于蒙特卡洛的方法。

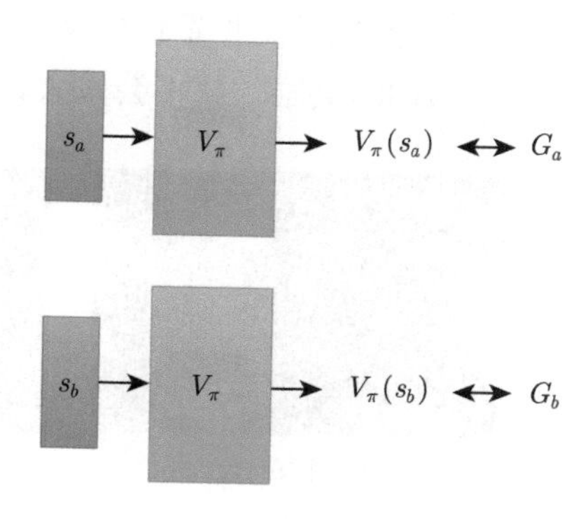

图 6.2　基于蒙特卡洛的方法

第二个方法是**时序差分**方法，即基于时序差分的方法。在基于蒙特卡洛的方法中，每次我们都要计算累积奖励，也就是从某一个状态 s_a 一直到游戏结束的时候，得到的所有奖励的总和。如果使用基于蒙特卡洛的方法，必须至少玩到游戏结束。但有些游戏时间非常长，要玩到游戏结束才能够更新网络，这花费时间太多了，因此我们会采用基于时序差分的方法。基于时序差分的方法不需要玩到游戏结束，只需要在游戏的某一个状态 s_t 的时候，采取动作 a_t 得到奖励 r_t，接下来进入状态 s_{t+1}，就可以使用时序差分方法。我们可以通过式 (6.4) 来使用时序差分方法。

$$V_\pi\left(s_t\right)=V_\pi\left(s_{t+1}\right)+r_t \tag{6.4}$$

假设现在用的是某一个策略 π，在状态 s_t 时，它会采取动作 a_t，得到奖励 r_t，接下来进入 s_{t+1}。状态 s_{t+1} 的值与状态 s_t 的值，它们的中间差了一项 r_t，这是因为我们把 s_{t+1} 的值加上得到的奖励 r_t 就可以得到 s_t 的值。有了式 (6.4)，在训练的时候，我们并不是直接估测 V_π，而是希望得到的结果 V_π 可以满足式 (6.4)。我们是这样训练的，如图 6.3 所示，把 s_t 输入网络，因为把 s_t 输入网络会得到 $V_\pi(s_t)$，把 s_{t+1} 输入网络会得到 $V_\pi(s_{t+1})$，$V_\pi(s_t)$ 减 $V_\pi(s_{t+1})$ 的值应该是 r_t。我们希望它们相减的损失与 r_t 接近，训练下去，更新 V_π 的参数，就可以把 V_π 函数学习出来。

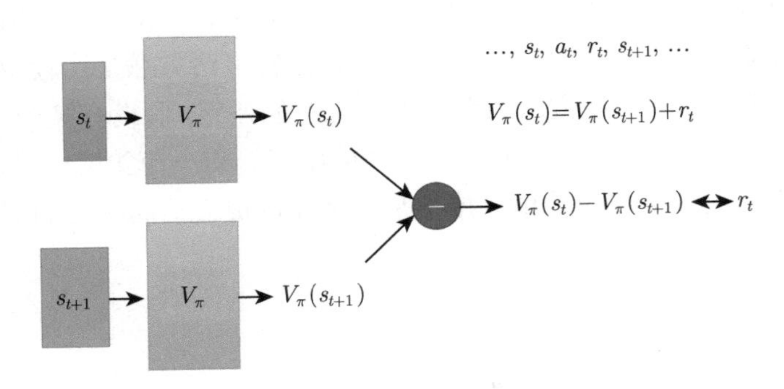

图 6.3　基于时序差分的方法

蒙特卡洛方法与时序差分方法有什么差别呢？如图 6.4 所示，蒙特卡洛方法最大的问题就是方差很大。因为我们在玩游戏的时候，游戏本身是有随机性的，所以 G_a 可被看成一个随机变量。因为我们每次到 s_a 的时候，最后得到的 G_a 其实是不一样的。我们看到同样的状态 s_a，最后到游戏结束的时候，因为游戏本身是有随机性的，玩游戏的模型可能也有随机性，所以我们每次得到的 G_a 是不一样的，每一次得到的 G_a 的差别其实会很大。为什么会很大呢？因为 G_a 是很多个不同的步骤的奖励的和。假设每一个步骤都会得到一个奖励，G_a 是从状态 s_a 开始一直到游戏结束，每一个步骤的奖励的和。

s_a
V_π
$V_\pi(s_a)$
G_a
更大的方差
G_a是多步奖励的加和

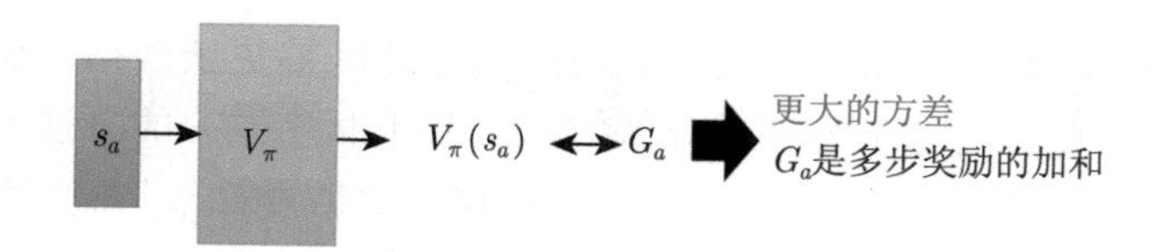

图 6.4 蒙特卡洛方法的问题

由式 (6.5) 可知，G_a 的方差比某一个状态的奖励的方差大。

$$\operatorname{Var}[kX] = k^2 \operatorname{Var}[X] \tag{6.5}$$

其中，Var 是指方差（variance）。

如果用时序差分方法，我们要去最小化

$$V_\pi(s_t) \longleftrightarrow r + V_\pi(s_{t+1}) \tag{6.6}$$

其中，r 具有随机性。因为即使在 s_t 采取同一个动作，得到的奖励也不一定是一样的，所以 r 是一个随机变量。但 r 的方差比 G_a 要小，因为 G_a 是很多 r 的加和，时序差分只是某一个 r 而已。G_a 的方差会比较大，r 的方差会比较小。但是这里会遇到的一个问题是 V_π 的估计不一定准确。假设 V_π 的估计不准确，我们使用式 (6.6) 学习出来的结果也会是不准确的。所以蒙特卡洛方法与时序差分方法各有优劣。其实时序差分方法是比较常用的，蒙特卡洛方法是比较少用的。

图 6.5 所示为时序差分方法与蒙特卡洛方法的差别。假设有某一个评论员，它去观察某一个策略 π 与环境交互 8 个回合的结果。有一个策略 π 与环境交互了 8 次，得到了 8 次玩游戏的结果。接下来这个评论员去估测状态的值。

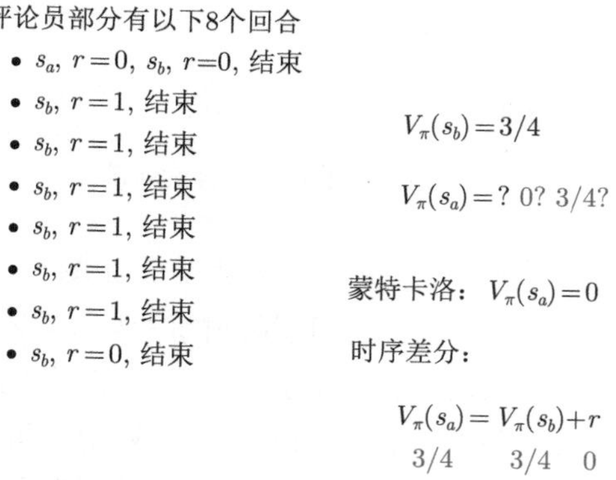

评论员部分有以下8个回合
• s_a, $r=0$, s_b, $r=0$, 结束
• s_b, $r=1$, 结束
• s_b, $r=1$, 结束
• s_b, $r=1$, 结束
• s_b, $r=1$, 结束
• s_b, $r=1$, 结束
• s_b, $r=1$, 结束
• s_b, $r=0$, 结束
$V_\pi(s_b)=3/4$
$V_\pi(s_a)=$? 0? 3/4?
蒙特卡洛：$V_\pi(s_a)=0$
时序差分：
$V_\pi(s_a)=V_\pi(s_b)+r$
3/4 3/4 0

图 6.5 时序差分方法与蒙特卡洛方法的差别 [1]

我们先计算 s_b 的值。状态 s_b 在 8 场游戏里都存在，其中有 6 场得到奖励 1，有 2 场得到奖励 0。所以如果我们要计算期望值，只算智能体看到状态 s_b 以后得

到的奖励。智能体一直玩到游戏结束的时候得到的累积奖励期望值是 3/4，计算过程为

$$\frac{6 \times 1 + 2 \times 0}{8} = \frac{6}{8} = \frac{3}{4} \tag{6.7}$$

但 s_a 期望的奖励到底应该是多少呢？这里其实有两个可能的答案：0 和 3/4。为什么有两个可能的答案呢？这取决于我们用蒙特卡洛方法还是时序差分方法。用蒙特卡洛方法与用时序差分方法算出来的结果是不一样的。

假如我们用蒙特卡洛方法，s_a 就出现一次，看到状态 s_a，接下来累积奖励就是 0，所以 s_a 期望奖励就是 0。但时序差分方法在计算的时候，需要更新

$$V_\pi(s_a) = V_\pi(s_b) + r \tag{6.8}$$

因为我们在状态 s_a 得到奖励 $r = 0$ 以后，进入状态 s_b，所以状态 s_a 的奖励等于状态 s_b 的奖励加上从状态 s_a 进入状态 s_b 的时候可能得到的奖励 r。而得到的奖励 r 的值是 0，s_b 期望奖励是 3/4，那么 s_a 的奖励应该是 3/4。

用蒙特卡洛方法与时序差分方法估出来的结果很有可能是不一样的。即使评论员观察到一样的训练数据，它最后估出来的结果也不一定是一样的。为什么会这样呢？哪一个结果比较对呢？其实都对。因为在第一条轨迹中，s_a 得到奖励 0 以后，再进入 s_b 也得到奖励 0。这里有两个可能。

（1）s_a 是一个标志性的状态，只要看到 s_a 以后，s_b 就不会获得奖励，s_a 可能影响了 s_b。如果是使用蒙特卡洛方法，它会把 s_a 影响 s_b 这件事考虑进去。所以看到 s_a 以后，接下来 s_b 就得不到奖励，s_b 期望的奖励是 0。

（2）看到 s_a 以后，s_b 的奖励是 0 这件事只是巧合，并不是 s_a 造成的，而是因为 s_b 有时候就是会得到奖励 0，这只是单纯"运气"的问题。其实平常 s_b 会得到的奖励期望值是 3/4，与 s_a 是完全没有关系的。所以假设 s_a 之后会进入 s_b，得到的奖励按照时序差分方法来算应该是 3/4。

不同的方法考虑了不同的假设，所以运算结果不同。

6.2 动作价值函数

还有另外一种评论员称为 **Q 函数**，它又被称为动作价值函数。状态价值函数的输入是一个状态，它根据状态计算出这个状态以后的期望的累积奖励（expected accumulated reward）。动作价值函数的输入是一个状态-动作对，即在某

一个状态采取某一个动作，假设我们都使用策略 π，得到的累积奖励的期望值有多大。

Q 函数有一个需要注意的问题是，策略 π 在看到状态 s 的时候，它采取的动作不一定是 a。Q 函数假设在状态 s 强制采取动作 a，而不管我们现在考虑的策略 π 会不会采取动作 a，这并不重要。在状态 s 强制采取动作 a。接下来都用策略 π 继续玩下去，就只有在状态 s，才强制一定要采取动作 a，接下来就进入自动模式，让策略 π 继续玩下去，得到的期望奖励才是 $Q_\pi(s,a)$。

Q 函数有两种写法。

（1）如图 6.6（a）所示，输入是状态与动作，输出就是一个标量。这种 Q 函数既适用于连续动作（动作是无法穷举的），又适用于离散动作。

（2）如图 6.6（b）所示，输入是一个状态，输出就是多个值。这种 Q 函数只适用于离散动作。假设动作是离散的，比如动作就只有 3 个可能：往左、往右或是开火。Q 函数输出的 3 个值就分别代表 a 是往左的时候的 Q 值，a 是往右的时候的 Q 值，还有 a 是开火的时候的 Q 值。

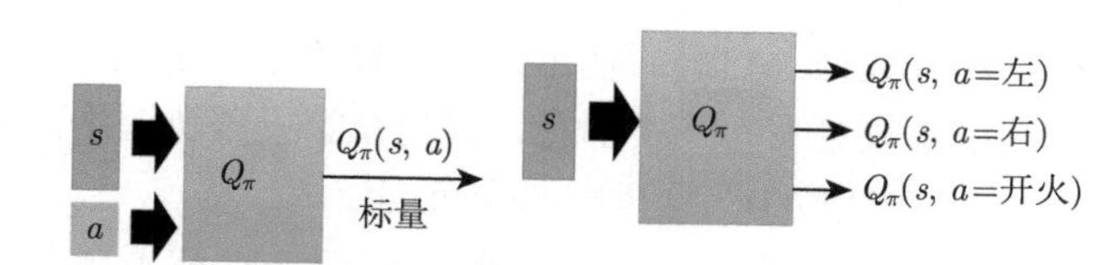

（a）适用于连续动作和离散动作的Q函数　（b）只适用于离散动作的Q函数

图 6.6　Q 函数

如果我们去估计 Q 函数，看到的结果可能如图 6.7 所示。假设有 3 个动作：原地不动、向上、向下。假设在第一个状态，不管采取哪个动作，最后到游戏结束的时候，得到的期望奖励都差不多。因为乒乓球在这个地方时，就算我们向下，接下来我们应该还可以接到乒乓球，所以不管采取哪个动作，都相差不了太多。假设在第二个状态，乒乓球已经反弹到很接近边缘的地方，这个时候我们采取向上的动作，才能接到乒乓球，才能得到正的奖励。如果我们站在原地不动或向下，接下来都会错过这个乒乓球，得到的奖励就会是负的。假设在第三个状态，乒乓球离我们的球拍很近了，所以就要采取向上的动作。假设在第四个状态，乒乓球被反弹回去，这时候采取哪个动作都差不多。这是动作价值函数的例子。

虽然我们学习的 Q 函数只能用来评估某一个策略 π 的好坏，但只要有了 Q

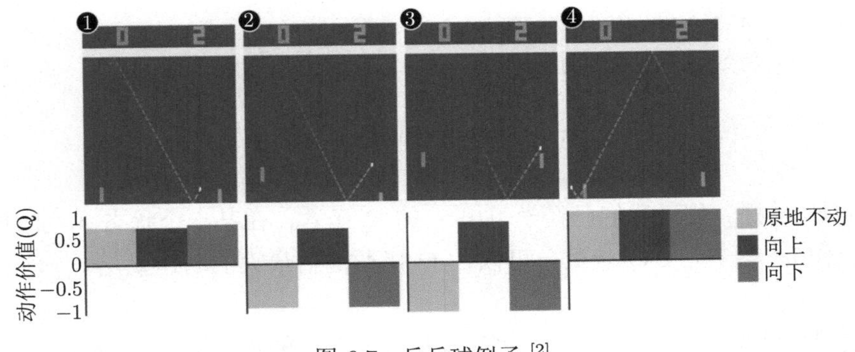

图 6.7　乒乓球例子 [2]

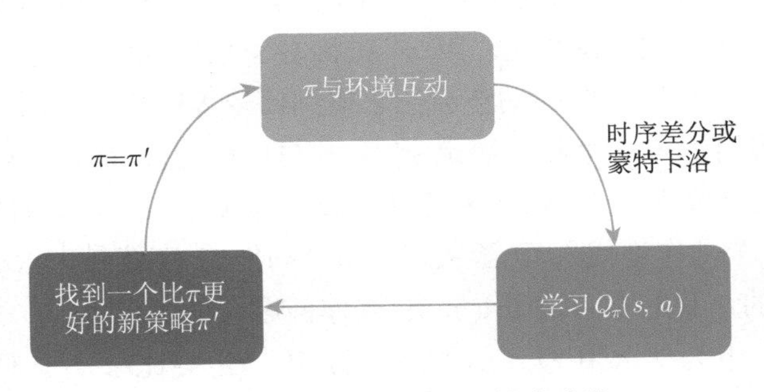

图 6.8　使用 Q 函数进行策略改进

函数，我们就可以进行强化学习，就可以决定要采取哪一个动作，就可以进行策略改进。如图 6.8 所示，假设我们有一个初始的演员，其策略为 π，π 与环境交互来收集数据。接下来我们学习策略 π 的 Q 值，去衡量一下 π 在某一个状态强制采取某一个动作，接下来会得到的期望奖励，用时序差分方法或蒙特卡洛方法都是可以的。我们学习出一个 Q 函数以后，就可以找到一个新的策略 π'，策略 π' 会比原来的策略 π 要好（稍后会定义什么是好）。所以假设我们有一个 Q 函数和某一个策略 π，根据策略 π 学习出策略 π 的 Q 函数，接下来可以找到一个新的策略 π'，它会比 π 要好。我们用 π' 取代 π，再去学习它的 Q 函数，得到新的 Q 函数以后，再去寻找一个更好的策略。这样一直循环下去，策略就会越来越好。

首先要定义的是什么是好。π' 一定会比 π 要好，什么是好呢？这里的好是指，对所有可能的状态 s 而言，$V_{\pi'}(s) \geqslant V_\pi(s)$。也就是我们到同一个状态 s 的时候，如果用 π 继续与环境交互，得到的奖励一定会小于等于用 π' 与环境交互得到的奖励。所以不管在哪一个状态，用 π' 与环境交互，得到的期望奖励一定会比较大。

所以 π' 是比 π 要好的策略。

有了 Q 函数以后，我们把根据式 (6.9) 决定动作的策略称为 π'，

$$\pi'(s) = \arg\max_{a} Q_{\pi}(s, a) \tag{6.9}$$

π' 一定比 π 好。假设我们已经学习出 π 的 Q 函数，在某一个状态 s，把所有可能的动作 a 一一代入 Q 函数，可以让 Q 函数的值最大的动作就是 π' 会采取的动作。

这里要注意，给定状态 s 和策略 π 并不一定会采取动作 a。给定某一个状态 s 强制采取动作 a，用 π 继续交互得到的期望奖励，这才是 Q 函数的定义。所以在状态 s 下不一定会采取动作 a。用 π' 在状态 s 采取动作 a 与用 π 采取的动作不一定是一样的，π' 所采取的动作会让它得到比较大的奖励。所以 π' 是用 Q 函数推出来的，没有另外一个网络决定 π' 怎么与环境交互，有 Q 函数就可以找出 π'。但是在这里要解决一个 arg max 操作的问题，如果 a 是离散的，比如 a 只有 3 个选项，将每个动作都代入 Q 函数，看哪个动作的 Q 值最大，这没有问题。但如果 a 是连续的，我们要解决 arg max 操作问题，就不可行。

接下来讲一下为什么用 $Q_{\pi}(s,a)$ 决定的 π' 一定会比 π 好。假设有一个策略 π' 是由 Q_{π} 决定的，我们要证明对所有的状态 s，有 $V_{\pi'}(s) \geqslant V_{\pi}(s)$。

怎么证明呢？$V_{\pi}(s)$ 可写为

$$V_{\pi}(s) = Q_{\pi}(s, \pi(s)) \tag{6.10}$$

假设在状态 s 下按照策略 π，会采取的动作就是 $\pi(s)$，我们算出来的 $Q_{\pi}(s,\pi(s))$ 会等于 $V_{\pi}(s)$。一般而言，$Q_{\pi}(s,\pi(s))$ 不一定等于 $V_{\pi}(s)$，因为动作不一定是 $\pi(s)$。但如果这个动作是 $\pi(s)$，$Q_{\pi}(s,\pi(s))$ 是等于 $V_{\pi}(s)$ 的。

$Q_{\pi}(s,\pi(s))$ 还满足如下的关系：

$$Q_{\pi}(s, \pi(s)) \leqslant \max_{a} Q_{\pi}(s, a) \tag{6.11}$$

因为 a 是所有动作中可以让 Q 函数取最大值的那个动作，所以 $Q_{\pi}(s,a)$ 一定大于等于 $Q_{\pi}(s,\pi(s))$。$Q_{\pi}(s,a)$ 中的 a 就是 $\pi'(s)$，因为 $\pi'(s)$ 输出的 a 可以让 $Q_{\pi}(s,a)$ 最大，所以我们可得

$$\max_{a} Q_{\pi}(s, a) = Q_{\pi}\left(s, \pi'(s)\right) \tag{6.12}$$

于是

$$V_{\pi}(s) \leqslant Q_{\pi}\left(s, \pi'(s)\right)$$

也就是在某一个状态，如果按照策略 π 一直执行下去，得到的奖励一定会小于等于在状态 s 故意不按照 π 所指示的方向，而是按照 π' 的方向走一步得到的奖励。但只有第一步是按照 π' 的方向走，只有在状态 s，才按照 π' 的指示走，接下来我们就按照 π 的指示走。虽然只有一步之差，但得到的奖励一定会比完全按照 π 得到的奖励要大。

接下来要证

$$Q_{\pi}\left(s, \pi'(s)\right) \leqslant V_{\pi'}(s) \tag{6.13}$$

也就是，只有一步之差，我们会得到比较大的奖励。但假设每步都是不一样的，每步都按照 π' 而不是 π，得到的奖励一定会更大，即 $Q_{\pi}\left(s, \pi'(s)\right)$ 是指我们在状态 s_t 采取动作 a_t，得到奖励 r_t，进入状态 s_{t+1}，即

$$Q_{\pi}\left(s, \pi'(s)\right)=\mathbb{E}\left[r_t+V_{\pi}\left(s_{t+1}\right) \mid s_t=s, a_t=\pi'\left(s_t\right)\right] \tag{6.14}$$

有的文献上也会说：在状态 s_t 采取动作 a_t，得到奖励 r_{t+1}。但意思其实都是一样的。在状态 s 按照 π' 采取某一个动作 a_t，得到奖励 r_t，进入状态 s_{t+1}，$V_{\pi}\left(s_{t+1}\right)$ 是状态 s_{t+1} 根据策略 π 所估出来的值。因为在同样的状态采取同样的动作，我们得到的奖励和会进入的状态不一定一样，所以需要取期望值。

因为 $V_{\pi}(s) \leqslant Q_{\pi}\left(s, \pi'(s)\right)$，也就是 $V_{\pi}(s_{t+1}) \leqslant Q_{\pi}\left(s_{t+1}, \pi'(s_{t+1})\right)$，所以我们可得

$$\begin{aligned}
&\mathbb{E}\left[r_t+V_{\pi}\left(s_{t+1}\right) \mid s_t=s, a_t=\pi'\left(s_t\right)\right] \\
\leqslant &\mathbb{E}\left[r_t+Q_{\pi}\left(s_{t+1}, \pi'\left(s_{t+1}\right)\right) \mid s_t=s, a_t=\pi'\left(s_t\right)\right]
\end{aligned} \tag{6.15}$$

因为 $Q_{\pi}\left(s_{t+1}, \pi'\left(s_{t+1}\right)\right)=r_{t+1}+V_{\pi}\left(s_{t+2}\right)$，所以我们可得

$$\begin{aligned}
&\mathbb{E}\left[r_t+Q_{\pi}\left(s_{t+1}, \pi'\left(s_{t+1}\right)\right) \mid s_t=s, a_t=\pi'\left(s_t\right)\right] \\
=&\mathbb{E}\left[r_t+r_{t+1}+V_{\pi}\left(s_{t+2}\right) \mid s_t=s, a_t=\pi'\left(s_t\right)\right]
\end{aligned} \tag{6.16}$$

我们再把式 (6.16) 代入 $V_{\pi}(s) \leqslant Q_{\pi}\left(s, \pi'(s)\right)$，一直算到回合结束，即

$$
\begin{aligned}
V^{\pi}(s) &\leqslant Q^{\pi}(s,\pi'(s)) \\
&= E\left[r_t + V^{\pi}\left(s_{t+1}\right)\middle|s_t = s, a_t = \pi'\left(s_t\right)\right] \\
&\leqslant E\left[r_t + Q^{\pi}\left(s_{t+1},\pi'\left(s_{t+1}\right)\right)\middle|s_t = s, a_t = \pi'\left(s_t\right)\right] \\
&= E\left[r_t + r_{t+1} + V^{\pi}\left(s_{t+2}\right)\middle|s_t = s, a_t = \pi'\left(s_t\right)\right] \\
&\leqslant E\left[r_t + r_{t+1} + Q^{\pi}\left(s_{t+2},\pi'(s_{t+2}\right)\middle|s_t = s, a_t = \pi'\left(s_t\right)\right] \\
&= E\left[r_t + r_{t+1} + r_{t+2} + V^{\pi}\left(s_{t+3}\right)\middle|s_t = s, a_t = \pi'\left(s_t\right)\right] \\
&\leqslant \cdots \\
&\leqslant E\left[r_t + r_{t+1} + r_{t+2} + \cdots\middle|s_t = s, a_t = \pi'\left(s_t\right)\right] \\
&= V^{\pi'}(s)
\end{aligned}
\tag{6.17}
$$

因此

$$
V_{\pi}(s) \leqslant V_{\pi'}(s) \tag{6.18}
$$

我们可以估计某一个策略的 Q 函数，接下来就可以找到另外一个策略 π' 比原来的策略 π 还要更好。

6.3 目标网络

接下来讲一些在深度 Q 网络里一定会用到的技巧。第一个技巧是**目标网络（target network）**。在学习 Q 函数的时候，也会用到时序差分方法的概念。我们现在收集到一个数据，比如在状态 s_t 采取动作 a_t 以后，得到奖励 r_t，进入状态 s_{t+1}。根据 Q 函数，我们可知

$$
Q_{\pi}\left(s_t, a_t\right) = r_t + Q_{\pi}\left(s_{t+1}, \pi\left(s_{t+1}\right)\right) \tag{6.19}
$$

所以在学习的时候，Q 函数输入 s_t、a_t 得到的值，与输入 s_{t+1}、$\pi(s_{t+1})$ 得到的值之间，我们希望它们相差 r_t，这与时序差分方法的概念是一样的。但是实际上这样的输入并不好学习，假设这是一个回归问题，如图 6.9 所示，$Q_{\pi}\left(s_t, a_t\right)$ 是网络的输出，$r_t + Q_{\pi}\left(s_{t+1}, \pi\left(s_{t+1}\right)\right)$ 是目标，目标是会变动的。当然如果我们要实现这样的训练，其实也没有问题，就是在做反向传播的时候，Q_{π} 的参数会被更新，我们会把两个更新的结果加在一起（因为它们是同一个模型 Q_{π}，所以两个更新的

结果会加在一起）。但这样会导致训练变得不太稳定，因为假设我们把 $Q_\pi(s_t,a_t)$ 当作模型的输出，把 $r_t+Q_\pi(s_{t+1},\pi(s_{t+1}))$ 当作目标，我们要去拟合的目标是一直在变动的，这是不太好训练的。

所以我们会把其中一个 Q 网络，比如把图 6.9 右边的 Q 网络固定住。在训练的时候，只更新左边的 Q 网络的参数，而右边的 Q 网络的参数会被固定。因为右边的 Q 网络负责产生目标，所以被称为目标网络。因为目标网络是固定的，所以现在得到的目标 $r_t+Q_\pi(s_{t+1},\pi(s_{t+1}))$ 的值也是固定的。我们只调整左边 Q 网络的参数，它就变成一个回归问题。我们希望模型输出的值与目标越接近越好，这样会最小化它的均方误差（mean square error，MSE）。

在实现的时候，我们会把左边的 Q 网络更新多次，再用更新过的 Q 网络替换目标网络。但这两个网络不要一起更新，一起更新，结果会很容易不好。一开始这两个网络是一样的，在训练的时候，把右边的 Q 网络固定住，在做梯度下降的时候，只调整左边 Q 网络的参数。我们可能更新 100 次以后才把参数复制到右边的网络中，把右边网络的参数覆盖，目标值就变了。就好像我们本来在做一个回归问题，训练后把这个回归问题的损失降下去以后，接下来我们把左边网络的参数复制到右边网络，目标值就变了，接下来就要重新训练。

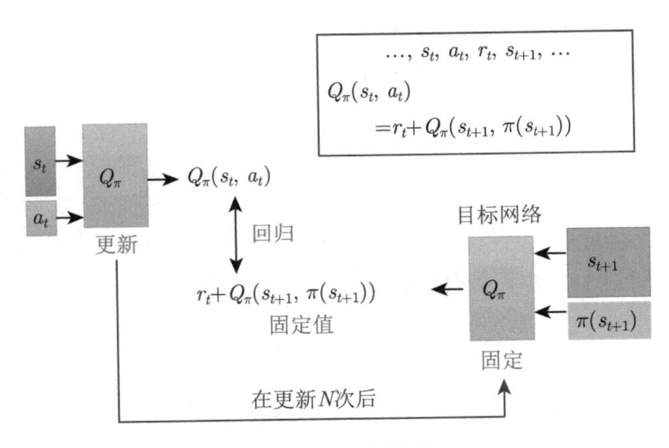

图 6.9 目标网络

如图 6.10（a）所示，我们可以通过猫追老鼠的例子来直观地理解固定目标网络的目的。猫是 Q 估计，老鼠是 Q 目标。一开始，猫离老鼠很远，所以我们想让猫追上老鼠。如图 6.10（b）所示，因为 Q 目标也是与模型参数相关的，所以每次优化后，Q 目标也会动。这就导致一个问题，猫和老鼠都在动。如图 6.10（c）

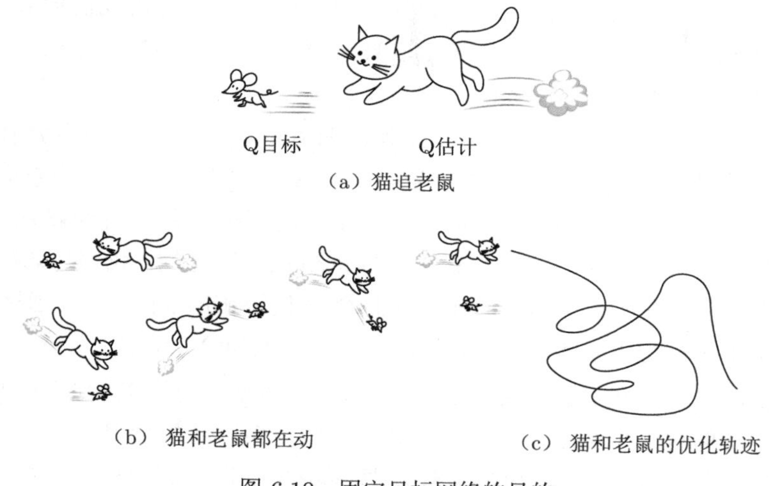

（a）猫追老鼠

（b）猫和老鼠都在动

（c）猫和老鼠的优化轨迹

图 6.10 固定目标网络的目的

所示，猫和老鼠会在优化空间中到处乱动，这会产生非常奇怪的优化轨迹，使得训练过程十分不稳定。所以我们可以固定 Q 网络，让老鼠动得不那么频繁，可能让它每 5 步动一次，猫则是每一步都在动。如果老鼠每 5 次动一步，猫就有足够的时间来接近老鼠，它们之间的距离会随着优化过程越来越小，最后它们就可以拟合，拟合后就可以得到一个最好的 Q 网络。

6.4 探索

第二个技巧是**探索**。当我们使用 Q 函数的时候，策略完全取决于 Q 函数。给定某一个状态，我们就穷举所有的动作，采取让 Q 值最大的动作，即

$$a = \arg\max_{a} Q(s, a) \tag{6.20}$$

使用 Q 函数来决定动作与使用策略梯度不一样，策略梯度的输出是随机的，它会输出一个动作的分布，根据这个动作的分布去采样，所以在策略梯度中，我们每次采取的动作是不一样的，是有随机性的。像 Q 函数中，如果采取的动作总是固定的，会遇到的问题就是这不是一个好的收集数据的方式。假设我们要估测某一个状态，可以采取动作 a_1、a_2、a_3。我们要估测在某一个状态采取某一个动作会得到的 Q 值，一定要在那一个状态采取过那一个动作，才能估测出它的值。如果没有在那个状态采取过那个动作，其实是估测不出它的值的。如果 Q 函数是一个

网络，这个问题可能没有那么严重。但是一般而言，假设 Q 函数是一个表格，对于没有见过的状态-动作对，它是估不出值的。如果 Q 函数是网络，也会有类似的问题，只是没有那么严重。所以假设我们在某一个状态，动作 a_1、a_2、a_3 都没有采取过，估出来的 $Q(s,a_1)$、$Q(s,a_2)$、$Q(s,a_3)$ 的值可能都是一样的，都是一个初始值，比如 0，即

$$\begin{aligned}Q(s,a_1)&=0\\Q(s,a_2)&=0\\Q(s,a_3)&=0\end{aligned} \tag{6.21}$$

但如图 6.11 所示，假设我们在状态 s 采取动作 a_2，它得到的值是正的奖励，$Q(s,a_2)$ 就会比其他动作的 Q 值要大。我们会采取 Q 值最大的动作，所以之后永远都只会采取 a_2，其他的动作就再也不会被采取了，这就会有问题。比如我们去一个餐厅吃饭，点了某一样菜，比如椒麻鸡，我们觉得还可以。接下来我们每次去就都会点椒麻鸡，再也不点别的菜了，那我们就不知道别的菜是不是会比椒麻鸡好吃，这是一样的问题。

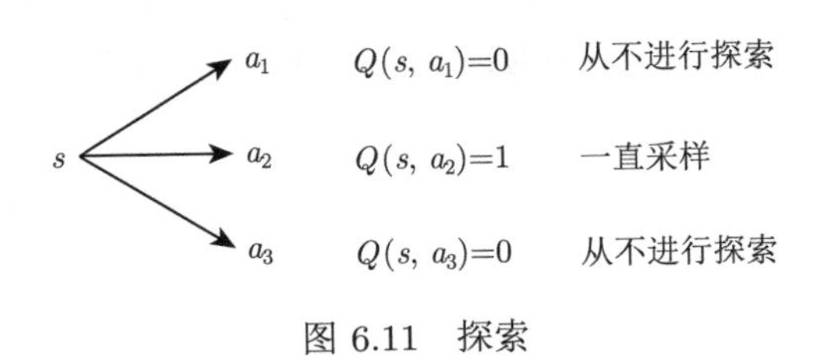

图 6.11 探索

如果没有好的探索，在训练的时候就会遇到这种问题。例如，假设我们用深度 Q 网络来玩 slither.io 网页游戏。我们有一条蛇，它在环境中走来走去，吃到星星，就加分。假设游戏一开始，蛇往上走，然后吃到星星，就可以得到分数，它就知道往上走可以得到奖励。接下来它就再也不会采取往上走以外的动作了，以后就会变成每次游戏一开始，它就往上走，然后游戏结束。所以需要有探索的机制，让智能体知道，虽然根据之前采样的结果，a_2 好像是不错的，但我们至少偶尔也试一下 a_1 与 a_3，说不定它们更好。

这个问题就是**探索-利用窘境（exploration-exploitation dilemma）**问题，有两个方法可以解决这个问题：**ε-贪心**和**玻尔兹曼探索（Boltzmann exploration）**。

ε-贪心是指我们有 $1-\varepsilon$ 的概率会按照 Q 函数来决定动作，可写为

$$a=\begin{cases}\arg\max\limits_{a} Q(s,a) & \text{，有}1-\varepsilon\text{ 的概率}\\ \text{随机} & \text{，否则}\end{cases} \tag{6.22}$$

通常将 ε 设为一个很小的值，$1-\varepsilon$ 可能是 0.9，也就是 0.9 的概率会按照 Q 函数来决定动作，但是我们有 0.1 的概率是随机的。通常在实现上 ε 会随着时间递减。在最开始的时候，因为不知道哪个动作是比较好的，所以我们会花比较多的时间探索。接下来，随着训练的次数越来越多，我们已经比较确定哪个动作是比较好的。我们就会减少探索，会把 ε 的值变小，主要根据 Q 函数来决定动作，比较少随机决定动作，这就是 ε-贪心。

还有一个方法称为玻尔兹曼探索。在玻尔兹曼探索中，我们假设对于任意的 s、a，$Q(s,a)\geqslant 0$，因此 a 被选中的概率与 $\mathrm{e}^{Q(s,a)/T}$ 成正比，即

$$\pi(a \mid s)=\frac{\mathrm{e}^{Q(s,a)/T}}{\sum_{a'\in A}\mathrm{e}^{Q(s,a')/T}} \tag{6.23}$$

其中，$T>0$ 称为温度系数。如果 T 很大，所有动作几乎以等概率选择（探索）；如果 T 很小，Q 值大的动作更容易被选中（利用）；如果 T 趋于 0，我们就只选择最优动作。

6.5 经验回放

第三个技巧是**经验回放（experience replay）**。如图 6.12 所示，经验回放会构建一个**回放缓冲区（replay buffer）**，回放缓冲区又被称为**回放内存（replay memory）**。回放缓冲区是指现在有某一个策略 π 与环境交互，它会去收集数据，我们把所有的数据放到一个数据缓冲区（buffer）中，数据缓冲区中存储了很多数据。比如数据缓冲区可以存储 5 万笔数据，每一笔数据是一个四元组（状态、动作、奖励、下一状态），即我们之前在某一个状态 s_t，采取某一个动作 a_t，得到了奖励 r_t，进入状态 s_{t+1}。我们用 π 去与环境交互多次，把收集到的数据放到回放缓冲区中。回放缓冲区中的经验可能来自不同的策略，我们每次用 π 与环境交互的时候，可能只交互 10000 次，接下来我们就更新 π 了。但是回放缓冲区中可以放 5 万笔数据，所以 5 万笔数据可能来自不同的策略。回放缓冲区只有在它装满的时候，才会把旧的数据丢掉。所以回放缓冲区中其实装了很多不同的策略的经验。

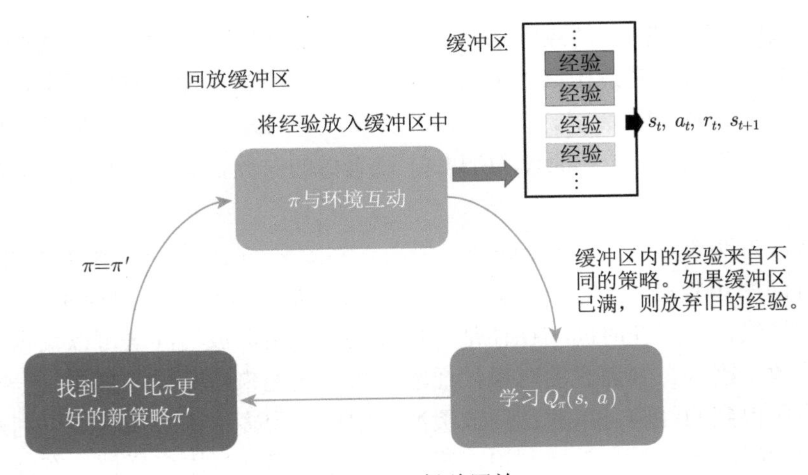

图 6.12　经验回放

有了回放缓冲区以后，我们怎么训练 Q 模型、怎么估 Q 函数呢？如图 6.13 所示，我们会迭代地训练 Q 函数，在每次迭代中，从回放缓冲区中随机挑一个批量（batch）出来，即与一般的网络训练一样，从训练集中挑一个批量出来。我们采样该批量出来，里面有一些经验，我们根据这些经验去更新 Q 函数。这与时序差分学习要有一个目标网络是一样的。我们采样一个批量的数据，得到一些经验，再去更新 Q 函数。

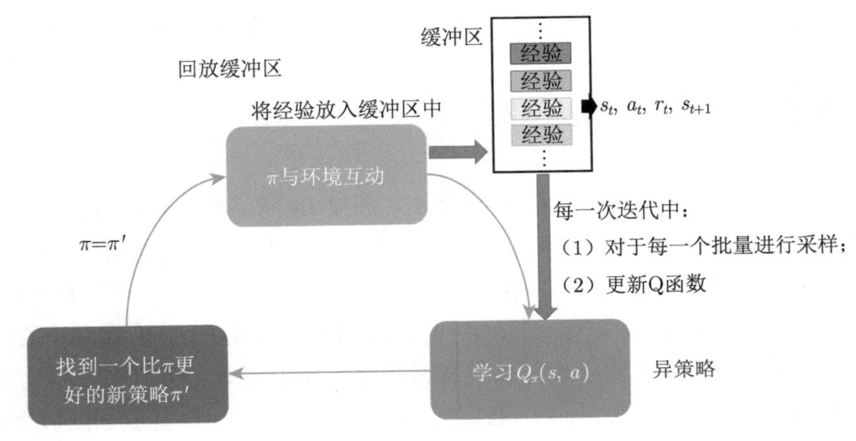

图 6.13　使用回放缓冲区训练 Q 函数

如果某个算法使用了经验回放这个技巧，该算法就变成了一个异策略的算法。

因为本来 Q 是要观察 π 的经验的，但实际上存储在回放缓冲区中的这些经验不是通通来自 π，有些是过去其他的策略所留下来的经验。因为我们不会用某一个 π 就把整个回放缓冲区装满，拿去测 Q 函数，π 只是采样一些数据放到回放缓冲区中，接下来就让 Q 去训练。所以 Q 在采样的时候，它会采样到过去的一些数据。

这么做有两个好处。第一个好处是提高采样效率。在进行强化学习的时候，往往最花时间的步骤是与环境交互，训练网络反而是比较快的。因为我们用 GPU 训练其实很快，真正花时间的往往是与环境交互。用回放缓冲区可以减少与环境交互的次数，因为在做训练的时候，经验不需要通通来自某一个策略。一些由过去的策略所得到的经验可以放在回放缓冲区中被使用多次，被反复地再利用，这样采样到的经验才能被高效地利用。第二个好处是增加样本多样性。在训练网络的时候，一个批量中数据越多样（diverse）越好。如果批量中的数据都是同样性质的，我们训练下去，训练结果是容易不好的。如果批量中都是一样的数据，训练的时候，性能会比较差。我们希望批量里的数据越多样越好。如果回放缓冲区中的经验通通来自不同的策略，我们采样到的一个批量中的数据会是比较多样的。

Q：我们观察 π 的值，发现其中混杂了一些不是 π 的经验，这有没有关系？

A：没关系。这并不是因为过去的策略与现在的策略很像，就算过去的策略与现在的策略不是很像，也是没有关系的。主要的原因是我们并不是去采样一条轨迹，我们只能采样一个经验，所以与是不是异策略是没有关系的。就算是异策略，就算这些经验不是来自 π，我们还是可以用这些经验来估测 $Q_\pi(s,a)$。

6.6 深度 Q 网络算法总结

图 6.14 所示为一般的深度 Q 网络算法。深度 Q 网络算法是这样的，我们初始化两个网络——Q 和 $\hat{Q}$，$\hat{Q}$ 就等于 Q。一开始目标网络 $\hat{Q}$ 与原来的 Q 网络是一样的。在每一个回合中，我们用演员与环境交互，在每一次交互的过程中，都会得到一个状态 s_t，会采取某一个动作 a_t。我们根据现在的 Q 函数来采取动作，但是要有探索的机制，比如用玻尔兹曼探索或是 ε-贪心探索，接下来得到奖励 r_t，进入状态 s_{t+1}。所以现在收集到一笔数据 (s_t, a_t, r_t, s_{t+1})，将其放到回放缓冲区中。如果回放缓冲区满了，就把一些旧的数据丢掉。接下来我们就从回放缓冲区中去采样数据，采样到的是 (s_i, a_i, r_i, s_{i+1})。这笔数据与刚放进去的不一定是同一笔，我们可能抽到旧的数据。要注意的是，我们采样出来不是一笔数据，采样出

来的是一个批量的数据，采样一些经验出来。接下来就是计算目标。假设我们采样出一笔数据，根据这笔数据去计算目标。目标要用目标网络 $\hat{Q}$ 来计算。目标是：

$$y = r_i + \max_a \hat{Q}\left(s_{i+1}, a\right) \tag{6.24}$$

其中，a 是让 $\hat{Q}$ 值最大的动作。我们在状态 s_{i+1} 会采取的动作 a 就是可以让 $\hat{Q}$ 值最大的那个动作。接下来我们要更新 Q 值，就把它当作一个回归问题。我们希望 $Q(s_i, a_i)$ 与目标越接近越好。假设已经更新了一定的次数，比如 C 次，设 $C = 100$，那我们就把 $\hat{Q}$ 设成 Q，这就是深度 Q 网络算法。

Q：深度 Q 网络和 Q 学习有什么不同？

A：整体来说，深度 Q 网络与 Q 学习的目标价值以及价值的更新方式都非常相似。主要的不同点在于：深度 Q 网络将 Q 学习与深度学习结合，用深度网络来近似动作价值函数，而 Q 学习则是采用表格存储；深度 Q 网络采用了经验回放的训练方法，从历史数据中随机采样，而 Q 学习直接采用下一个状态的数据进行学习。

初始化函数Q、目标函数$\hat{Q}$，令$\hat{Q}=Q$。

对于每一个回合。

  对于每一个时间步t。

    对于给定的状态s_t，基于Q(ε-贪心)执行动作a_t。

    获得反馈r_t，并获得新的状态s_{t+1}。

    将(s_t，a_t，r_t，s_{t+1})存储到缓冲区中。

    从缓冲区中采样（通常以批量形式）(s_i，a_i，r_i，s_{i+1})。

    目标值是$y=r_i+\max_a \hat{Q}(r_{i+1}, a)$。

    更新Q的参数使得$Q(s_i, a_i)$尽可能接近于y（回归）。

    每C次更新重置$\hat{Q}=Q$。

图 6.14 深度 Q 网络算法

6.7 关键词

深度 Q 网络（deep Q-network，DQN）：基于深度学习的 Q 学习算法，其结合了价值函数近似（value function approximation）与神经网络技术，并采用目标网络和经验回放等方法进行网络的训练。

状态-价值函数（state-value function）：其输入为演员某一时刻的状态，输出为一个标量，即当演员在对应的状态时，预期的到过程结束时间段内所能获得的价值。

状态-价值函数贝尔曼方程（state-value function Bellman equation）：基于状态-价值函数的贝尔曼方程，它表示在状态 s_t 下对累积奖励 G_t 的期望。

Q 函数（Q-function）：其也被称为动作价值函数（action-value function）。其输入是一个状态-动作对，即在某一状态采取某一动作，假设我们都使用策略 π，得到的累积奖励的期望值有多大。

目标网络（target network）：其可解决在基于时序差分的方法的网络中，优化目标 $Q_\pi\left(s_t, a_t\right)=r_t+Q_\pi\left(s_{t+1}, \pi\left(s_{t+1}\right)\right)$ 左右两侧会同时变化使得训练过程不稳定，从而增大回归的难度的问题。目标网络选择将右边部分，即 $r_t+Q_\pi(s_{t+1}, \pi(s_{t+1}))$ 固定，通过改变左边部分，即 $Q_\pi\left(s_t, a_t\right)$ 中的参数进行回归，这也是深度 Q 网络应用中比较重要的技巧。

探索（exploration）：我们在使用 Q 函数的时候，我们的策略完全取决于 Q 函数，这有可能导致出现对应的动作是固定的某几个数值的情况，而不像策略梯度中的输出是随机的，我们再从随机分布中采样选择动作。这会导致我们继续训练的输入值一样，从而“加重”输出的固定性，导致整个模型的表达能力急剧下降，这就是探索-利用窘境（exploration-exploitation dilemma）问题。我们可以使用 ε-贪心和玻尔兹曼探索（Boltzmann exploration）等探索方法进行优化。

经验回放（experience replay）：其会构建一个回放缓冲区（replay buffer）来保存许多经验，每一个经验的形式如下：在某一个状态 s_t，采取某一个动作 a_t，得到奖励 r_t，然后进入状态 s_{t+1}。我们使用 π 与环境交互多次，把收集到的经验都存储在回放缓冲区中。当我们的缓冲区“装满”后，就会自动删去最早进入缓冲区的经验。在训练时，对于每一轮迭代都有相对应的批量（batch）（与我们训练普通的网络一样，通过采样得到），然后用这个批量中的经验去更新我们的 Q 函数。综上，Q 函数在采样和训练的时候，会用到过去的经验，所以这里称这个方法为经验回放，其也是深度 Q 网络应用中比较重要的技巧。

6.8 习题

6-1 为什么在深度 Q 网络中采用价值函数近似的表示方法？

6-2 评论员的输出通常与哪几个值直接相关？

6-3 我们通常怎么衡量状态价值函数 $V_\pi(s)$ ？其优势和劣势分别有哪些？

6-4 基于本章正文介绍的基于蒙特卡洛的方法，我们怎么训练模型呢？或者我们应该将其看作机器学习中什么类型的问题呢？

6-5 基于本章正文中介绍的基于时序差分的方法，具体地，我们应该怎么训练模型呢？

6-6 动作价值函数和状态价值函数的有什么区别和联系？

6-7 请介绍 Q 函数的两种表示方法。

6-8 当得到了 Q 函数后，我们应当如何找到更好的策略 π' 呢？或者说 π' 的本质是什么？

6-9 解决探索-利用窘境问题的探索的方法有哪些？

6-10 我们使用经验回放有什么好处？

6-11 在经验回放中我们观察 π 的价值，发现其中混杂了一些不是 π 的经验，这会有影响吗？

6.9 面试题

6-1 友善的面试官：请问深度 Q 网络是什么？其两个关键的技巧分别是什么？

6-2 友善的面试官：那我们继续分析！你刚才提到的深度 Q 网络中的两个技巧——目标网络和经验回放，其具体作用是什么呢？

6-3 友善的面试官：深度 Q 网络和 Q 学习有什么异同点？

6-4 友善的面试官：请问，随机性策略和确定性策略有什么区别吗？

6-5 友善的面试官：请问不打破数据相关性，神经网络的训练效果为什么就不好？

参考文献

[1] SUTTON R S, BARTO A G. Reinforcement learning: An introduction(second edition)[M]. London:The MIT Press, 2018.

[2] MNIH V, KAVUKCUOGLU K, SILVER D, et al. Human-level control through deep reinforcement learning[J]. Nature, 2015, 518(7540): 529-533.

第7章 深度Q网络进阶技巧

7.1 双深度 Q 网络

本章我们介绍训练深度 Q 网络的一些技巧。第一个技巧是**双深度 Q 网络（double DQN，DDQN）**。为什么要有双深度 Q 网络呢？因为在实现上，Q 值往往是被高估的。如图 7.1 所示，这里有 4 个不同的小游戏，横轴代表迭代轮次，红色锯齿状的一直在变的线表示 Q 函数对不同的状态估计的平均 Q 值，有很多不同的状态，每个状态我们都进行采样，算出它们的 Q 值，然后进行平均。红色锯齿状的线在训练的过程中会改变，但它是不断上升的。因为 Q 函数是取决于策略的，在学习的过程中策略越来越强，Q 值会越来越大。在同一个状态，我们得到奖励的期望会越来越大，所以一般而言，Q 值都是上升的，但这是深度 Q 网络预估出来的值。接下来我们就用策略去玩游戏，玩很多次，比如 100 万次，然后计算在某一个状态下的 Q 值。我们会得到在某一个状态采取某一个动作的累积奖励。预估出来的值比真实值大很多，在每一个游戏中都是这样。所以双深度 Q 网络的方法可以让预估值与真实值比较接近。

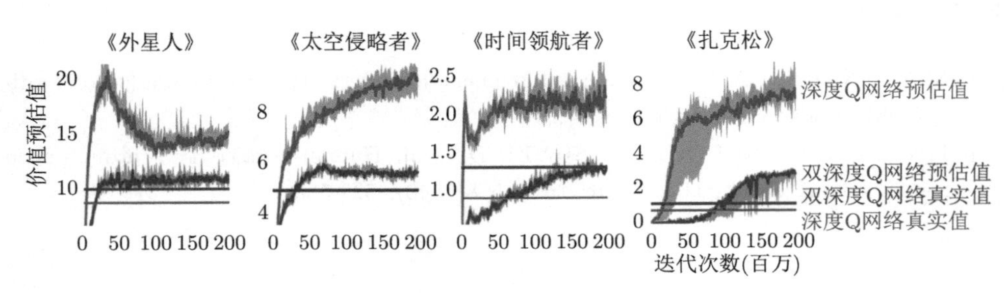

图 7.1 被高估的 Q 值 [1]

图 7.1 中蓝色的锯齿状的线是双深度 Q 网络所估测出来的 Q 值，蓝色的无锯齿状的线是真正的 Q 值，它们是比较接近的。我们不用管用网络估测的值，它比较缺乏参考价值。用双深度 Q 网络得出的真正的 Q 值在图 7.1 的 3 种情况下都是比原来的深度 Q 网络高的，代表双深度 Q 网络学习出来的策略比较强，所以实际上得到的奖励是比较大的。虽然一般的深度 Q 网络高估了自己会得到的奖励，但实际上它得到的奖励是比较低的。

Q：为什么 Q 值总是被高估？

A：因为实际在训练的时候，如式 (7.1) 所示，要让左式与右式（目标）越接近越好。但目标值很容易被设得太高，因为在计算目标的时候，我们实际上在做的，是看哪一个 a 可以得到最大的 Q 值，就把它加上去变成目标。

$$Q\left(s_t, a_t\right) \longleftrightarrow r_t+\max_a Q\left(s_{t+1}, a\right) \tag{7.1}$$

例如，假设现在有 4 个动作，本来它们得到的 Q 值都是差不多的，它们得到的奖励也是差不多的。但是在估算的时候，网络是有误差的。如图 7.2（a）所示，假设是第 1 个动作被高估了，绿色代表是被高估的量，智能体就会选这个动作，就会选这个高估的 Q 值来加上 r_t 来当作目标。如图 7.2（b）所示，如果第 4 个动作被高估了，智能体就会选第 4 个动作来加上 r_t 当作目标。所以智能体总是会选那个 Q 值被高估的动作，总是会选奖励被高估的动作的 Q 值当作最大的结果去加上 r_t 当作目标值，所以目标值总是太大。

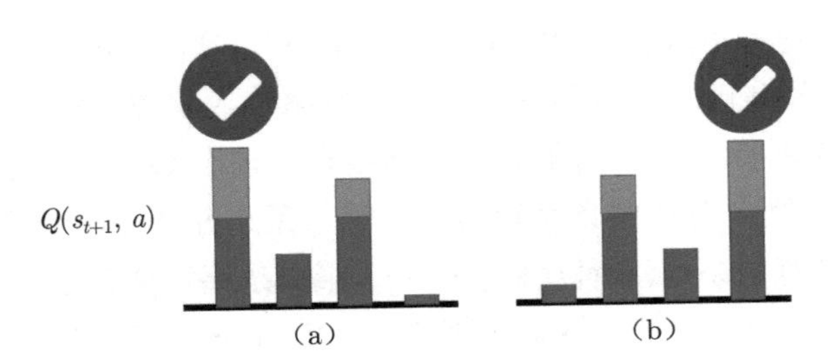

图 7.2　Q 值被高估的问题

Q：怎么解决目标值总是太大的问题呢？

A：在双深度 Q 网络中，选动作的 Q 函数与计算值的 Q 函数不是同一个。在深度 Q 网络中，需要穷举所有的 a，把每一个 a 都代入 Q 函数，看哪一个 a 可以得到的 Q 值最高，就把那个 Q 值加上 r_t。但是在双深度 Q 网络中有两个 Q

网络，第一个 Q 网络决定哪一个动作的 Q 值最大（把所有的 a 代入 Q 函数中，看看哪一个 a 的 Q 值最大）。决定动作以后，Q 值是用 Q' 算出来的。

如式 (7.2) 所示，假设有两个 Q 函数——Q 和 Q'，如果 Q 高估了它选出来的动作 a，只要 Q' 没有高估动作 a 的值，算出来的就还是正常的值。假设 Q' 高估了某一个动作的值，也是没问题的，因为只要 Q 不选这个动作就可以，这就是双深度 Q 网络神奇的地方。

$$Q\left(s_t, a_t\right) \longleftrightarrow r_t + Q'\left(s_{t+1}, \underset{a}{\arg\max} Q\left(s_{t+1}, a\right)\right) \tag{7.2}$$

在实现的时候，有两个 Q 网络：会更新的 Q 网络和目标 Q 网络。所以在双深度 Q 网络中，我们会用会更新参数的 Q 网络去选动作，用目标 Q 网络（固定的网络）计算值。

双深度 Q 网络相较于原来的深度 Q 网络的更改是最少的，它几乎没有增加任何的运算量，也不需要新的网络，因为原来就有两个网络。我们只需要做一件事：本来是用目标网络 Q' 来找使 Q 值最大的 a，现在改成用另外一个会更新的 Q 网络来找使 Q 值最大的 a。如果只选一个技巧，我们一般都会选双深度 Q 网络，因为其很容易实现。

7.2 竞争深度 Q 网络

第二个技巧是**竞争深度 Q 网络（dueling DQN）**，相较于原来的深度 Q 网络，它唯一的差别是改变了网络的架构。Q 网络输入状态，输出的是每一个动作的 Q 值。如图 7.3 所示，原来的深度 Q 网络直接输出 Q 值，竞争深度 Q 网络不直接输出 Q 值，而是分成两条路径运算。第一条路径会输出一个标量 $V(\boldsymbol{s})$，因为它与输入 $\boldsymbol{s}$ 是有关系的，所以称为 $V(\boldsymbol{s})$。第二条路径会输出一个向量 $\boldsymbol{A}(\boldsymbol{s}, \boldsymbol{a})$，它的每一个动作都有一个值。我们再把 $V(\boldsymbol{s})$ 和 $\boldsymbol{A}(\boldsymbol{s}, \boldsymbol{a})$ 加起来就可以得到 Q 值 $\boldsymbol{Q}(\boldsymbol{s}, \boldsymbol{a})$。

假设状态是离散的（实际上状态不是离散的），为了说明方便，假设就只有 4 个不同的状态，只有 3 个不同的动作，所以 $\boldsymbol{Q}(\boldsymbol{s}, \boldsymbol{a})$ 可以看成一个表格，如图 7.4 所示。

我们知道

$$\boldsymbol{Q}(\boldsymbol{s}, \boldsymbol{a}) = V(\boldsymbol{s}) + \boldsymbol{A}(\boldsymbol{s}, \boldsymbol{a}) \tag{7.3}$$

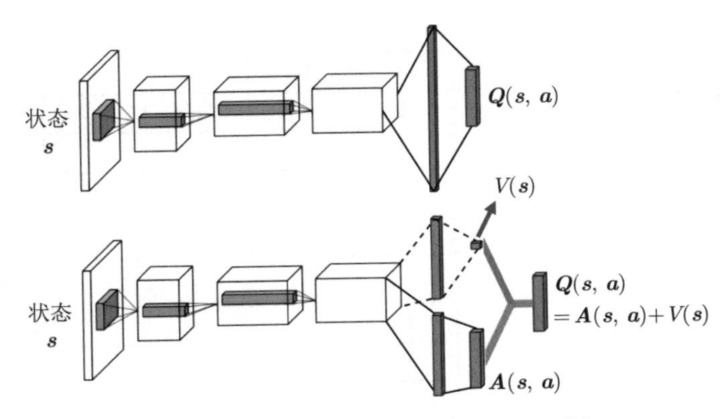

图 7.3 竞争深度 Q 网络的网络结构 [2]

其中，$V(\boldsymbol{s})$ 对不同的状态，都有一个值。$\boldsymbol{A}(\boldsymbol{s},\boldsymbol{a})$ 对不同的状态、不同的动作都有一个值。我们把 $V(\boldsymbol{s})$ 的每一列的值加到 $\boldsymbol{A}(\boldsymbol{s},\boldsymbol{a})$ 的每一列就可以得到 Q 值，以第一列为例，有 2+1、2+(−1)、2+0，可以得到 3、1、2，以此类推。

如图 7.4 所示，假设在训练网络的时候，目标是希望 Q 表格中第一行第二列的值变成 4，第二行第二列的值变成 0。但是实际上能修改的并不是 Q 值，能修改的是 $V(\boldsymbol{s})$ 与 $\boldsymbol{A}(\boldsymbol{s},\boldsymbol{a})$ 的值。根据网络的参数，$V(\boldsymbol{s})$ 与 $\boldsymbol{A}(\boldsymbol{s},\boldsymbol{a})$ 的值输出以后，就直接把它们加起来，所以其实不是修改 Q 值。在学习网络的时候，假设我们希望 Q 表格中的 3 增加 1 变成 4、−1 增加 1 变成 0。最后我们在训练网络的时候，可能就不用修改 $\boldsymbol{A}(\boldsymbol{s},\boldsymbol{a})$ 的值，就修改 $V(\boldsymbol{s})$ 的值，把 $V(\boldsymbol{s})$ 的值从 0 变成 1。从 0 变成 1 有什么好处呢？本来只想修改两个值，但 Q 表格中的第三个值也被修改了：−2 变成了 −1。所以有可能我们在某一个状态下，只采样到这两个动作，没采样到第三个动作，但也可以更改第三个动作的 Q 值。这样的好处就是不需要把所有的状态-动作对都采样，可以用比较高效的方式去估计 Q 值。因为有时候我们更新的时候，不一定是更新 Q 表格，而是只更新了 $V(\boldsymbol{s})$，但更新 $V(\boldsymbol{s})$ 的时候，只要修改 $V(\boldsymbol{s})$ 的值，Q 表格的值也会被修改。竞争深度 Q 网络是一个使用数据比较有效率的方法。

可能会有人认为使用竞争深度 Q 网络会有一个问题，竞争深度 Q 网络最后学习的结果可能是这样的：智能体就学到 $V(\boldsymbol{s})$ 等于 0，$\boldsymbol{A}(\boldsymbol{s},\boldsymbol{a})$ 等于 Q，使用任何竞争深度 Q 网络就没有任何好处，就和原来的深度 Q 网络一样。为了避免这个问题出现，实际上我们要给 $\boldsymbol{A}(\boldsymbol{s},\boldsymbol{a})$ 一些约束，让 $\boldsymbol{A}(\boldsymbol{s},\boldsymbol{a})$ 的更新比较麻烦，让网络倾向于使用 $V(\boldsymbol{s})$ 来解决问题。

状态

$\boldsymbol{Q}(\boldsymbol{s}, \boldsymbol{a})$ 动作

3	~~3~~ 4	3	1
1	~~−1~~ 0	6	1
2	~~−2~~ −1	3	1

=

$V(\boldsymbol{s})$ 列均值

2	~~0~~ 1	4	1

+

$\boldsymbol{A}(\boldsymbol{s}, \boldsymbol{a})$ 列的和等于0

1	3	−1	0
−1	−1	2	0
0	−2	−1	0

图 7.4 竞争深度 Q 网络训练

例如，我们有不同的约束，一个最直觉的约束是必须要让 $\boldsymbol{A}(\boldsymbol{s},\boldsymbol{a})$ 的每一列的和都是 0。如果 $\boldsymbol{A}(\boldsymbol{s},\boldsymbol{a})$ 的列的和都是 0，我们就可以把 $V(\boldsymbol{s})$ 的值想成是上面 Q 的每一列的平均值。这个平均值加上 $\boldsymbol{A}(\boldsymbol{s},\boldsymbol{a})$ 的值才会变成是 Q 的值。所以假设在更新参数的时候，要让整个列一起被更新，更新 $\boldsymbol{A}(\boldsymbol{s},\boldsymbol{a})$ 的某一列比较麻烦，所以我们就不会想要更新 $\boldsymbol{A}(\boldsymbol{s},\boldsymbol{a})$ 的某一列。因为 $\boldsymbol{A}(\boldsymbol{s},\boldsymbol{a})$ 的每一列的和都要是 0，所以我们无法让 $\boldsymbol{A}(\boldsymbol{s},\boldsymbol{a})$ 的某列的值都加 1，这是做不到的，因为它的约束就是和永远都是 0，所以不可以都加 1，这时候就会强迫网络去更新 $V(\boldsymbol{s})$ 的值，让我们可以用比较有效率的方法去使用数据。

实现时，我们要给这个 $\boldsymbol{A}(\boldsymbol{s},\boldsymbol{a})$ 一个约束。例如，如图 7.5 所示，假设有 3

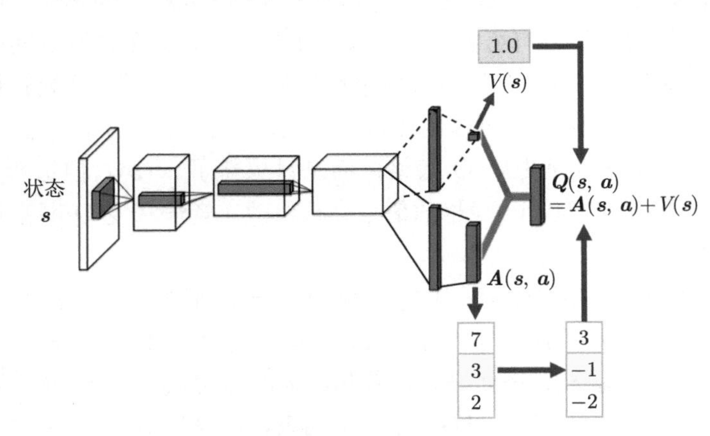

图 7.5 竞争深度 Q 网络约束 [2]

个动作，输出的向量是 $[7,3,2]^{\mathrm{T}}$，我们在把 $\boldsymbol{A}(\boldsymbol{s},\boldsymbol{a})$ 与 $V(\boldsymbol{s})$ 加起来之前，先进行零均值化。零均值化的过程如下：

（1）计算均值 $(7+3+2)/3=4$；

（2）向量 $[7,3,2]^{\mathrm{T}}$ 的每个元素的值都减去均值 4，于是零均值化的向量为 $[3,-1,-2]^{\mathrm{T}}$。

接着将向量 $[3,-1,-2]^{\mathrm{T}}$ 中的每个元素的值加上 1，就可以得到最后的 Q 值。这个零均值化的步骤就是网络的其中一部分，在训练的时候，我们也使用反向传播，只是零均值化是没有参数的，它只是一个操作，可以把它放到网络中，与网络的其他部分共同训练，这样 $\boldsymbol{A}(\boldsymbol{s},\boldsymbol{a})$ 就会有比较大的约束，网络就会给它一些好处，让它倾向于去更新 $V(\boldsymbol{s})$ 的值，这就是竞争深度 Q 网络。

7.3 优先级经验回放

第三个技巧称为**优先级经验回放（prioritized experience replay，PER）**。如图 7.6 所示，我们原来在采样数据训练 Q 网络的时候，会均匀地从回放缓冲区中采样数据。这样不一定是最好的，因为也许有一些数据比较重要。假设有一些数据，我们之前采样过，发现这些数据的时序差分误差特别大（时序差分误差就是网络的输出与目标之间的差距），这代表在训练网络的时候，这些数据是比较不好训练的。既然比较不好训练，就应该给它们比较大的概率被采样到，即给它**优先权（priority）**。这样在训练的时候才会多考虑那些不好训练的数据。实际上在做 PER 的时候，不仅会更改采样的过程，还会因为更改了采样的过程，而更改更新参数的方法。所以 PER 不仅改变了采样数据的分布，还改变了训练过程。

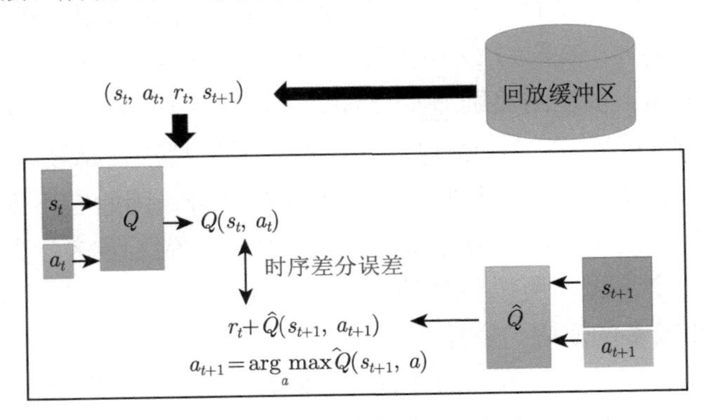

图 7.6 优先级经验回放

7.4 在蒙特卡洛方法和时序差分方法中取得平衡

蒙特卡洛方法与时序差分方法各有优劣，因此我们可以在蒙特卡洛方法和时序差分方法中取得平衡，即使用多步（multi-step）方法。我们的做法如图 7.7 所示，在时序差分方法中，在某一个状态 s_t 采取某一个动作 a_t 得到奖励 r_t，接下来进入状态 s_{t+1}。但是我们可以不只保存一个步骤的数据，可保存 N 个步骤的数据。

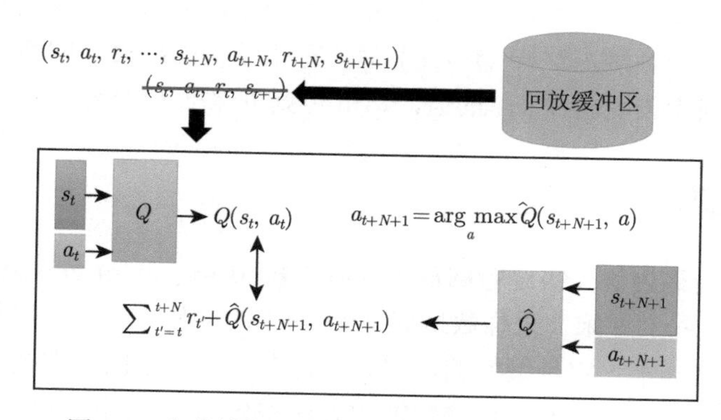

图 7.7　在蒙特卡洛方法和时序差分方法中取得平衡

我们记录在 s_t 采取 a_t，得到 r_t 时，会进入的 s_{t+1}。一直记录到第 N 个步骤以后，在 s_{t+N} 采取 a_{t+N}，得到 r_{t+N}，进入 s_{t+N+1} 的这些经验，把它们保存下来。实际上在做更新的时候，在做 Q 网络学习的时候，我们要让 $Q(s_t, a_t)$ 与目标值越接近越好。$\hat{Q}$ 所计算的不是 s_{t+1} 的，而是 s_{t+N+1} 的奖励。我们会把 N 个步骤以后的状态 s_{t+N+1} 输入到 $\hat{Q}$ 中去计算 N 个步骤以后会得到的奖励。如果要算目标值，要再加上多步的奖励 $\sum_{t'=t}^{t+N} r_{t'}$，多步的奖励是从时间 t 一直到 $t+N$ 的 $N+1$ 个奖励的和。我们希望 $Q(s_t, a_t)$ 和目标值越接近越好。

多步方法是蒙特卡洛方法与时序差分方法的结合，因此它不仅有蒙特卡洛方法的好处与坏处，还有时序差分方法的好处与坏处。先看看多步方法的好处。之前只采样了某一个步骤，所以得到的数据是真实的，接下来都是 Q 值估测出来的。现在采样比较多的步骤，采样 N 个步骤才估测值，所以估测的部分所造成的影响就会比较小。当然多步方法的坏处就与蒙特卡洛方法的坏处一样，因为 r 有比较多项，所以我们把 N 项的 r 加起来，方差就会比较大。但是我们可以调整 N 的值，在方差与不精确的 Q 值之间取得一个平衡。N 就是一个超参数，我们可以对其进行调整。

7.5 噪声网络

我们还可以改进探索。ε-贪心这样的探索就是在动作的空间上加噪声，但是有一个更好的方法称为**噪声网络（noisy net）**，它是在参数的空间上加噪声。噪声网络是指，每一次在一个回合开始的时候，在智能体要与环境交互的时候，智能体使用 Q 函数来采取动作，Q 函数里就是一个网络，我们在网络的每一个参数上加上一个高斯噪声（Gaussian noise），就把原来的 Q 函数变成 $\tilde{Q}$。因为已经用 $\hat{Q}$ 来表示目标网络，所以我们用 $\tilde{Q}$ 来表示**噪声 Q 函数（noisy Q-function）**。我们把每一个参数都加上一个高斯噪声，就得到一个新的网络 $\tilde{Q}$。使用噪声网络执行的动作为

$$a = \arg\max_{a} \tilde{Q}(s,a) \tag{7.4}$$

这里要注意，在每个回合开始的时候，与环境交互之前，我们就采样噪声。接下来我们用固定的噪声网络玩游戏，直到游戏结束，才重新采样新的噪声，噪声在一个回合中是不能被改变的。OpenAI 与 DeepMind 在同一时间提出了几乎一模一样的噪声网络方法，并且对应的两篇论文都发表在 ICLR 2018 会议中，但他们用不同的方法加噪声。OpenAI 的方法比较简单，直接加一个高斯噪声，即把每一个参数、每一个权重（weight）都加一个高斯噪声。DeepMind 的方法比较复杂，该方法中的噪声是由一组参数控制的，网络可以自己决定噪声要加多大。但是两种方法的概念都是一样的，总之，我们就是对 Q 函数中的网络加上一些噪声，把它变得有点儿不一样，即与原来的 Q 函数不一样，然后与环境交互。两篇论文中都强调，参数虽然会被加上噪声，但在同一个回合中参数是固定的。我们在换回合、玩另一场新的游戏的时候，才会重新采样噪声。在同一场游戏中就是同一个噪声 Q 网络在玩该场游戏，这非常重要。因为这导致了噪声网络与原来的 ε-贪心或其他在动作上做采样的方法的本质上的差异。

有什么本质上的差异呢？在原来采样的方法中，比如 ε-贪心中，就算给定同样的状态，智能体采取的动作也不一定是一样的。因为智能体通过采样来决定动作，给定同一个状态，智能体根据 Q 函数的网络来输出一个动作，或者采样到随机来输出一个动作。所以给定相同的状态，如果是用 ε-贪心的方法，智能体可能会执行不同的动作。但实际上策略并不是这样的，一个真实世界的策略，给定同样的状态，它应该有同样的回应。而不是给定同样的状态，它有时候执行 Q 函数，

有时候又是随机的，这是一个不正常的动作，是在真实的情况下不会出现的动作。但是如果我们是在 Q 函数的网络的参数上加噪声，就不会出现这种情况。因为如果在 Q 函数的网络的参数上加噪声，在整个交互的过程中，在同一个回合中，它的网络的参数总是固定的，所以看到相同或类似的状态，就会采取相同的动作，这是比较正常的。这被称为**依赖状态的探索（state-dependent exploration）**，我们虽然会做探索这件事，但是探索是与状态有关系的，看到同样的状态，就会采取同样的探索的方式，而噪声（noisy）的动作只是随机乱试。但如果我们是在参数下加噪声，在同一个回合中，参数是固定的，我们就是系统地尝试，系统地探索环境。比如，每次在某一个状态，都向左试试看；在下一次在玩同样游戏的时候，看到同样的状态，我们再向右试试看。

7.6 分布式 Q 函数

还有一个技巧称为**分布式 Q 函数（distributional Q-function）**。分布式 Q 函数是比较合理的，但是它难以实现。Q 函数是累积奖励的期望值，所以 Q 值其实是一个期望值。如图 7.8 所示，因为环境是有随机性的，所以在某一个状态采取某一个动作的时候，把所有的奖励在游戏结束的时候进行统计，得到的是一个分布。也许在奖励得到 0 的概率很高，得到 −10 的概率比较低，得到 +10 的概率也比较低，但是它是一个分布。我们计算这个分布的平均值才是 Q 值，算出来是累积奖励的期望。所以累积奖励是一个分布，对它取期望，得到 Q 值。但不同的分布可以有同样的平均值。也许真正的分布是如图 7.8 所示右边的分布，它的平均值与左边的分布的平均值其实是一样的，但它们背后所代表的分布其实是不一样的。假设只用 Q 值的期望来代表整个奖励，可能会丢失一些信息，无法对奖励的分布进行建模。

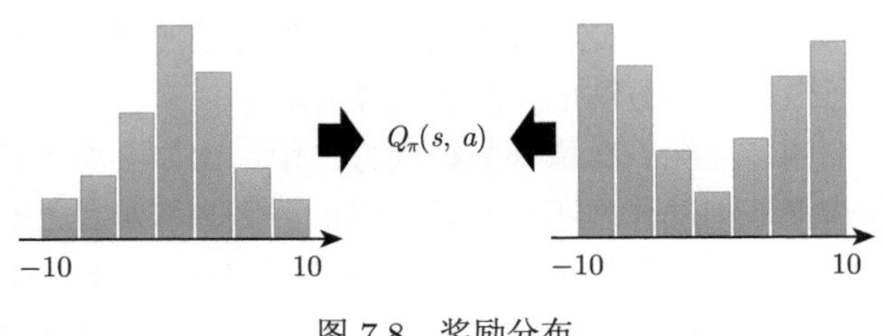

图 7.8　奖励分布

分布式 Q 函数是对分布（distribution）建模，怎么做呢？如图 7.9（a）所示，在原来的 Q 函数中，假设我们只能采取 a_1、a_2、a_3 这 3 个动作，我们输入一个状态，输出 3 个值。这 3 个值分别代表 3 个动作的 Q 值，但是这些 Q 值是一个分布的期望值。所以分布式 Q 函数就是直接输出分布。实际的做法如图 7.9（b）所示，假设分布的值就分布在某一个范围中，比如 $-10 \sim 10$，把 $-10 \sim 10$ 拆成一个一个的长条。假设每个动作的奖励空间可以拆成 5 个长条，Q 函数的输出就是要预测我们在某一个状态采取某一个动作得到的奖励，其落在某一个长条中的概率。所以绿色长条概率的和应该是 1，其高度代表在某一个状态采取某一个动作的时候，它落在某一个长条内的概率。绿色的长条代表动作 a_1，橙色的长条代表动作 a_2，蓝色的长条代表动作 a_3。所以我们就可以用 Q 函数去估计 a_1 的分布、a_2 的分布、a_3 的分布。实际上在做测试的时候，我们选平均值最大的动作执行。

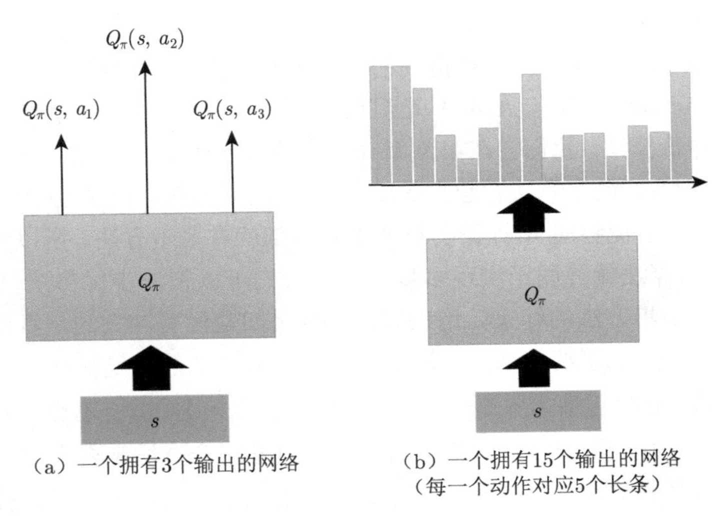

（a）一个拥有3个输出的网络

（b）一个拥有15个输出的网络（每一个动作对应5个长条）

图 7.9　分布式 Q 函数

除了选平均值最大的动作以外，还可以对分布建模。例如，我们可以考虑动作的分布，如果分布方差很大，这代表采取这个动作虽然平均而言很不错，但也许风险很高，我们可以训练一个网络来规避风险。在两个动作平均值都差不多的情况下，也许可以选一个风险比较小的动作来执行，这就是分布式 Q 函数的好处。

7.7 彩虹

最后一个技巧称为**彩虹（rainbow）**，如图 7.10 所示，假设每个方法有一种自己的颜色（如果每一个单一颜色的线代表只用某一个方法），把所有的颜色组合起来，就变成“彩虹”，我们把原来的深度 Q 网络也算作一种方法，故有 7 种颜色。横轴代表训练过程的帧数，纵轴代表玩十几个雅达利小游戏的平均分数的和，但它取的是分数的中位数。为什么是取中位数而不是直接取平均呢？因为不同小游戏的分数差距很大，如果取平均，某几个游戏可能会控制结果，因此我们取中位数。如果我们使用的是一般的深度 Q 网络（灰色的线），深度 Q 网络的性能不是很好。噪声深度 Q 网络（noisy DQN）比深度 Q 网络的性能好很多。紫色的线代表双深度 Q 网络，双深度 Q 网络还挺有效的。优先级经验回放的双深度 Q 网络（prioritized DDQN）、竞争双深度 Q 网络（dueling DDQN）和分布式深度 Q 网络（distributional DQN）性能也挺高的。**异步优势演员-评论员（asynchronous advantage actor-critic，A3C）**是演员-评论员的方法，A3C 算法又被译作异步优势动作评价算法，我们会在第 9 章详细介绍异步优势演员-评论员算法。单纯的异步优势演员-评论员算法看起来是比深度 Q 网络强的。图 7.10 中没有多步方法，这是因为异步优势演员-评论员算法本身内部就有多步方法，所以实现异步优势演员-评论员算法就等同于实现多步方法，我们可以把异步优势演员-评论员算法的结果看成多步方法的结果。这些方法本身之间是没有冲突的，我们把全部方法都用上就变成了七彩的方法，即彩虹方法，彩虹方法的性能很好。

我们把所有的方法加在一起，模型的性能会提高很多，但会不会有些方法其实是没有用的呢？我们可以去掉其中一种方法来判断这个方法是否有用。如图 7.11 所示，虚线就是彩虹方法去掉某一种方法以后的结果，黄色的虚线去掉多步方法后，模型的性能会下降很多。彩虹是彩色的实线，去掉多步方法/优先级经验回放/分布训练，模型的性能会下降。这边有一个有趣的地方，在开始的时候，分布训练的方法与其他方法速度差不多。但是我们去掉分布训练方法的时候，训练不会变慢，但是性能最后会收敛在比较差的地方。我们去掉噪声网络后性能也差一点儿，去掉竞争深度 Q 网络后性能也差一点儿，去掉双深度 Q 网络却没什么差别。所以我们把全部方法组合在一起的时候，去掉双深度 Q 网络是影响比较小的。当我们使用分布式深度 Q 网络的时候，本质上就不会高估奖励。我们是为了避免高估奖励才加了双深度 Q 网络。如果我们使用了分布式深度 Q 网络，可能不会有高估的结果，多数的情况是低估奖励的，所以加双深度 Q 网络没有用。

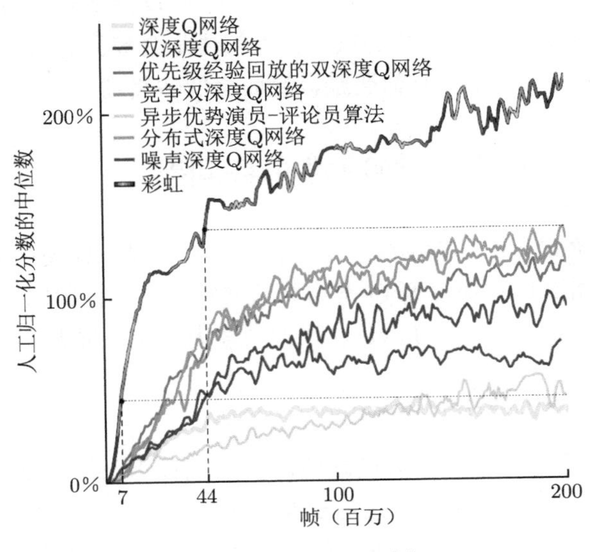

图 7.10　彩虹方法 [3]

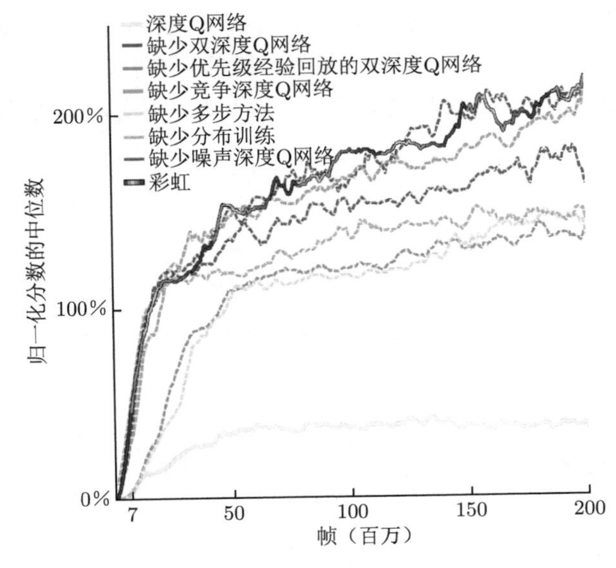

图 7.11　彩虹：去掉其中一种方法 [3]

为什么分布式深度 Q 网络不会高估奖励奖励，反而会低估奖励呢？因为分布式深度 Q 网络输出的是一个分布的范围，输出的范围不可能是无限的，我们一定会设一个限制，比如最大输出范围是 $-10 \sim 10$。假设得到的奖励超过 10，我们就当作没看到这件事，奖励很极端的值、很大的值是会被丢弃的。所以用分布式深度 Q 网络的时候，我们不会高估奖励，反而会低估奖励。

7.8 使用深度 Q 网络解决推车杆问题

在学习本节之前，可以先回顾一下之前的项目实战，即使用 Q 学习解决悬崖寻路问题。本节将具体实现深度 Q 网络算法来解决推车杆问题，对应的模拟环境为 OpenAI Gym 中的 CartPole-v0，我们同样先对该环境做一个简要说明。

7.8.1 CartPole-v0 简介

CartPole-v0 是一个经典的入门环境，如图 7.12 所示，它通过向左（动作 = 0）或向右（动作 = 1）推动推车来实现推车杆的平衡。每次实施一个动作后，如果杆能够继续保持平衡，就会得到一个 +1 的奖励，否则杆将无法保持平衡而导致游戏结束。理论上最优算法情况下，推车杆是能够一直保证平衡的，但是如果每回合无限制地进行下去，会影响到算法的训练，所以环境一般设置每回合的最大步数为 200。另外 Gym 官方也推出了另外一版的推车杆环境，名为 CartPole-v1，相比 v0 版本，v1 每回合最大步数为 500，其他基本不变，可以说是 v0 的难度升级版。

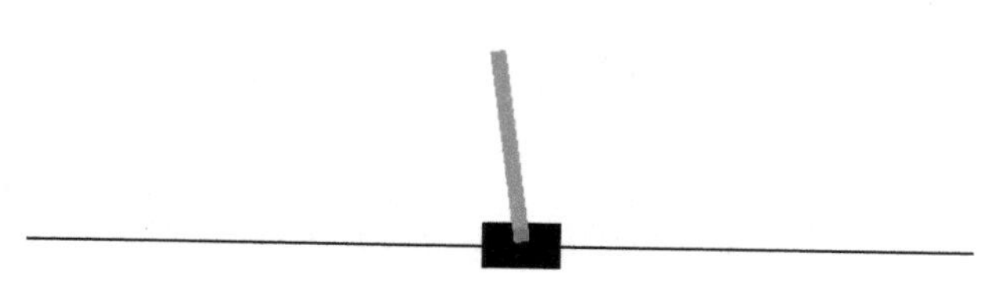

图 7.12 CartPole-v0 环境

我们来看看这个环境的一些参数，执行以下代码。

```
import gym
env = gym.make('CartPole-v0')  # 建立环境
env.seed(1) # 随机种子
n_states = env.observation_space.shape[0] # 状态数
n_actions = env.action_space.n # 动作数
```

```
print(f"状态数：{n_states}，动作数：{n_actions}")
```

可以得到结果：

```
状态数：4，动作数：2
```

该环境的状态数是 4 个，分别为车的位置、车的速度、杆的角度以及杆顶部的速度；动作数为 2 个，并且是离散的向左或者向右。

我们也可以直接重置或者初始化环境看看初始状态，代码如下。

```
state = env.reset() # 初始化环境
print(f"初始状态：{state}")
```

结果为：

```
初始状态：[0.03073904 0.00145001 -0.03088818 -0.03131252]
```

7.8.2 深度 Q 网络基本接口

介绍完环境之后，我们沿用接口的概念，通过分析伪代码来实现深度 Q 网络的基本训练模式。其实所有的强化学习算法都遵循同一个训练思路，执行动作，环境反馈，然后智能体更新，只是不同算法需要的一些要素不同，我们需要分析出这些要素，比如建立什么网络需要什么模块，以进一步完善算法。

我们现在常用的深度 Q 网络伪代码如图 7.13 所示。

用代码实现如下。

```
rewards = [] # 记录奖励
ma_rewards = []  # 记录滑动平均奖励
for i_ep in range(cfg.train_eps):
    state = env.reset() # 初始化环境
    done = False
    ep_reward = 0
    while True:
        action = agent.choose_action(state)
        next_state, reward, done, _ = env.step(action)
        ep_reward += reward
        agent.memory.push(state, action, reward, next_state, done)
        state = next_state
```

```
        agent.update()
        if done:
            break
    if (i_ep+1) % cfg.target_update == 0:
        agent.target_net.load_state_dict(agent.policy_net.state_dict())
    if (i_ep+1)%10 == 0:
        print('回合：{}/{}，奖励：{}'.format(i_ep+1, cfg.train_eps, ep_reward))
    rewards.append(ep_reward)
    if ma_rewards:
        ma_rewards.append(0.9*ma_rewards[-1]+0.1*ep_reward)
    else:
        ma_rewards.append(ep_reward)
```

初始化回放缓冲区D, 容量为N

初始化状态-动作函数, 即带有初始权重θ的Q网络

初始化状态-动作函数, 即带有初始权重$\hat{\theta}$的$\hat{Q}$网络

执行M个回合循环, 对于每个回合

  初始化环境, 得到初始状态s_1

  循环T个时间步, 对于每个时步t

    使用ε-贪心策略选择动作a_t

    环境根据a_t反馈奖励r_t和下一个状态s_{t+1}

    更新状态$s_{t+1}=s_t$

    存储转移即$(s_t,\ a_t,\ r_t,\ s_{t+1})$到经验回放$D$中

    更新策略如下:

      从D中随机采样一个小批量的转移

      计算实际的Q值$y_j=\begin{cases} r_j, & \text{如果回合在时步}j+1\text{终止} \\ r_j+\gamma\max\limits_{a'}\hat{Q}(\phi_{j+1},\ a';\ \hat{\theta}), & \text{否则} \end{cases}$

      对损失函数$(y_j-Q(\phi_j,\ a_j;\ \theta))^2$关于参数$\theta$做随机梯度下降

      每C步重置$\hat{Q}=Q$

图 7.13　深度 Q 网络算法伪代码

可以看到，深度 Q 网络的训练模式其实和大多强化学习算法是一样的思路，但与传统的 Q 学习算法相比，深度 Q 网络使用神经网络来代替之前的 Q 表格从而存储更多的信息，且由于使用了神经网络，因此我们一般需要利用随机梯度下降来优化 Q 值的预测。此外深度 Q 网络多了回放缓冲区，并且使用两个网络，即目标网络和当前网络。

7.8.3 回放缓冲区

从伪代码中可以看出，回放缓冲区的功能有两个：一个是将每一步采集的经验（包括状态、动作、奖励、下一时刻的状态）存储到缓冲区中，并且缓冲区具有一定的容量（capacity）；另一个是在更新策略的时候需要随机采样小批量的经验进行优化。因此我们可以定义一个 ReplayBuffer 类，包括 push() 和 sample() 两个函数，用于存储和采样。

```
import random
class ReplayBuffer:
    def __init__(self, capacity):
        self.capacity = capacity # 回放缓冲区的容量
        self.buffer = [] # 缓冲区
        self.position = 0

    def push(self, state, action, reward, next_state, done):
        ''' 缓冲区是一个队列，容量超出时删除开始存入的经验
        '''
        if len(self.buffer) < self.capacity:
            self.buffer.append(None)
        self.buffer[self.position] = (state, action, reward, next_state, done)
        self.position = (self.position + 1) % self.capacity

    def sample(self, batch_size):
        batch = random.sample(self.buffer, batch_size) # 随机采小批量经验
        state, action, reward, next_state, done = zip(*batch) # 解压成状态、动作
            等
        return state, action, reward, next_state, done
    def __len__(self):
        ''' 返回当前存储的量
        '''
        return len(self.buffer)
```

7.8.4 Q 网络

在深度 Q 网络中我们使用神经网络替代原有的 Q 表格，从而能够存储更多的 Q 值，实现更为高级的策略以便用于复杂的环境。这里我们用的是一个三层的

感知机或者称之为全连接神经网络，如下。

```
class MLP(nn.Module):
    def __init__(self, input_dim,output_dim,hidden_dim=128):
        """ 初始化Q网络为全连接神经网络
            input_dim: 输入的特征数即环境的状态数
            output_dim: 输出的动作维度
        """
        super(MLP, self).__init__()
        self.fc1 = nn.Linear(input_dim, hidden_dim) # 输入层
        self.fc2 = nn.Linear(hidden_dim,hidden_dim) # 隐藏层
        self.fc3 = nn.Linear(hidden_dim, output_dim) # 输出层

    def forward(self, x):
        # 各层对应的激活函数
        x = F.relu(self.fc1(x))
        x = F.relu(self.fc2(x))
        return self.fc3(x)
```

学过深度学习的读者应该对全连接神经网络十分熟悉。在强化学习中，网络的输入一般是状态，输出则是一个动作，假如总共有两个动作，那么这里的动作维度就是 2，可能的输出就是 0 或 1，一般我们用 ReLU 作为激活函数。根据实际需要也可以改变神经网络的模型结构等，比如若我们使用图像作为输入，则可以使用卷积神经网络。

7.8.5 深度 Q 网络算法

与前面的项目实战一样，深度 Q 网络算法一般也包括选择动作和更新策略两个函数，首先我们看选择动作，如下。

```
def choose_action(self, state):
    '''选择动作
    '''
    self.frame_idx += 1
    if random.random() > self.epsilon(self.frame_idx):
        with torch.no_grad():
            state = torch.tensor([state], device=self.device, dtype=torch.
                float32)
```

```
            q_values = self.policy_net(state)
            action = q_values.max(1)[1].item() # 选择Q值最大的动作
    else:
        action = random.randrange(self.action_dim)
```

可以看到跟深度 Q 网络算法与 Q 学习算法其实是一样的，都是用的 ε-贪心策略，只是深度 Q 网络算法我们需要通过 PyTorch 或者 TensorFlow 工具来处理相应的数据。

而深度 Q 网络算法更新策略的步骤稍微复杂一点儿，主要包括 3 个部分：随机采样、计算期望 Q 值和梯度下降，如下。

```
def update(self):
    if len(self.memory) < self.batch_size: # 当memory中不满足一个批量时，不更新
        策略
        return
    # 从回放缓冲区中随机采样一个批量的经验
    state_batch, action_batch, reward_batch, next_state_batch, done_batch = self
        .memory.sample(self.batch_size)
    # 转为张量
    state_batch = torch.tensor(state_batch, device=self.device, dtype=torch.
        float)
    action_batch = torch.tensor(action_batch, device=self.device).unsqueeze(1)
    reward_batch = torch.tensor(reward_batch, device=self.device, dtype=torch.
        float)
    next_state_batch = torch.tensor(next_state_batch, device=self.device, dtype=
        torch.float)
    done_batch = torch.tensor(np.float32(done_batch), device=self.device)

    q_values = self.policy_net(state_batch).gather(dim=1, index=action_batch)
    # 计算当前状态(s_t,a)对应的Q(s_t,a)
    next_q_values = self.target_net(next_state_batch).max(1)[0].detach() # 计算
        下一时刻的状态(s_t_,a)对应的Q值
    # 计算期望的Q值，对于终止状态，此时done_batch[0]=1，对应的expected_q_values
        等于reward
    expected_q_values = reward_batch + self.gamma * next_q_values * (1-done_
        batch)
    loss = nn.MSELoss()(q_values, expected_q_values.unsqueeze(1))  # 计算均方根
```

```
    损失
# 优化更新模型
self.optimizer.zero_grad()
loss.backward()
for param in self.policy_net.parameters():  # clip防止梯度爆炸
    param.grad.data.clamp_(-1, 1)
self.optimizer.step()
```

7.8.6 结果分析

实现代码之后，我们先来看看深度 Q 网络算法的训练效果，如图 7.14 所示。

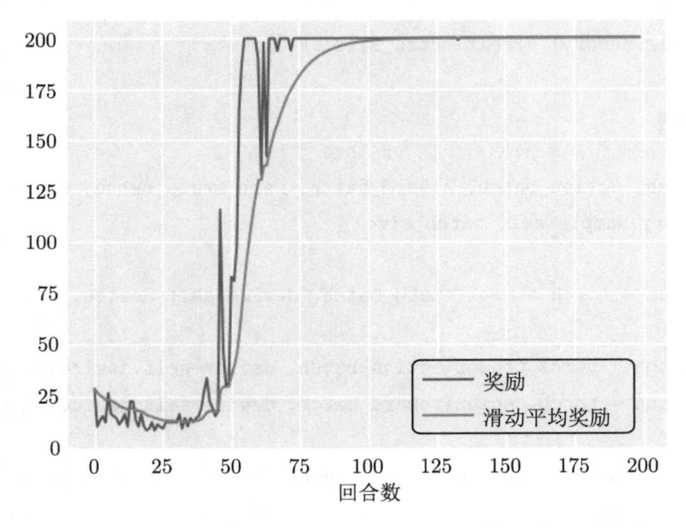

图 7.14 CartPole-v0 环境下深度 Q 网络算法的训练曲线

从图 7.14 中可以看出，算法其实已经在 60 回合左右达到收敛，最后一直维持在最佳奖励 200 左右，可能会有轻微的波动，这是因为我们在收敛的情况下依然保持了一定的探索率，即 epsilon_end=0.01 。现在我们可以载入模型看看测试的效果，如图 7.15 所示。

我们测试了 30 个回合，每个回合奖励都保持在 200 左右，说明我们的模型学习得不错！

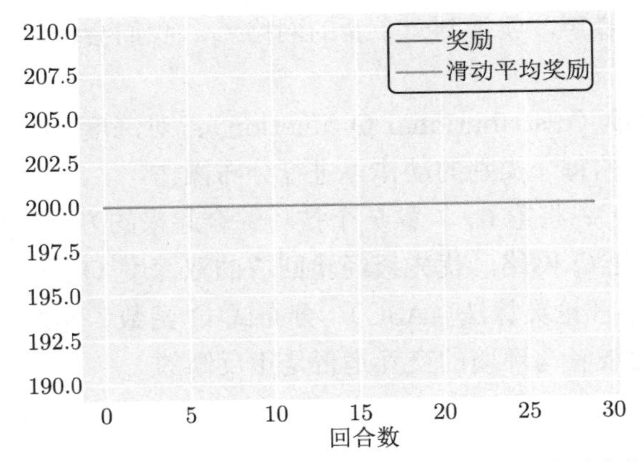

图 7.15　CartPole-v0 环境下深度 Q 网络算法的测试曲线

7.9　关键词

双深度 Q 网络（double DQN）：在双深度 Q 网络中存在两个 Q 网络，第一个 Q 网络决定哪一个动作的 Q 值最大，从而决定对应的动作。另一方面，Q 值是用 Q' 计算得到的，这样就可以避免过度估计的问题。具体地，假设我们有两个 Q 函数并且第一个 Q 函数高估了它现在执行的动作 a 的值，这没关系，只要第二个 Q 函数 Q' 没有高估动作 a 的值，那么计算得到的就还是正常的值。

竞争深度 Q 网络（dueling DQN）：将原来的深度 Q 网络的计算过程分为两步。第一步计算一个与输入有关的标量 $V(s)$；第二步计算一个向量 $\boldsymbol{A}(s,a)$ 对应每一个动作。最后的网络将两步的结果相加，得到我们最终需要的 Q 值。用一个公式表示就是 $Q(s,a)=V(s)+\boldsymbol{A}(s,a)$。另外，竞争深度 Q 网络，使用状态价值函数与动作价值函数来评估 Q 值。

优先级经验回放（prioritized experience replay，PER）：这个方法是为了解决我们在第 6 章中提出的经验回放方法的不足而提出的。我们在使用经验回放时，均匀地取出回放缓冲区（reply buffer）中的采样数据，这里并没有考虑数据间的权重大小。但是我们应该将那些训练效果不好的数据对应的权重加大，即其应该有更大的概率被采样到。综上，优先级经验回放不仅改变了被采样数据的分布，还改变了训练过程。

噪声网络（noisy net）：其在每一个回合开始的时候，即智能体要和环境交互的时候，在原来的 Q 函数的每一个参数上加上一个高斯噪声（Gaussian noise），把原来的 Q 函数变成 $\tilde{Q}$，即噪声 Q 函数。同样，我们把每一个网络的权重等参数都加上一个高斯噪声，就得到一个新的网络 $\tilde{Q}$。我们会使用这个新的网络与环境交互直到结束。

分布式 Q 函数（distributional Q-function）：对深度 Q 网络进行模型分布，将最终网络的输出的每一类别的动作再进行分布操作。

彩虹（rainbow）：将第 6、7 章 7 个技巧综合起来的方法，7 个技巧分别是深度 Q 网络、双深度 Q 网络、优先级经验回放的双深度 Q 网络、竞争深度 Q 网络、异步优势演员-评论员算法（A3C）、分布式 Q 函数、噪声网络，进而考察每一个技巧的贡献度或者与环境的交互是否是正反馈的。

7.10 习题

7-1 为什么传统的深度 Q 网络的效果并不好？可以参考其公式 $Q(s_t, a_t) = r_t + \max_a Q(s_{t+1}, a)$ 来描述。

7-2 在传统的深度 Q 网络中，我们应该怎么解决目标值太大的问题呢？

7-3 请问双深度 Q 网络中所谓的 Q 与 Q' 两个网络的功能是什么？

7-4 如何理解竞争深度 Q 网络的模型变化带来的好处？

7-5 使用蒙特卡洛和时序差分平衡方法的优劣分别有哪些？

7.11 面试题

7-1 友善的面试官：深度 Q 网络都有哪些变种？引入状态奖励的是哪种？

7-2 友善的面试官：请简述双深度 Q 网络原理。

7-3 友善的面试官：请问竞争深度 Q 网络模型有什么优势呢？

参考文献

[1] VAN HASSELT H, GUEZ A, SILVER D. Deep reinforcement learning with double q-learning[C]// Proceedings of the AAAI conference on artificial intelligence: volume 30. 2016: 2094-2100.

[2] WANG Z, SCHAUL T, HESSEL M, et al. Dueling network architectures for deep reinforcement learning[C]//International conference on machine learning.PMLR, 2016: 1995-2003.

[3] HESSEL M, MODAYIL J, VAN HASSELT H, et al. Rainbow: Combining improvements in deep reinforcement learning[C]//Thirty-second AAAI conference on artificial intelligence. 2018: 3215-3222.

第8章 针对连续动作的深度Q网络

与基于策略梯度的方法相比，深度 Q 网络比较稳定，策略梯度比较不稳定，玩大部分游戏不能使用策略梯度。在没有近端策略优化之前，我们很难用策略梯度做什么事情。最早 DeepMind 的论文拿深度强化学习来玩雅达利的游戏，用的就是深度 Q 网络。深度 Q 网络比较容易训练的一个原因是：在深度 Q 网络中，只要能够估计出 Q 函数，就可以找到一个比较好的策略。因为只要能够估计出 Q 函数，就可以改进策略。而估计 Q 函数是比较容易的，因为它就是一个回归问题。在回归问题中，我们可以通过观察回归的损失是否下降来判断模型学习得好不好，所以估计 Q 函数相较于学习一个策略是比较容易的。只要估计 Q 函数，就可以保证现在一定会得到比较好的策略，所以一般而言深度 Q 网络比较容易操作。

但深度 Q 网络其实存在一些问题，最大的问题是它很难处理连续动作。很多时候动作是离散的，比如玩雅达利的游戏时，智能体只需要决定如上、下、左、右这 4 个动作，这种动作是离散的。很多时候动作是连续的，例如，假设智能体要开车，它要决定方向盘要左转几度、右转几度，这种动作就是连续的。假设智能体是一个机器人，身上有 50 个关节，它的每一个动作就对应身上 50 个关节的角度，而这些角度也是连续的。所以很多时候动作并不是离散的，它是一个向量，这个向量的每一个维度都有一个对应的值，这些值都是实数，它是连续的。如果动作是连续的，我们使用深度 Q 网络就会有困难。因为在使用深度 Q 网络时很重要的一步是我们要能够解决优化问题，也就是当估计出 Q 函数 $Q(s,a)$ 以后，必须要找到一个 a 让 $Q(s,a)$ 最大，即

$$a=\arg\max_{a} Q(s,a) \tag{8.1}$$

假设 a 是离散的，即 a 的可能性是有限的。例如，在雅达利的小游戏中，a 就是上、下、左、右与开火，它是有限的，我们可以把每一个可能的动作都代入

Q 函数中算它的 Q 值。但假如 a 是连续的，我们无法穷举所有可能的连续动作，试试看哪一个连续动作可以让 Q 值最大。

怎么解决这个问题呢？我们有多种不同的方案，下面一一介绍。

8.1 方案 1：对动作进行采样

第 1 个方案是什么呢？我们可以采样出 N 个可能的 a：$\{a_1, a_2, \cdots, a_N\}$，把它们一个一个地代入 Q 函数，看哪个动作的 Q 值最大。这个方案不会太低效，因为我们在运算的时候会使用 GPU，一次把 N 个连续动作都代入 Q 函数，一次得到 N 个 Q 值，看谁最大。当然这不是一个非常精确的方案，因为我们无法进行太多的采样，所以估计出来的 Q 值、最后决定的动作可能不是非常精确。

8.2 方案 2：梯度上升

第 2 个方案是什么呢？既然要解决的是一个优化问题（optimization problem），就要最大化目标函数（objective function）。要最大化目标函数，我们就可以用梯度上升。我们把 a 当作参数，要找一组 a 去最大化 Q 函数，就用梯度上升去更新 a 的值，最后看看能不能找到一个 a 最大化 Q 函数（目标函数）。但我们会遇到全局最大值（global maximum）的问题，不一定能够找到最优的结果，而且运算量显然很大，因为要迭代地更新 a，训练一个网络就很费时了。如果我们使用梯度上升的方案来处理连续的问题，每次决定采取哪一个动作的时候，还要训练一次网络，显然运算量是很大的。

8.3 方案 3：设计网络架构

第 3 个方案是特别设计网络的架构，特别设计 Q 函数来使得解决 arg max 操作的问题变得非常容易。

如图 8.1 所示，通常输入状态 $\boldsymbol{s}$ 是图像，我们可以用向量或矩阵来表示它。输入 $\boldsymbol{s}$，Q 函数会输出向量 $\boldsymbol{\mu}(\boldsymbol{s})$、矩阵 $\boldsymbol{\Sigma}(\boldsymbol{s})$ 和标量 $V(\boldsymbol{s})$。Q 函数根据输入 $\boldsymbol{s}$ 与 $\boldsymbol{a}$ 来决定输出值。到目前为止，Q 函数只有输入 $\boldsymbol{s}$，它还没有输入 $\boldsymbol{a}$，$\boldsymbol{a}$ 在哪里呢？接下来我们可以输入 $\boldsymbol{a}$，用 $\boldsymbol{a}$ 与 $\boldsymbol{\mu}(\boldsymbol{s})$、$\boldsymbol{\Sigma}(\boldsymbol{s})$ 和 $V(\boldsymbol{s})$ 互相作用。Q 函数

$Q(\boldsymbol{s},\boldsymbol{a})$ 可定义为

$$Q(\boldsymbol{s},\boldsymbol{a}) = -(\boldsymbol{a}-\boldsymbol{\mu}(\boldsymbol{s}))^{\mathrm{T}}\boldsymbol{\Sigma}(\boldsymbol{s})(\boldsymbol{a}-\boldsymbol{\mu}(\boldsymbol{s})) + V(\boldsymbol{s}) \tag{8.2}$$

注意，$\boldsymbol{a}$ 现在是连续的动作，所以它是一个向量。假设我们要操作机器人，向量 $\boldsymbol{a}$ 的每一个维度可能就对应机器人的每一个关节，其数值就是关节的角度。假设 $\boldsymbol{a}$ 和 $\boldsymbol{\mu}(\boldsymbol{s})$ 是列向量，那么 $(\boldsymbol{a}-\boldsymbol{\mu}(\boldsymbol{s}))^{\mathrm{T}}$ 是一个行向量。$\boldsymbol{\Sigma}(\boldsymbol{s})$ 是一个正定矩阵（positive-definite matrix），因为 $\boldsymbol{\Sigma}(\boldsymbol{s}) = \boldsymbol{L}\boldsymbol{L}^{\mathrm{T}}$，其中 $\boldsymbol{L}$ 为下三角矩阵（lower-triangular matrix）。$\boldsymbol{a}-\boldsymbol{\mu}(\boldsymbol{s})$ 也是一个列向量。所以 Q 值即 $-(\boldsymbol{a}-\boldsymbol{\mu}(\boldsymbol{s}))^{\mathrm{T}}\boldsymbol{\Sigma}(\boldsymbol{s})(\boldsymbol{a}-\boldsymbol{\mu}(\boldsymbol{s}))+V(\boldsymbol{s})$ 是标量。

怎么找到一个 $\boldsymbol{a}$ 来最大化 Q 值呢？因为 $(\boldsymbol{a}-\boldsymbol{\mu}(\boldsymbol{s}))^{\mathrm{T}}\boldsymbol{\Sigma}(\boldsymbol{s})(\boldsymbol{a}-\boldsymbol{\mu}(\boldsymbol{s}))$ 一定是正的，它前面有一个负号，假设我们不看负号，所以第一项 $(\boldsymbol{a}-\boldsymbol{\mu}(\boldsymbol{s}))^{\mathrm{T}}\boldsymbol{\Sigma}(\boldsymbol{s})(\boldsymbol{a}-\boldsymbol{\mu}(\boldsymbol{s}))$ 的值越小，最终的 Q 值就越大。因为我们是把 $V(\boldsymbol{s})$ 减掉第一项，所以第一项的值越小，最终的 Q 值就越大。怎么让第一项的值最小呢？我们直接令 $\boldsymbol{\mu}(\boldsymbol{s})$ 等于 $\boldsymbol{a}$，让第一项变成 0，就可以让第一项的值最小。因此，令 $\boldsymbol{\mu}(\boldsymbol{s})$ 等于 $\boldsymbol{a}$，我们就可以得到最大值，解决 arg max 操作的问题就变得非常容易。所以深度 Q 网络也可以用在连续的情况中，只是有一些局限：函数不能随便设置。

> 如果 n 阶对称矩阵 $\boldsymbol{A}$ 对于任意非零的 n 维向量 $\boldsymbol{x}$ 都有 $\boldsymbol{x}^{\mathrm{T}}\boldsymbol{A}\boldsymbol{x} > 0$，则称矩阵 $\boldsymbol{A}$ 为正定矩阵。

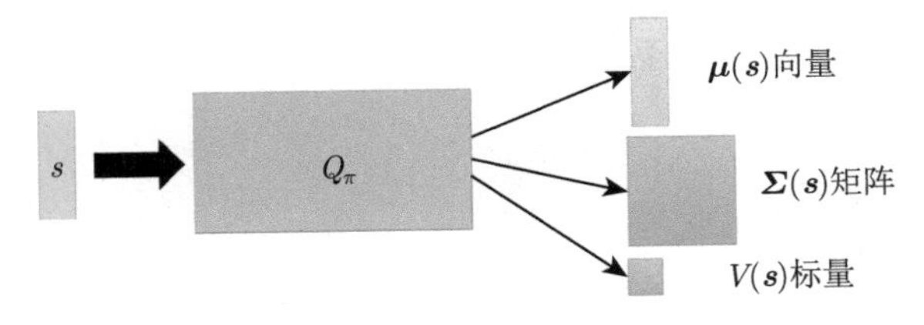

图 8.1　方案 3：设计网络架构

8.4　方案 4：不使用深度 Q 网络

第 4 个方案就是不使用深度 Q 网络，用深度 Q 网络处理连续动作比较麻烦。如图 8.2 所示，我们将基于策略的方法——PPO 和基于价值的方法——深度 Q 网络结合在一起，就可以得到演员-评论员的方法。

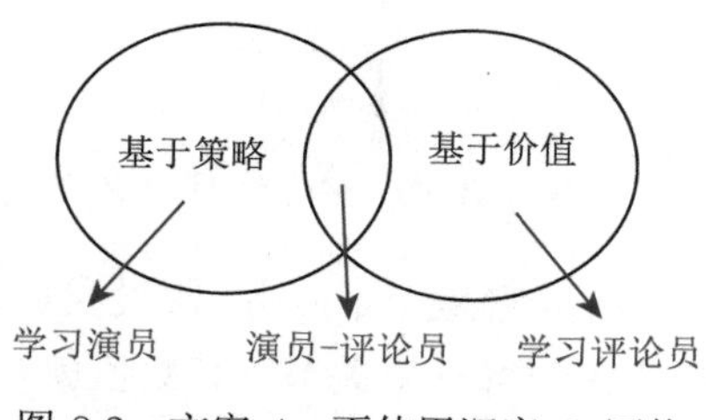

图 8.2 方案 4：不使用深度 Q 网络

8.5 习题

8-1 深度 Q 网络相比基于策略梯度的方法为什么训练效果更好、更平稳？

8-2 深度 Q 网络在处理连续动作时存在什么样的问题呢？对应的解决方法有哪些呢？

第 9 章　演员–评论员算法

在 REINFORCE 算法中，每次需要根据一个策略采集一条完整的轨迹，并计算这条轨迹上的回报。这种采样方式的方差比较大，学习效率也比较低。我们可以借鉴时序差分学习的思想，使用动态规划方法来提高采样效率，即从状态 s 开始的总回报可以通过当前动作的即时奖励 $R(s,a,s')$ 和下一个状态 s' 的价值函数来近似估计。

演员-评论员算法是一种结合**策略梯度**和**时序差分学习**的强化学习方法，其中，演员是指策略函数 $\pi_\theta(a|s)$，即学习一个策略以得到尽可能高的回报。评论员是指价值函数 $V_\pi(s)$，对当前策略的价值函数进行估计，即评估演员的好坏。借助于价值函数，演员-评论员算法可以进行单步参数更新，不需要等到回合结束才进行更新。在演员-评论员算法中，最知名的算法就是异步优势演员-评论员算法。如果我们去掉异步，则为**优势演员-评论员（advantage actor-critic，A2C）算法**。该算法也被译作优势动作评价算法。

9.1　策略梯度回顾

我们复习一下策略梯度，在更新策略参数 θ 的时候，我们可以通过

$$\nabla \bar{R}_\theta \approx \frac{1}{N}\sum_{n=1}^{N}\sum_{t=1}^{T_n}\left(\sum_{t'=t}^{T_n}\gamma^{t'-t}r_{t'}^n - b\right)\nabla \log p_\theta\left(a_t^n \mid s_t^n\right) \tag{9.1}$$

来计算梯度。式 (9.1) 表示首先通过智能体与环境的交互，可以计算出在某一个状态 s 采取某一个动作 a 的概率 $p_\theta(a_t|s_t)$。接下来，计算在某一个状态 s 采取某一个动作 a 之后直到游戏结束的累积奖励。$\sum_{t'=t}^{T_n}\gamma^{t'-t}r_{t'}^n$ 表示把从时间 t 到时间 T 的奖励相加，并且在前面乘一个折扣因子，通常将折扣因子设置为 0.9 或 0.99 等数值，与此同时也会减去一个基线值 b，减去值 b 的目的是希望 $\sum_{t'=t}^{T_n}\gamma^{t'-t}r_{t'}^n - b$

是有正有负的。如果 $\sum_{t'=t}^{T_n}\gamma^{t'-t}r_{t'}^n-b$ 是正的，我们就要增大在这个状态采取这个动作的概率；如果 $\sum_{t'=t}^{T_n}\gamma^{t'-t}r_{t'}^n-b$ 是负的，我们就要减小在这个状态采取这个动作的概率。

我们使用 G 表示累积奖励，G 非常不稳定。因为交互的过程本身具有随机性，所以在某一个状态 s 采取某一个动作 a 时计算得到的累积奖励，每次结果都是不同的，因此 G 是一个随机变量。对于同样的状态 s 和同样的动作 a，G 可能有一个固定的分布。但由于我们采取采样的方式，因此我们在某一个状态 s 采取某一个动作 a 一直到游戏结束，统计一共得到了多少的奖励，我们就把它当作 G。

如图 9.1 所示，如果把 G 想成一个随机变量，实际上是在对 G 做采样，用这些采样的结果去更新参数。但实际上在某一个状态 s 采取某一个动作 a，接下来会发生什么事，其本身是有随机性的。虽然说有一个固定的分布，但其方差可能会非常大。智能体在同一个状态采取同一个动作时，最后得到的结果可能会是很不一样的。当然，如果在每次更新参数之前，都可以采样足够多次，就不存在以上的问题。但我们每次做策略梯度，每次更新参数之前都要做一些采样时，采样的次数是不可能太多的，只能够做非常少量的采样。如果采样到差的结果，比如采样到 $G=100$、采样到 $G=-10$，显然结果会是很差的。

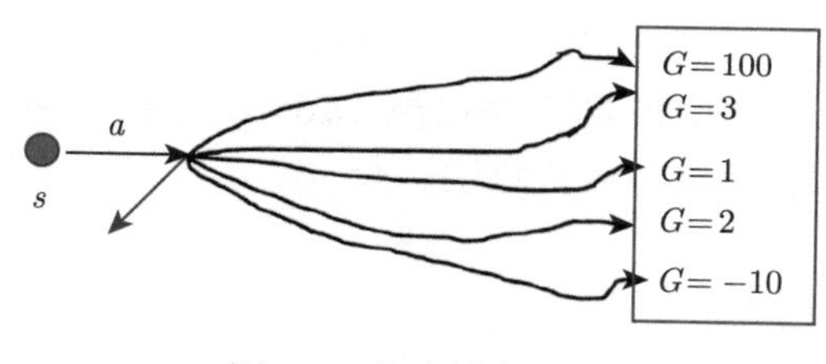

图 9.1　策略梯度回顾

9.2　深度 Q 网络回顾

Q：我们能不能让整个训练过程变得稳定，能不能直接估测随机变量 G 的期望值？

A：我们直接用一个网络去估测在状态 s 采取动作 a 时 G 的期望值。如果这样是可行的，那么在随后的训练中我们就用期望值代替采样的值，这样就会让训练变得更加稳定。

Q：怎么使用期望值代替采样的值呢？

A：这里就需要引入基于价值的（value-based）的方法。基于价值的方法就是深度 Q 网络。深度 Q 网络有两种函数，有两种评论员。如图 9.2 所示，第一种评论员是 $V_\pi(s)$。即假设演员的策略是 π，使用 π 与环境交互，计算当智能体看到状态 s 时，接下来累积奖励的期望值。第二种评论员是 $Q_\pi(s,a)$。$Q_\pi(s,a)$ 把 s 与 a 当作输入，它表示在状态 s 采取动作 a，接下来用策略 π 与环境交互，累积奖励的期望值。V_π 接收输入 s，输出一个标量。Q_π 接收输入 s，它会给每一个 a 都分配一个 Q 值。

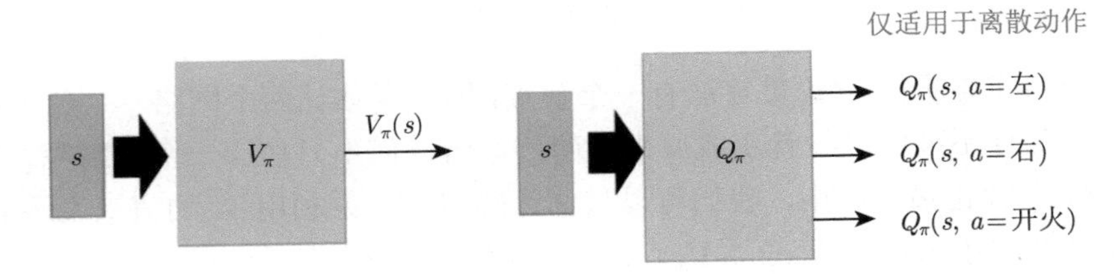

图 9.2　深度 Q 网络的两种评论员

9.3 优势演员-评论员算法

如图 9.3 所示，随机变量 G 的期望值正好就是 Q 值，即

$$\mathbb{E}\left[G_t^n\right]=Q_{\pi_\theta}\left(s_t^n, a_t^n\right) \tag{9.2}$$

此也为 Q 函数的定义。Q 函数的定义就是在某一个状态 s，采取某一个动作 a，假设策略是 π 的情况下所能得到的累积奖励的期望值，即 G 的期望值。累积奖励的期望值就是 G 的期望值。所以假设用 $\mathbb{E}\left[G_t^n\right]$ 来代表 $\sum_{t'=t}^{T_n}\gamma^{t'-t}r_{t'}^n$，则根据式（9.2），可用 $Q_{\pi_\theta}\left(s_t^n, a_t^n\right)$ 来代表 $\sum_{t'=t}^{T_n}\gamma^{t'-t}r_{t'}^n$，我们就可以把演员与评论员这两个方法结合起来。

有不同的方法表示基线，一个常见的方法是用价值函数 $V_{\pi_\theta}\left(s_t^n\right)$ 来表示基线。价值函数的定义为，假设策略是 π，其在某个状态 s 一直与环境交互直到游戏结束，期望奖励有多大。$V_{\pi_\theta}\left(s_t^n\right)$ 没有涉及动作，$Q_{\pi_\theta}\left(s_t^n, a_t^n\right)$ 涉及动作。$V_{\pi_\theta}\left(s_t^n\right)$ 是 $Q_{\pi_\theta}\left(s_t^n, a_t^n\right)$ 的期望值，$Q_{\pi_\theta}\left(s_t^n, a_t^n\right)-V_{\pi_\theta}\left(s_t^n\right)$ 会有正有负，所以 $\sum_{t'=t}^{T_n}\gamma^{t'-t}r_{t'}^n-b$ 这一项就会有正有负。所以我们就把策略梯度中 $\sum_{t'=t}^{T_n}\gamma^{t'-t}r_{t'}^n-b$ 这一项换成了优势函数 $A^\theta\left(s_t^n, a_t^n\right)$，即 $Q_{\pi_\theta}\left(s_t^n, a_t^n\right)-V_{\pi_\theta}\left(s_t^n\right)$。因此该算法称为优势演员-评论员算法。

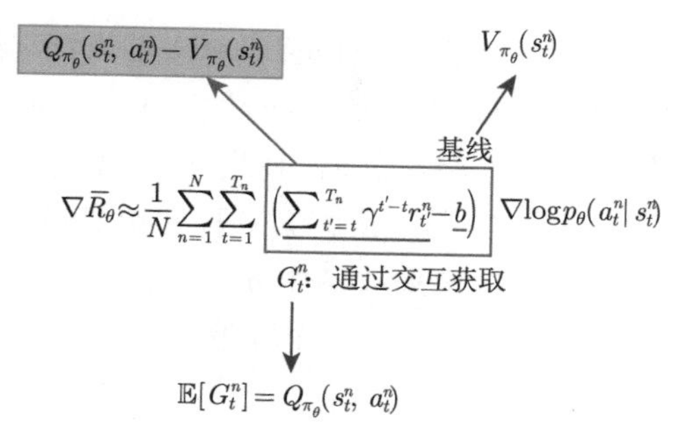

图 9.3　优势演员-评论员算法

原始的优势演员-评论员算法有一个缺点，即需要估计两个网络——Q 网络和 V 网络，估计不准的风险就变成原来的两倍。所以何不只估计一个网络呢？事实上，在演员-评论员算法中，我们可以只估计网络 V，并利用 V 的值来表示 Q 的值，$Q_\pi\left(s_t^n, a_t^n\right)$ 可以写成 $r_t^n + V_\pi\left(s_{t+1}^n\right)$ 的期望值，即

$$Q_\pi\left(s_t^n, a_t^n\right) = \mathbb{E}\left[r_t^n + V_\pi\left(s_{t+1}^n\right)\right] \tag{9.3}$$

在状态 s 采取动作 a，我们会得到奖励 r，进入状态 s_{t+1}。但是我们会得到什么样的奖励 r，进入什么样的状态 s_{t+1}，这件事本身是有随机性的。所以要把 $r_t^n + V_\pi\left(s_{t+1}^n\right)$ 取期望值才会等于 Q 函数的值。但我们现在把取期望值去掉，即

$$Q_\pi\left(s_t^n, a_t^n\right) = r_t^n + V_\pi\left(s_{t+1}^n\right) \tag{9.4}$$

我们就可以把 Q 函数的值用 $r_t^n + V_\pi\left(s_{t+1}^n\right)$ 取代，可得时序差分误差

$$r_t^n + V_\pi\left(s_{t+1}^n\right) - V_\pi\left(s_t^n\right) \tag{9.5}$$

把取期望值去掉的好处就是不需要估计 Q 了，只需要估计 V。但与此同时会引入一个随机的参数 r。r 是有随机性的，它是一个随机变量，但是 r 相较于累积奖励 G 是一个较小的值，因为它是某一个步骤得到的奖励，而 G 是所有未来会得到的奖励的总和，G 的方差比较大。r 虽然也有一些方差，但它的方差比 G 的要小。所以把原来方差比较大的 G 换成方差比较小的 r 也是合理的。

Q：为什么我们可以直接把取期望值去掉？

A：原始的异步优势演员-评论员算法的论文尝试了各种方法，最后发现这个方法最好。当然有人可能会有疑问，说不定估计 Q 和 V 也可以估计得很好，但实际做实验的时候，最后结果就是这个方法最好，所以后来大家都使用这个方法。

优势演员-评论员算法的流程如图 9.4 所示，我们有一个 π，有个初始的演员与环境交互，先收集资料。在策略梯度方法里收集资料以后，就来更新策略。但

是在演员-评论员算法中，我们不是直接使用那些资料来更新策略。我们先用这些资料去估计价值函数，可以用时序差分方法或蒙特卡洛方法来估计价值函数。接下来，我们再基于价值函数，使用式 (9.6) 更新 π。

$$\nabla \bar{R}_{\theta} \approx \frac{1}{N} \sum_{n=1}^{N} \sum_{t=1}^{T_n} \left(r_t^n + V_{\pi}\left(s_{t+1}^n\right) - V_{\pi}\left(s_t^n\right)\right) \nabla \log p_{\theta}\left(a_t^n \mid s_t^n\right) \tag{9.6}$$

有了新的 π 以后，再与环境交互，收集新的资料，去估计价值函数。再用新的价值函数更新策略，更新演员。整个优势演员-评论员算法就是这么运作的。

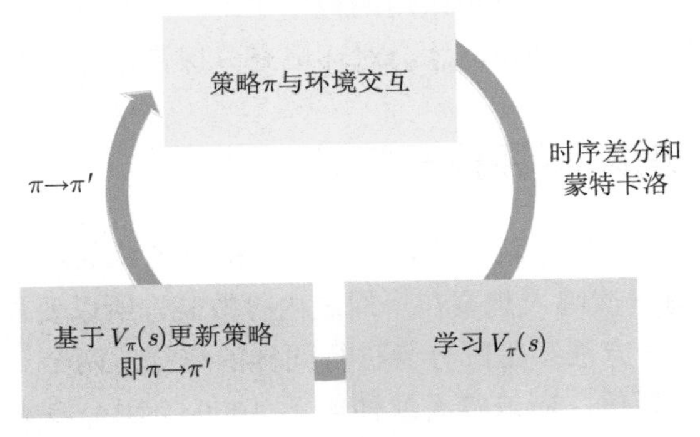

图 9.4 优势评论员-评论员算法流程

实现优势演员-评论员算法的时候，有两个一定会用到的技巧。第一个技巧是，我们需要估计两个网络：V 网络和策略的网络（也就是演员）。评论员网络 $V_{\pi}(s)$ 接收一个状态，输出一个标量。演员的策略 $\pi(s)$ 接收一个状态，如果动作是离散的，输出就是一个动作的分布，如果动作是连续的，输出就是一个连续的向量。

图 9.5 所示为离散动作的例子，连续动作的情况也是一样的。输入一个状态，网络决定现在要采取哪一个动作。演员网络和评论员网络的输入都是 s，所以它们前面几个层（layer）是可以共享的。

尤其当我们在玩雅达利游戏时，输入都是图像。输入的图像非常复杂，通常在前期都会用一些卷积神经网络来处理它们，把图像抽象成高级（high level）的信息。把像素级别的信息抽象成高级信息的特征提取器，对于演员与评论员来说是可以共用的。所以通常我们会让演员与评论员共享前面几层，并且共用同一组参数，这一组参数大部分都是卷积神经网络的参数。先把输入的像素变成比较高级的信息，再让演员决定要采取什么样的动作，让评论员使用价值函数计算期望奖励。

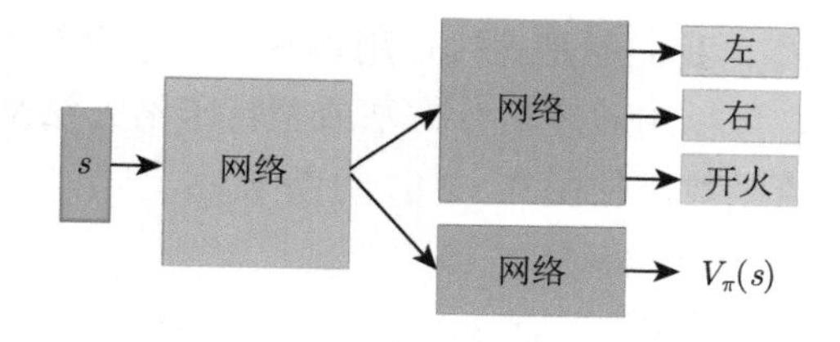

图 9.5 离散动作的例子

第二个技巧是需要探索的机制。在演员-评论员算法中，有一个常见的探索的方法是对 π 输出的分布设置一个约束。这个约束用于使分布的熵（entropy）不要太小，也就是希望不同的动作被采用的概率平均一些。这样在测试的时候，智能体才会多尝试各种不同的动作，才会对环境充分探索，从而得到比较好的结果。

9.4 异步优势演员-评论员算法

强化学习有一个问题，就是它很慢，怎么提高训练的速度呢？例如，在动漫《火影忍者》中，有一次鸣人想要在一周之内打败晓，所以要加快修行的速度，鸣人的老师就教他一个方法：用影分身进行同样的修行。两个一起修行，经验值累积的速度就会变成两倍，所以鸣人就使用了 1000 个影分身来进行修行。这就是异步优势演员-评论员算法的体现。

异步优势演员-评论员算法同时使用很多个进程（worker），每一个进程就像一个影分身，最后这些影分身会把所有的经验值集合在一起。如果我们没有很多 CPU 核心（core），不好实现异步优势演员-评论员算法，但可以实现优势演员-评论员算法。

异步优势演员-评论员算法的运作流程，如图 9.6 所示，异步优势演员-评论员算法一开始有一个全局网络（global network）。全局网络包含策略网络和价值网络，这两个网络是绑定（tie）在一起的，它们的前几个层会被绑在一起。假设全局网络的参数是 θ_1，我们使用多个进程，每个进程用 1 个 CPU 核心。比如我们有 8 个进程，则至少 8 个 CPU 核心。每一个进程在工作前都会把全局网络的参数复制过来。接下来演员就与环境交互，每一个演员与环境交互的时候，都要收集到比较多样的数据。例如，如果是走迷宫，可能每一个演员起始的位置都会不一样，这样它们才能够收集到比较多样的数据。每一个演员与环境交互完之后，我们就会计算出梯度。计算出梯度以后，要用梯度去更新全局网络的参数。每个进程算出梯度以后，要把梯度传回给中央的控制中心，中央的控制中心就会用这个梯度去更新原来的参数。注意，所有的演员都是平行跑的，每一个演员各做各的，不管彼此。所以每个演员都是去要了一个参数以后，做完就把参数传回去。当第一个演员执行完想要把参数传回去的时候，本来它要的参数是 θ_1，等它把梯度传回去的时候，可能原来的参数已经被覆盖，变成 θ_2 了（其他进程也会更新模型）。但是没有关系，它一样会把这个梯度就覆盖过去。虽然异步优势演员-评论员看起来属于异策略算法，但它其实是一种同策略算法。因为异步优势演员-评论员的演员和评论员只使用当前策略采样的数据来计算梯度。因此，异步优势演员-评论员不存储历史数据，其主要通过平行探索（parallel exploration）来保持训练的稳定性。

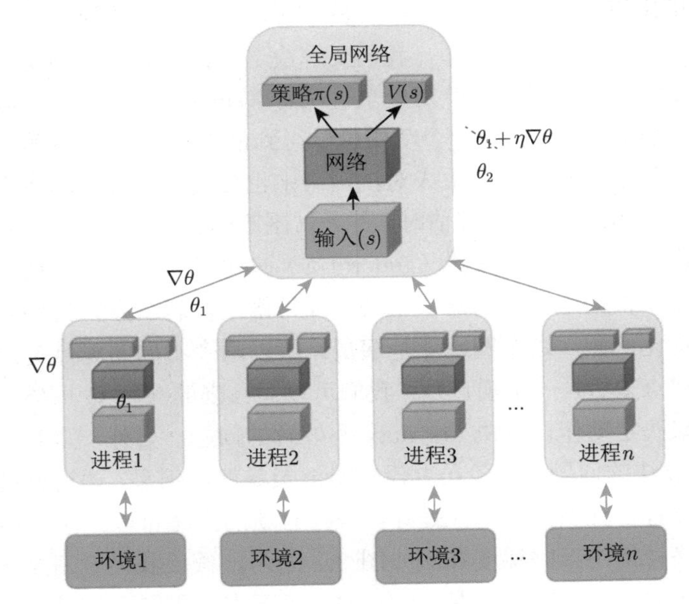

图 9.6 异步优势演员-评论员算法的运作流程 [1]

9.5 路径衍生策略梯度

接下来我们来了解**路径衍生策略梯度（pathwise derivative policy gradient）**方法。这个方法可以看成深度 Q 网络解连续动作的一种特别的方法，也可以看成一种特别的演员-评论员的方法。用动漫《棋魂》来比喻，阿光就是一个演员，佐为就是一个评论员。阿光落某一子以后，如果佐为是一般的演员-评论员算法的评论员，他会告诉阿光这时候不应该下小马步飞。佐为会告诉我们，现在采取的这一步算出来的值到底是好还是不好，但这样就结束了，他只告诉我们好还是不好。因为一般的演员-评论员算法的评论员就是输入状态或输入状态-动作对，给演员一个值，所以对演员来说，它只知道它做的这个动作到底是好还是不好。

但在路径衍生策略梯度中，评论员会直接告诉演员采取什么样的动作才是好的。所以佐为不只是告诉阿光，这个时候不要下小马步飞，同时还告诉阿光这个时候应该要下大马步飞，这就是路径衍生策略梯度中的评论员所做的。评论员会直接告诉演员做什么样的动作才可以得到比较大的值。

从深度 Q 网络的观点来看，深度 Q 网络的一个问题是在使用深度 Q 网络时，考虑连续向量会比较麻烦，没有通用的解决方法（general solution），那我们应该怎么解这个优化问题呢？我们用一个演员来解决这个优化的问题。本来在深度 Q 网络中，如果是一个连续的动作，我们要解决这个优化问题。但是现在这个优化问题由演员来解决，假设演员就是一个解决者（solver），这个解决者的工作就是对于给定的状态 s，解出来哪一个动作可以得到最大的 Q 值，这是从另外一个观点来看路径衍生策略梯度。在生成对抗网络中也有类似的说法。我们学习一个判别器（discriminator）并用于评估时，是非常困难的，因为我们要解决的 arg max 的问题非常困难，所以用生成器（generator）来生成。所以概念是一样的，Q 就是那个判别器。根据这个判别器决定动作非常困难，怎么办？另外学习一个网络来解决这个优化问题，这个网络就是演员。所以两个不同的观点是同一件事。从两个不同的观点来看，一个观点是：我们可以对原来的深度 Q 网络加以改进，学习一个演员来决定动作以解决 arg max 不好解的问题。另外一个观点是：原来的演员-评论员算法的问题是评论员并没有给演员足够的信息，评论员只告诉演员好或不好的，没有告诉演员什么样是好，现在有新的方法可以直接告诉演员什么样的是好的。路径衍生策略梯度算法如图 9.7 所示，假设我们学习了一个 Q 函数，Q 函数的输入是 s 与 a，输出是 $Q_\pi(s,a)$。接下来，我们要学习一个演员，这个演员的工作就是解决 arg max 的问题，即输入一个状态 s，希望可以输出一个动作 a，它可以让 $Q_\pi(s,a)$ 尽可能大，即

$$\pi'(s) = \arg\max_a Q_\pi(s,a) \tag{9.7}$$

实际上在训练的时候，我们就是把 Q 与演员连接起来变成一个比较大的网络。Q 是一个网络，接收输入 s 与 a，输出一个值。演员在训练的时候，它要做的事就是接收输入 s，输出 a。把 a 代入 Q 中，希望输出的值越大越好。我们会固定住 Q 的参数，只调整演员的参数，用梯度上升的方法最大化 Q 的输出，这就是一个生成对抗网络，即有条件的生成对抗网络（conditional GAN）。Q 就是判别器，但在强化学习里就是评论员，演员在生成对抗网络中就是生成器。

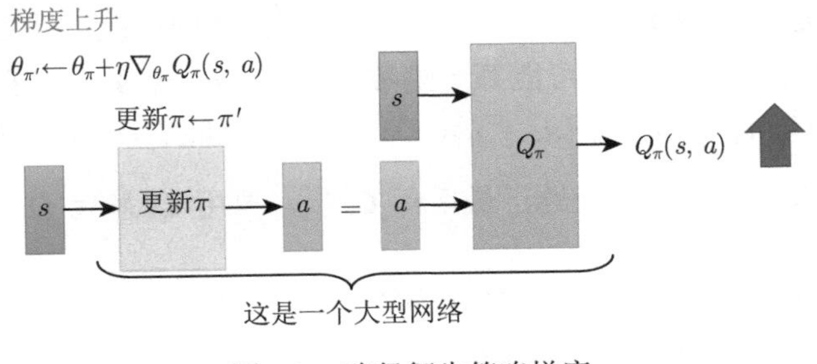

图 9.7　路径衍生策略梯度

我们来看一下路径衍生策略梯度算法。如图 9.8 所示，一开始会有一个策略 π，它与环境交互并估计 Q 值。估计完 Q 值以后，我们就把 Q 值固定，只去学习一个演员。假设这个 Q 值估得很准，它知道在某一个状态采取什么样的动作会得到很大的 Q 值。接下来就学习这个演员，演员在给定 s 的时候，采取了 a，可以让最后 Q 函数算出来的值越大越好。我们用准则（criteria）去更新策略 π，用新的 π 与环境交互，再估计 Q 值，得到新的 π 去最大化 Q 值的输出。深度 Q 网络中的技巧，在这里也几乎都用得上，比如经验回放、探索等技巧。

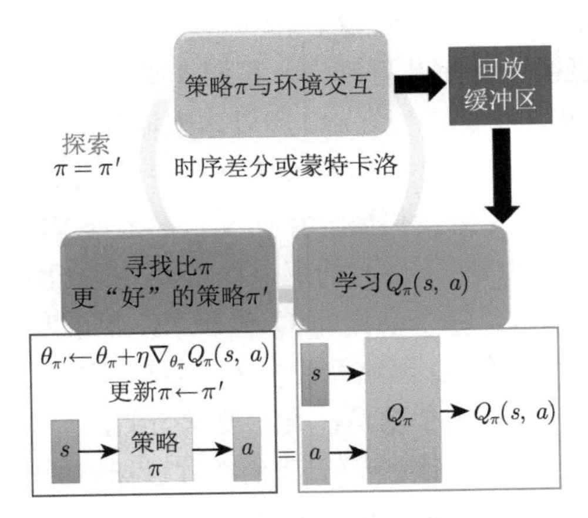

图 9.8　路径衍生策略梯度算法

图 9.9 所示为原来深度 Q 网络的算法。我们有一个 Q 函数 Q 和另外一个目标 Q 函数 $\hat{Q}$。每一次训练，在每一个回合的每一个时间点，我们会看到一个状态 s_t，会采取某一个动作 a_t。至于采取哪一个动作是由 Q 函数所决定的。如果是离散动作，我们就采取让 Q 值最大的动作，就采取哪一个动作。当然，我们需要加一些探索，这样表现才会好。我们会得到奖励 r_t，进入新的状态 s_{t+1}，然后把

(s_t,a_t,r_t,s_{t+1}) 放到回放缓冲区里。接下来，我们会从回放缓冲区中采样一个批量的数据，在这个批量数据中，可能某一笔数据是 (s_i,a_i,r_i,s_{i+1})。接下来我们会算一个目标 y，$y=r_i+\max\limits_a \hat{Q}(s_{i+1},a)$。怎么学习 Q 呢？我们希望 $Q(s_i,a_i)$ 与 y 越接近越好，这是一个回归问题，最后每 C 步，要用 Q 替代 $\hat{Q}$。

初始化Q函数Q, 目标Q函数$\hat{Q}$, $\hat{Q}=Q$
对于每一个回合
  对于每一个时间步t
    对于给定的状态s_t, 基于Q(ε-贪心)执行动作a_t。
    获得反馈r_t, 并获得新的状态s_{t+1}。
    将(s_t, a_t, r_t, s_{t+1})存储到缓冲区中。
    从缓冲区中采样(通常以批量形式)(s_i, a_i, r_i, s_{i+1})。
    目标值是$y=r_i+\max\limits_a \hat{Q}(s_{i+1}, a)$。
    更新Q的参数使得$Q(s_i, a_i)$尽可能接近于y(回归)。
    每C步重置$\hat{Q}=Q$。

图 9.9 深度 Q 网络算法

接下来我们把深度 Q 网络改成路径衍生策略梯度，需要做 4 个改变，如图 9.10 所示。

（1）第一个改变是，我们要把 Q 换成 θ，本来是用 Q 来决定在状态 s_t 执行一个动作 a_t，现在直接用 θ 来执行动作。我们直接学习了一个演员。这个演员的输入 s_t 会告诉我们应该采取哪一个 a_t。所以本来输入 s_t，采取哪一个 a_t 是 Q 决定的，而在路径衍生策略梯度中，我们会直接用 θ 来决定。

（2）第二个改变是，本来我们要计算在 s_{i+1}，根据策略采取某一个动作 a 会得到的 Q 值，我们会采取让 $\hat{Q}$ 最大的那个动作 a。现在因为我们直接把 s_{i+1} 代入 θ，就会知道给定 s_{i+1}，哪个动作的 Q 值最大，就采取哪个动作。在 Q 函数中，有两个 Q 网络：真正的 Q 网络和目标 Q 网络。实际上我们在实现路径衍生策略梯度算法的时候，也有两个演员：真正要学习的演员 θ 和目标演员 $\hat{\theta}$。这个原理就与为什么要有目标 Q 网络一样，我们在算目标值的时候，并不希望它一直变动，所以我们会有一个目标演员和一个目标 Q 函数，它们平常的参数就是固定住的，这样可以让目标的值不会一直地变化。总结一下，第二个改变是我们用策略取代原来要解 arg max 的地方。

（3）第三个改变是，之前只要学习 Q 函数，现在我们多学习了一个 θ，学习 θ 的目的是最大化 Q 函数，希望得到的演员可以让 Q 函数的输出尽可能大，这与学习生成对抗网络中的生成器的概念是类似的。

（4）第四个改变是，我们不仅要取代目标的 Q 网络，还要取代目标策略。

初始化Q函数Q, 目标Q函数$\hat{Q}$, $\hat{Q}=Q$, 演员θ, 目标演员$\hat{\theta}=\theta$

在每个回合中

对于每个时间步t

❶ 获取状态s_t, 根据~~Q~~ θ执行动作a_t(探索)。

获取奖励r_t, 到达新状态s_{t+1}。

存储(s_t, a_t, r_t, s_{t+1})到缓冲区。

从缓冲区采样(s_t, a_t, r_t, s_{t+1})(通常是一个批量)。

❷ 目标$y=r_i+$~~$\max_a \hat{Q}(s_{i+1}, a)$~~ $\hat{Q}(s_{i+1}, \hat{\theta}(s_{i+1}))$。

更新Q的参数使得$Q(s_i, a_i)$接近于y(回归)。

❸ 更新π的参数使$Q(s_i, \theta(s_i))$最大。

每C步重置$\hat{Q}=Q$。

❹ 每C步重置$\hat{\theta}=\theta$。

图 9.10　从深度 Q 网络到路径衍生策略梯度

9.6　与生成对抗网络的联系

如表 9.1 所示，生成对抗网络与演员-评论员的方法是非常类似的。如果大家感兴趣，可以参考一篇论文：“Connecting Generative Adversarial Network and Actor-Critic Methods”。

表 9.1　与生成对抗网络的联系

方法	生成对抗网络	演员-评论员
冻结学习	有	有
标签平滑	有	无
历史平均	有	无
小批量判别	有	无
批量归一化	有	有
目标网络	不适用	有
经验回放	无	有
熵正则化	无	有
兼容性	无	有

生成对抗网络与演员-评论员都挺难训练，所以在文献上就有各式各样的方法，告诉我们怎么样可以训练生成对抗网络。知道生成对抗网络与演员-评论员非常相似后，我们就可以知道怎样训练演员-评论员。但是因为做生成对抗网络与演员-评论员的人是两群人，所以这篇论文中就列出说在生成对抗网络上面有哪些技术是有人做过的，在演员-评论员上面，有哪些技术是有人做过的。也许训练生成对抗网络的技术，我们可以试着应用在演员-评论员上，在演员-评论员上用过的

技术，也可以试着应用在生成对抗网络上。

9.7 关键词

优势演员-评论员（advantage actor-critic，A2C）算法：一种改进的演员-评论员（actor-critic）算法。

异步优势演员-评论员（asynchronous advantage actor-critic，A3C）算法：一种改进的演员-评论员算法，通过异步的操作，实现强化学习模型训练的加速。

路径衍生策略梯度（pathwise derivative policy gradient）：一种使用 Q 学习来求解连续动作的算法，也是一种演员-评论员算法。其会对演员提供价值最大的动作，而不仅仅是提供某一个动作的好坏程度。

9.8 习题

9-1 完整的优势演员-评论员算法的工作流程是怎样的？

9-2 在实现演员-评论员算法的时候有哪些技巧？

9-3 异步优势演员-评论员算法在训练时有很多的进程进行异步的工作，最后再将他们所获得的“结果”集合到一起。那么其具体是如何运作的呢？

9-4 对比经典的 Q 学习算法，路径衍生策略梯度有哪些改进之处？

9.9 面试题

9-1 友善的面试官：请简述一下异步优势演员-评论员算法（A3C），另外 A3C 是同策略还是异策略的模型呀？

9-2 友善的面试官：请问演员-评论员算法有何优点呢？

9-3 友善的面试官：请问异步优势演员-评论员算法具体是如何异步更新的？

9-4 友善的面试官：演员-评论员算法中，演员和评论员两者的区别是什么？

9-5 友善的面试官：演员-评论员算法框架中的评论员起了什么作用？

9-6 友善的面试官：简述异步优势演员-评论员算法的优势函数。

参考文献

[1] Arthur Juliani 的文章“Simple Reinforcement Learning with Tensorflow Part 8: Asynchronous Actor-Critic Agents （A3C）”.

第10章 深度确定性策略梯度

10.1 离散动作与连续动作的区别

离散动作与连续动作是相对的概念，一个是可数的，一个是不可数的。如图 10.1 所示，在 *CartPole* 环境中，可以有向左推小车、向右推小车两个动作。在 *Frozen Lake* 环境中，小乌龟可以有上、下、左、右 4 个动作。在雅达利的 *Pong* 游戏中，游戏有 6 个按键的动作可以输出。但在实际情况中，我们经常会遇到连续动作空间的情况，也就是输出的动作是不可数的。比如：推小车推力的大小、选择下一时刻方向盘转动的具体角度、给四轴飞行器的 4 个螺旋桨给的电压的大小。

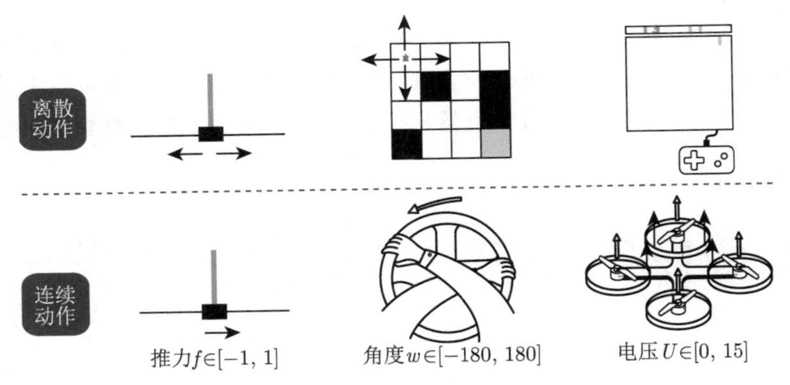

图 10.1 离散动作和连续动作的区别

对于这些连续的动作，Q 学习、深度 Q 网络等算法是无法处理的。怎么输出连续的动作呢？这个时候，“万能”的神经网络又出现了。如图 10.2 所示，在离散动作的场景下，比如我们输出动作上、下或是停止。有几个动作，神经网络就输出几个概率值，我们用 $\pi_\theta(a_t|s_t)$ 来表示这个随机性的策略。在连续的动作场景

下，比如要输出机械臂弯曲的角度，就输出一个具体的浮点数。我们用 $\mu_\theta(s_t)$ 来代表确定性的策略。

我们再对随机性策略与确定性策略进行解释。对随机性策略来说，输入某一个状态 s，采取某一个动作的可能性并不是百分之百的，而是有一个概率的（就好像抽奖一样），根据概率随机选择一个动作。而对于确定性策略来说，它不受概率的影响。当神经网络的参数固定之后，输入同样的状态，必然输出同样的动作，这就是确定性策略。

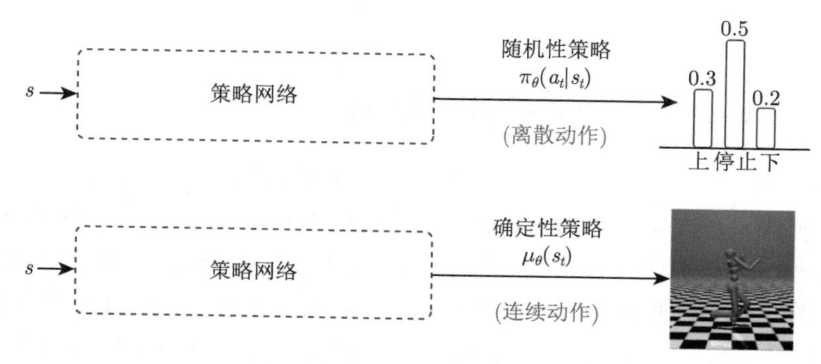

图 10.2　使用神经网络处理连续动作与离散动作

如图 10.3 所示，要输出离散动作，就加一个 softmax 层来确保所有的输出是动作概率，并且所有的动作概率和为 1。要输出连续动作，一般可以在输出层加一层 tanh 函数。tanh 函数的作用就是把输出限制到 [−1,1]。得到输出后，就可

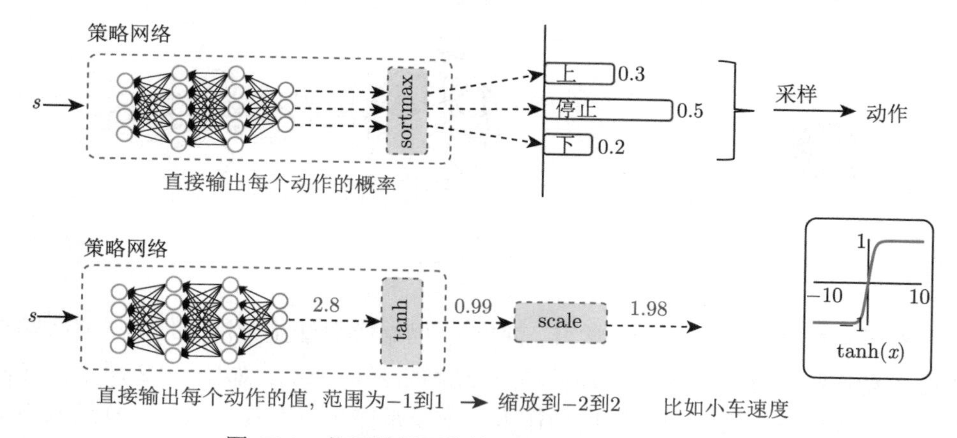

图 10.3　使用神经网络输出离散动作与连续动作

以根据实际动作的范围将其缩放，再输出给环境。比如神经网络输出一个浮点数 2.8，经过 tanh 函数之后，它就可以被限制在 $[-1,1]$ ，输出 0.99。假设小车速度的范围是 $[-2,2]$ ，我们就按比例将之从 $[-1,1]$ 扩大到 $[-2,2]$，0.99 乘 2，最终输出的就是 1.98，将其作为小车的速度或者推小车的推力输出给环境。

10.2　深度确定性策略梯度

在连续控制领域，比较经典的强化学习算法就是**深度确定性策略梯度（deep deterministic policy gradient，DDPG）**。如图 10.4 所示，DDPG 的特点可以从它的名字中拆解出来，拆解成深度、确定性和策略梯度。

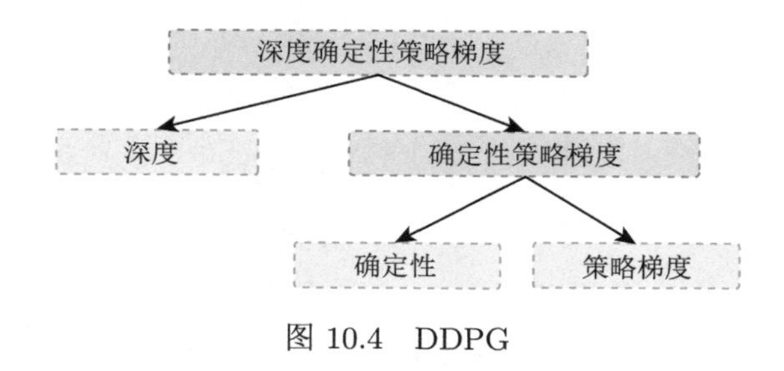

图 10.4　DDPG

深度是因为用了神经网络；确定性表示 DDPG 输出的是一个确定性的动作，可以用于有连续动作的环境；策略梯度代表的是它用到的是策略网络。REINFORCE 算法每隔一个回合就更新一次，但 DDPG 每个步骤都会更新一次策略网络，它是一个单步更新的策略网络。

DDPG 是深度 Q 网络的一个扩展版本，可以扩展到连续动作空间。在 DDPG 的训练中，它借鉴了深度 Q 网络的技巧：目标网络和经验回放。经验回放与深度 Q 网络是一样的，但目标网络的更新与深度 Q 网络的有点儿不一样。提出 DDPG 是为了让深度 Q 网络可以扩展到连续的动作空间，就是我们刚才提到的小车速度、角度和电压等这样的连续值。如图 10.5 所示，DDPG 在深度 Q 网络基础上加了一个策略网络来直接输出动作值，所以 DDPG 需要一边学习 Q 网络，一边学习策略网络。Q 网络的参数用 w 来表示。策略网络的参数用 θ 来表示。我们称这样的结构为演员-评论员的结构。

通俗地解释一下演员-评论员结构。如图 10.6 所示，策略网络扮演的就是演员的角色，它负责对外展示输出，输出动作。Q 网络就是评论员，它会在每一个步骤都对演员输出的动作做一个评估，打一个分，估计演员的动作未来能有多少奖励，也就是估计演员输出的动作的 Q 值，即 $Q_w(s,a)$。演员需要根据舞台目前的状态来做出一个动作。评论员就是评委，它需要根据舞台现在的状态和演员输出的动作对演员刚刚的表现去打一个分数 $Q_w(s,a)$。演员根据评委的打分来调整自己的策略，也就是更新演员的神经网络参数 θ，争取下次可以做得更好。评论员则要根据观众的反馈，也就是环境的反馈奖励来调整自己的打分策略，也就是要更新评论员的神经网络的参数 w，评论员的最终目标是让演员的表演获得观众尽可能多的欢呼声和掌声，从而最大化未来的总收益。

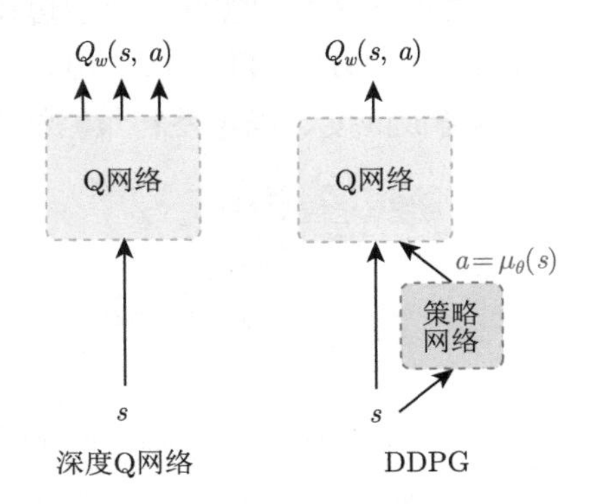

图 10.5 从深度 Q 网络到 DDPG

图 10.6 演员-评论员结构通俗解释

最开始训练的时候，这两个神经网络的参数是随机的。所以评论员最开始是随机打分的，演员也随机输出动作。但是由于有环境反馈的奖励存在，因此评论员的评分会越来越准确，所评判的演员的表现也会越来越好。既然演员是一个神经网络，是我们希望训练好的策略网络，我们就需要计算梯度来更新优

化它的参数 θ。简单来说，我们希望调整演员的网络参数，使得评委打分尽可能高。注意，这里的演员是不关注观众的，它只关注评委，只迎合评委的打分 $Q_w(s,a)$。

深度 Q 网络与 DDPG 的联系如图 10.7 所示。深度 Q 网络的最佳策略是想要学出一个很好的 Q 网络，学出这个网络之后，我们希望选取的那个动作使 Q 值最大。DDPG 的目的也是求解让 Q 值最大的那个动作。演员只是为了迎合评委的打分而已，所以优化策略网络的梯度就是要最大化这个 Q 值，所以构造的损失函数就是让 Q 取一个负号。我们写代码的时候把这个损失函数放入优化器中，它就会自动最小化损失，也就是最大化 Q。

这里要注意，除了策略网络要做优化，DDPG 还有一个 Q 网络也要优化。评论员一开始也不知道怎么评分，它也是在一步一步的学习当中，慢慢地给出准确的分数。我们优化 Q 网络的方法其实与深度 Q 网络优化 Q 网络的方法是一样的，我们用真实的奖励 r 和下一步的 Q 即 Q' 来拟合未来的奖励 Q_target。然后让 Q 网络的输出逼近 Q_target。所以构造的损失函数就是直接求这两个值的均方误差。构造好损失函数后，将其放到优化器中，让它自动最小化损失。

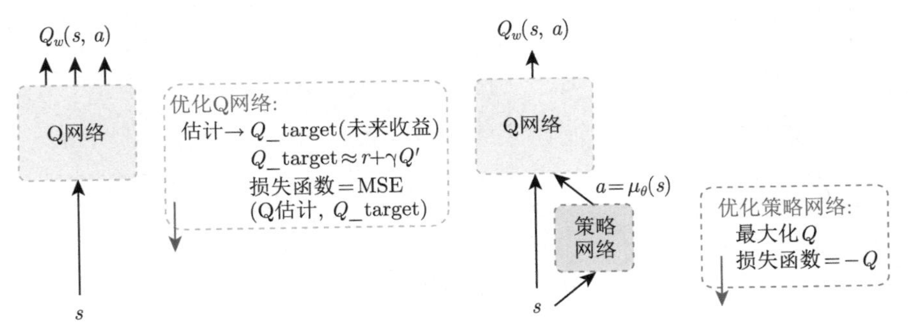

图 10.7　深度 Q 网络与 DDPG 的联系

如图 10.8 所示，可以把两个网络的损失函数构造出来。策略网络的损失函数是一个复合函数。我们把 $a=\mu_\theta(s)$ 代入，最终策略网络要优化的是策略网络的参数 θ。Q 网络要优化的是 $Q_w(s,a)$ 和 Q_target 之间的均方误差。但是 Q 网络的优化存在一个和深度 Q 网络一模一样的问题就是它后面的 Q_target 是不稳定的。此外，后面的 $Q_{\bar{w}}\left(s',a'\right)$ 也是不稳定的，因为 $Q_{\bar{w}}\left(s',a'\right)$ 也是一个预估的值。

为了使 Q_target 更加稳定，DDPG 分别给 Q 网络和策略网络搭建了目标网络，即 target_Q 网络和 target_P 策略网络。target_Q 网络是为了计算 Q_target

中 $Q_{\bar{w}}(s',a')$。$Q_{\bar{w}}(s',a')$ 需要的下一个动作 a' 是通过 target_P 网络输出的，即 $a'=\mu_{\bar{\theta}}(s')$。Q 网络和策略网络的参数是 w，target_Q 网络和 target_P 策略网络的参数是 $\bar{w}$。DDPG 有 4 个网络，策略网络的目标网络和 Q 网络的目标网络是颜色比较深的这两个，它们只是为了让计算 Q_target 更稳定。因为这两个网络也是固定一段时间的参数之后再与评估网络同步最新的参数。

这里训练需要用到的数据就是 s、a、r、s'，我们只需要用到这 4 个数据。我们用回放缓冲区把这些数据存起来，然后采样进行训练。经验回放的技巧与深度 Q 网络中的是一样的。注意，因为 DDPG 使用了经验回放技巧，所以 DDPG 是一个异策略的算法。

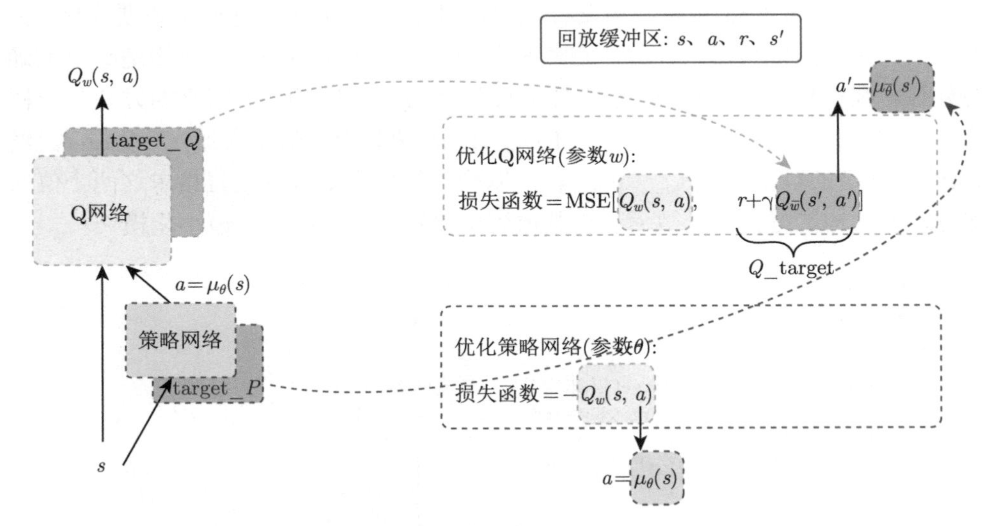

图 10.8 目标网络和经验回放

DDPG 通过异策略的方式来训练一个确定性策略。因为策略是确定的，所以如果智能体使用同策略来探索，在一开始的时候，它很可能不会尝试足够多的动作来找到有用的学习信号。为了让 DDPG 的策略更好地探索，我们在训练的时候给它们的动作加了噪声。DDPG 的原作者推荐使用时间相关的奥恩斯坦-乌伦贝克（Ornstein-Uhlenbeck，OU）噪声，但最近的结果表明不相关的、均值为 0 的高斯噪声的效果非常好。由于后者更简单，因此我们更喜欢使用它。为了便于获取高质量的训练数据，我们可以在训练过程中减小噪声大小。在测试的时候，为了查看策略利用它学到的东西的表现，我们不会在动作中加噪声。

10.3 双延迟深度确定性策略梯度

虽然 DDPG 有时表现很好，但它对于超参数和其他类型的调整方面经常很敏感。如图 10.9 所示，DDPG 常见的问题是已经学习好的 Q 函数开始显著地高估 Q 值，然后导致策略被破坏，因为它利用了 Q 函数中的误差。

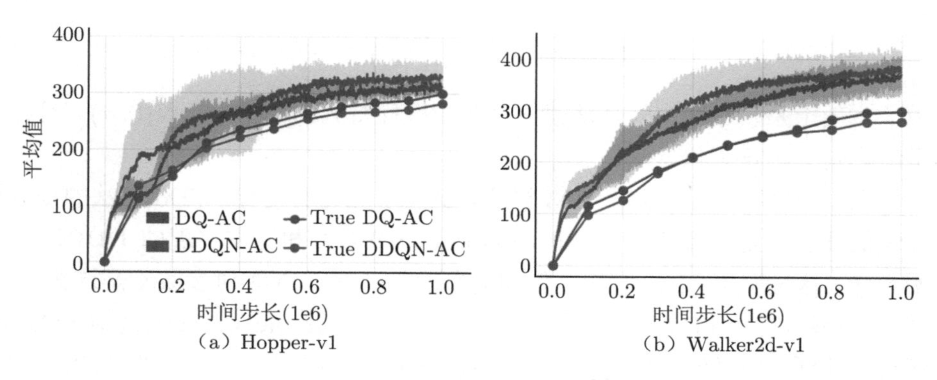

图 10.9　DDPG 的问题 [1]

我们可以使用实际的 Q 值与 Q 网络输出的 Q 值进行对比。实际的 Q 值可以用蒙特卡洛来算。根据当前的策略采样 1000 条轨迹，得到 G 后取平均值，进而得到实际的 Q 值。

双延迟深度确定性策略梯度（twin delayed DDPG，TD3）通过引入 3 个关键技巧来解决这个问题。

- **截断的双 Q 学习（clipped double Q-learning）**。TD3 学习两个 Q 函数（因此名字中有 “twin”）。TD3 通过最小化均方误差来同时学习两个 Q 函数：Q_{ϕ_1} 和 Q_{ϕ_2}。两个 Q 函数都使用一个目标，两个 Q 函数中给出的较小的值会被作为如下的 Q-target：

$$y\left(r, s', d\right)=r+\gamma(1-d) \min_{i=1,2} Q_{\phi_{i, \text{targ}}}\left(s', a_{\text{TD3}}\left(s'\right)\right) \tag{10.1}$$

- **延迟的策略更新（delayed policy updates）**。相关实验结果表明，同步训练动作网络和评价网络，却不使用目标网络，会导致训练过程不稳定；但是仅固定动作网络时，评价网络往往能够收敛到正确的结果。因此 TD3 算法以较低的频率更新动作网络，以较高的频率更新评价网络，通常每更新两次评价网络就更新一次策略。

- **目标策略平滑（target policy smoothing）**。TD3 引入了平滑化（smoothing）思想。TD3 在目标动作中加入噪声，通过平滑 Q 沿动作的变化，使策略更难利用 Q 函数的误差。

这 3 个技巧加在一起，使得性能相比基线 DDPG 有了大幅的提升。

目标策略平滑化的工作原理如下：

$$a_{\text{TD3}}\left(s'\right)=\operatorname{clip}\left(\mu_{\theta,\text{targ}}\left(s'\right)+\operatorname{clip}(\epsilon,-c,c), a_{\text{low}}, a_{\text{high}}\right) \tag{10.2}$$

其中 ϵ 本质上是一个噪声，是从正态分布中取样得到的，即 $\epsilon \sim N(0,\sigma)$。目标策略平滑化是一种正则化方法。

如图 10.10 所示，可以将 TD3 算法与其他算法进行对比。TD3 算法的作者自己实现的深度确定性策略梯度（图中为 our DDPG）和官方实现的 DDPG 的表现不一样，这说明 DDPG 对初始化和调参非常敏感。TD3 对参数不是这么敏感。在 TD3 的论文中，TD3 的性能比**软演员-评论员（soft actor-critic，SAC）**高。软演员-评论员又被译作软动作评价。但在 SAC 的论文中，SAC 的性能比 TD3 高，这是因为强化学习的很多算法估计对参数和初始条件敏感。

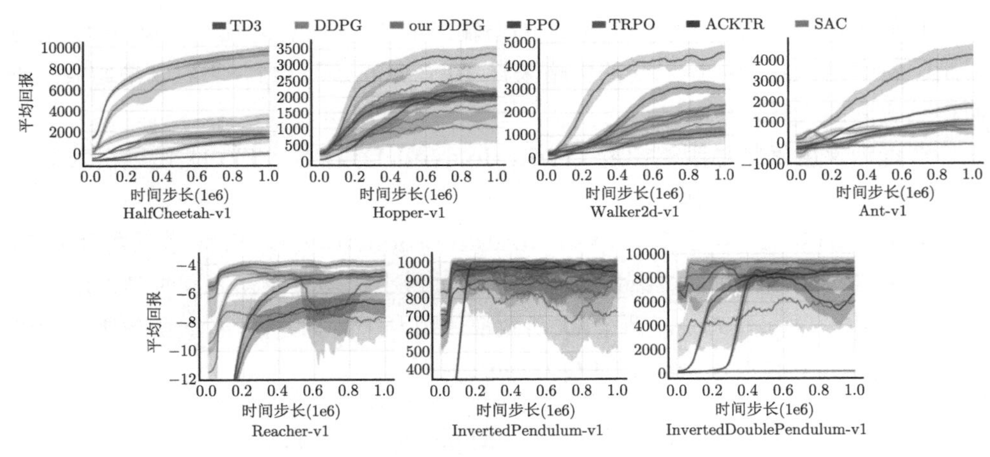

图 10.10 TD3 与其他算法对比 [1]

TD3 以异策略的方式训练确定性策略。因为策略是确定的，所以如果智能体使用同策略来探索，在一开始的时候，它可能不会尝试足够多的动作来找到有用的学习信号。为了使 TD3 策略更好地探索，我们在训练时在它们的动作中添加了噪声，通常是不相关的均值为 0 的高斯噪声。为了便于获取高质量的训练数据，我们可以在训练过程中减小噪声的大小。在测试时，为了查看策略对所学知识的利用程度，我们不会在动作中增加噪声。

10.4 使用深度确定性策略梯度解决倒立摆问题

前面章节都是离散动作的环境，但实际中也有很多连续动作的环境，比如 OpenAI Gym 中的 Pendulum-v1 环境，它解决的是一个倒立摆问题，我们先对该环境做一个简要说明。

10.4.1 Pendulum-v1 简介

如果说 CartPole-v0 是一个离散动作的经典入门环境，那么 Pendulum-v1 就是连续动作的经典入门环境。如图 10.11 所示，我们通过施加力矩使摆针向上摆动并保持直立。

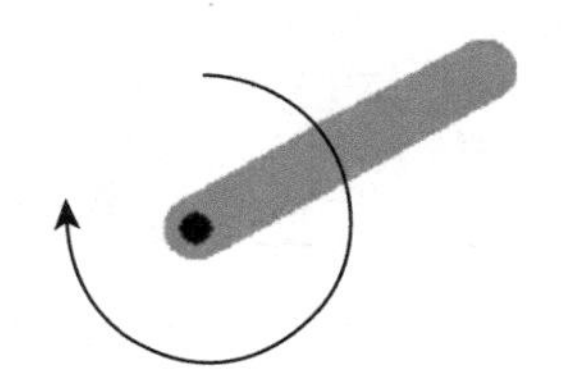

图 10.11 Pendulum-v1 环境

该环境的状态数有 3 个，设摆针在竖直方向上的顺时针旋转角为 θ，θ 设在 $[\pi,\pi]$ 之间，则相应的状态为 $[\cos\theta,\sin\theta,\dot{\theta}]$，即表示角度和角速度. 我们的动作则是一个 -2 到 2 之间的力矩，它是一个连续量，因而该环境不能用离散动作的算法比如深度 Q 网络算法来解决。奖励是根据相关的物理原理而计算出的公式，如下：

$$r=-\left(\theta^{2}+0.1\times\hat{\theta}^{2}+0.001\times\text{ action }^{2}\right) \tag{10.3}$$

对于每一步，其最低奖励为 $-(\pi^2+0.1\times8^2+0.001\times2^2)\approx-16.2736044$，最高奖励为 0。同 CartPole-v0 环境一样，达到最优算法的情况下，每回合的步数是无限的，因此这里设定每回合最大步数为 200 以便于训练。

10.4.2 深度确定性策略梯度基本接口

我们依然使用接口的概念，通过伪代码分析并实现 DDPG 的训练模式，如图 10.12 所示。

初始化评论员网络$Q(s,\ a|\theta_Q)$和演员网络$\mu(s|\theta_\mu)$，其权重分别为θ_Q和θ_u。
初始化目标Q'和μ'，并复制权重$\theta_{Q'} \leftarrow \theta_Q,\ \theta_{\mu'} \leftarrow \theta_\mu$。
初始化回放缓冲区D。
执行M个回合循环，对于每个回合。
　　初始化动作探索的随机过程，即噪声$\mathcal{N}$。
　　初始化状态s_i。
　　循环T个时间步长，对于每个时步t。
　　　　根据当前的策略和噪声选择动作$a_t = \mu(s_t|\theta_\mu) + \mathcal{N}_t$。
　　　　环境根据a_t反馈奖励r_t和下一个状态s_{t+1}。
　　　　存储经验即$(s_t,\ a_t,\ r_t,\ s_{t+1})$到经验回放$D$中。
　　　　更新策略如下：
　　　　　　从D中随机采样N个小批量的转移。
　　　　　　计算实际的Q值$y_i = r_i + \gamma Q'(s_{i+1},\ \mu'(s_{i+1}|\theta_{\mu'})|\theta_{Q'})$。
　　　　　　对损失函数$L = \frac{1}{N} i \sum_i (y_i - Q(s_i,\ a_i|\theta^Q))^2$关于参数$\theta$做随机梯度下降更新评论员网络。
　　　　　　使用采样梯度更新演员网络
　　　　　　$\nabla_{\theta^\mu} J \approx \frac{1}{N} \sum_i \nabla_a Q(s,\ a|\theta_Q)|_{s=s_i,\ a=\mu(s_i)} \nabla_{\theta^\mu} \mu(s|\theta_\mu)|_{s_i}$。
　　　　　　软更新目标网络
　　　　　　$\theta^{Q'} \leftarrow \tau\theta_Q + (1-\tau)\theta_{Q'},\ \theta_{\mu'} \leftarrow \tau\theta_\mu + (1-\tau)\theta_{\mu'}$。

图 10.12　深度确定性策略梯度算法

代码如下。

```
ou_noise = OUNoise(env.action_space)  # 动作噪声
rewards = [] # 记录奖励
ma_rewards = []  # 记录滑动平均奖励
for i_ep in range(cfg.train_eps):
    state = env.reset()
    ou_noise.reset()
    done = False
    ep_reward = 0
    i_step = 0
    while not done:
        i_step += 1
        action = agent.choose_action(state)
        action = ou_noise.get_action(action, i_step)
```

```
        next_state, reward, done, _ = env.step(action)
        ep_reward += reward
        agent.memory.push(state, action, reward, next_state, done)
        agent.update()
        state = next_state
    if (i_ep+1)%10 == 0:
        print('回合: {}/{}, 奖励: {}'.format(i_ep+1, cfg.train_eps, ep_reward))
    rewards.append(ep_reward)
    if ma_rewards:
        ma_rewards.append(0.9*ma_rewards[-1]+0.1*ep_reward)
    else:
        ma_rewards.append(ep_reward)
```

相比于深度 Q 网络，DDPG 主要更新了两部分，一是给动作施加噪声，另外是软更新策略，即最后一步。

10.4.3 OU 噪声

OU 噪声适用于惯性系统，尤其是时间离散化粒度较小的情况。OU 噪声是一种随机过程，下面略去证明，直接给出公式。对于当前时刻 t 的一个变量 x，其下一时刻 $x(t+\Delta t)$：

$$x(t+\Delta t) = x(t) - \theta(x(t) - \mu)\Delta t + \sigma W_t \tag{10.4}$$

其中 W_t 属于正态分布，OU 噪声代码实现如下。

```
class OUNoise(object):
    '''Ornstein - Uhlenbeck噪声
    '''
    def __init__(self, action_space, mu=0.0, theta=0.15, max_sigma=0.3,
        min_sigma=0.3, decay_period=100000):
        self.mu           = mu # OU噪声的参数
        self.theta        = theta # OU噪声的参数
        self.sigma        = max_sigma # OU噪声的参数
        self.max_sigma    = max_sigma
        self.min_sigma    = min_sigma
        self.decay_period = decay_period
        self.action_dim   = action_space.shape[0]
```

```
        self.low            = action_space.low
        self.high           = action_space.high
        self.reset()
    def reset(self):
        self.obs = np.ones(self.action_dim) * self.mu
    def evolve_obs(self):
        x  = self.obs
        dx = self.theta * (self.mu - x) + self.sigma * np.random.randn(self.
            action_dim)
        self.obs = x + dx
        return self.obs
    def get_action(self, action, t=0):
        ou_obs = self.evolve_obs()
        self.sigma = self.max_sigma - (self.max_sigma - self.min_sigma) * min
            (1.0, t / self.decay_period) # sigma会逐渐衰减
        return np.clip(action + ou_obs, self.low, self.high) # 动作加上噪声后进
            行剪切
```

10.4.4 深度确定性策略梯度算法

DDPG 算法主要也包括两个功能，一个是选择动作，另一个是更新策略，首先看选择动作，如下。

```
def choose_action(self, state):
    state = torch.FloatTensor(state).unsqueeze(0).to(self.device)
    action = self.actor(state)
    return action.detach().cpu().numpy()[0, 0]
```

由于 DDPG 是直接从演员网络取得动作，因此这里不用 ε-贪心策略。在更新策略函数中，也会与深度 Q 网络稍有不同，并且加入软更新，如下。

```
def update(self):
    if len(self.memory) < self.batch_size: # 当 memory 中不满足一个批量时，不更
        新策略
        return
    # 从回放缓冲区中随机采样一个批量的经验
    state, action, reward, next_state, done = self.memory.sample (self.
        batch_size)
```

```
# 转变为张量
state = torch.FloatTensor(state).to(self.device)
next_state = torch.FloatTensor(next_state).to(self.device)
action = torch.FloatTensor(action).to(self.device)
reward = torch.FloatTensor(reward).unsqueeze(1).to(self.device)
done = torch.FloatTensor(np.float32(done)).unsqueeze(1).to(self.device)
# 计算期望Q值
policy_loss = self.critic(state, self.actor(state))
policy_loss = -policy_loss.mean()
next_action = self.target_actor(next_state)
target_value = self.target_critic(next_state, next_action.detach())
expected_value = reward + (1.0 - done) * self.gamma * target_value
expected_value = torch.clamp(expected_value, -np.inf, np.inf)
value = self.critic(state, action)
value_loss = nn.MSELoss()(value, expected_value.detach())
self.actor_optimizer.zero_grad()
policy_loss.backward()
self.actor_optimizer.step()
self.critic_optimizer.zero_grad()
value_loss.backward()
self.critic_optimizer.step()
# 软更新
for target_param, param in
zip(self.target_critic.parameters(), self.critic.parameters()):
    target_param.data.copy_(target_param.data * (1.0 - self.soft_tau) +param
        .data * self.soft_tau)
for target_param, param in
zip(self.target_actor.parameters(), self.actor.parameters()):
    target_param.data.copy_(target_param.data * (1.0 - self.soft_tau) +param
        .data * self.soft_tau)
```

10.4.5　结果分析

实现算法之后，我们先看看训练效果，如图 10.13 所示。

可以看到算法整体上是收敛的，但是稳定状态下波动还比较大，依然有提升的空间。限于笔者的精力，这里只是帮助读者实现一个基础的代码演示，想要使得算法调到最优，感兴趣的读者可以多思考实现。我们再来看看测试的结果，如

图 10.14 所示。

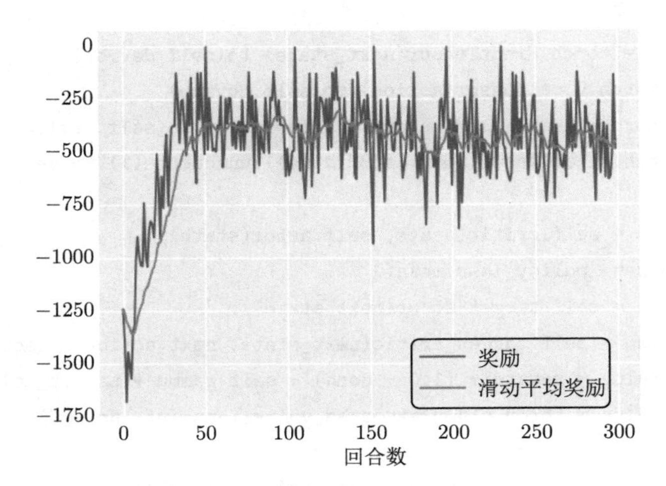

图 10.13 Pendulum-v1 环境下 DDPG 算法的训练曲线

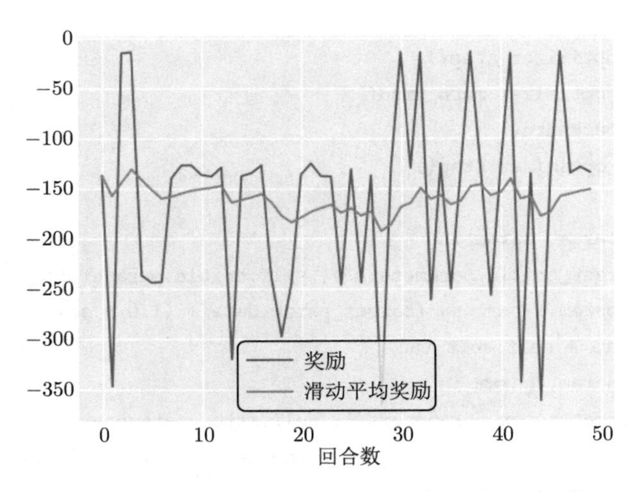

图 10.14 Pendulum-v1 环境下 DDPG 算法的测试曲线

从图 10.14 中看出测试的滑动平均奖励在 -150 左右，但其实训练的时候平均的稳态奖励在 -300 左右，这是因为在测试的时候我们舍去了 OU 噪声。

10.5 关键词

深度确定性策略梯度（deep deterministic policy gradient，DDPG）：在连续控制领域经典的强化学习算法，是深度 Q 网络在处理连续动作空间的一个扩充方法。具体地，从命名就可以看出，“深度”表明使用了深度神经网络；“确定性”表示其输出的是一个确定的动作，可以用于连续动作环境；“策略梯度”代表的是它用到的是策略网络，并且每步都会更新一次，其是一个单步更新的策略网络。其与深度 Q 网络都有目标网络和经验回放的技巧，在经验回放部分是一致的，在目标网络的更新上有些许不同。

10.6 习题

10-1 请解释随机性策略和确定性策略，两者有什么区别？

10-2 对于连续动作的控制空间和离散动作的控制空间，如果我们都采取策略网络，应该分别如何操作？

10.7 面试题

10-1 友善的面试官：请简述一下深度确定性策略梯度算法。

10-2 友善的面试官：请问深度确定性策略梯度算法是同策略算法还是异策略算法？请说明具体原因并分析。

10-3 友善的面试官：你是否了解过分布的分布式深度确定性策略梯度算法（distributed distributional deep deterministic policy gradient，D4PG）呢？请描述一下吧。

参考文献

[1] FUJIMOTO S, HOOF H, MEGER D. Addressing function approximation error in actor-critic methods [C]//International Conference on Machine Learning. PMLR, 2018: 1587-1596.

第 11 章 稀疏奖励

实际上用强化学习训练智能体的时候，多数时候智能体都不能得到奖励。在不能得到奖励的情况下，训练智能体是非常困难的。例如，假设我们要训练一个机器臂，桌上有一个螺丝钉与一个螺丝刀，要训练它用螺丝刀把螺丝钉拧进去很难，因为一开始智能体什么都不知道，它唯一能够做不同的动作的原因是探索。例如，智能体使用 Q 学习进行训练时会有一些随机性，它会采取一些过去没有采取过的动作。但要智能体把螺丝刀捡起来，再把螺丝拧进去，得到奖励 1，这件事是非常困难的。所以不管演员做了什么事情，它得到的奖励永远都是 0，对它来说不管采取什么样的动作都是一样糟或者是一样好。所以，它最后什么都不会学到。

如果环境中的奖励非常稀疏，强化学习的问题就会变得非常困难，但是人类可以在稀疏奖励的情况下去学习。人生大多数的时候没有奖励或惩罚，但人类还是可以采取各种各样的行为。所以，一个真正厉害的人工智能应该能够在稀疏奖励的情况下学到如何与环境交互。

我们可以通过 3 个方向来解决稀疏奖励的问题，下面一一介绍。

11.1 设计奖励

第一个方向是**设计奖励（reward shaping）**。环境有一个固定的奖励，它是真正的奖励，但是为了让智能体学到想要的结果，我们刻意设计了一些奖励来引导智能体。

例如，我们把小孩当成一个智能体，他可以采取两个动作：玩耍或者学习。如果他玩耍，在下一个时间点就会得到奖励 1。但是他在月考的时候，成绩可能会很差，所以在 100 个小时之后，他会得到奖励 -100。他也可以决定要学习，在下一个时间点，因为他没有玩耍，所以觉得很不爽，所以得到奖励 -1。但是在 100 个小时后，他可以得到奖励 100。对于一个小孩来说，他可能就会想要采取玩耍的动作而不是学习的动作。我们计算的是累积奖励，但也许对小孩来说，折扣因子会很大，所以他就不太在意未来的奖励。而且因为他是一个小孩，还没有很多经验，所以他的 Q 函数估计是非常不精准的。所以要他去估计很远以后会得到的累积奖励，他是估计不出来的。这时候大人就要引导他，对他说："如果你学习，我就给你一根棒棒糖。"对小孩来说，下一个时间点他得到的奖励就变成正的，他也许就会认为学习是比玩要好的。虽然这并不是真正的奖励，而是其他人引导他的奖励。设计奖励的概念是一样的，简单来说，就是我们自己想办法设计一些奖励，这些奖励不是环境真正的奖励。在玩雅达利游戏时，真正的奖励是游戏主机给的奖励，但我们自己可以设计一些奖励引导智能体，让智能体做我们想要它做的事情。

举个 Meta（原 Facebook）玩 *ViZDoom* 的智能体的例子。*ViZDoom* 是一个第一人称射击游戏，在这个射击游戏中，杀了敌人得到正奖励，被杀得到负奖励。研究人员设计了一些新的奖励，用新的奖励来引导智能体让它们做得更好，这不是游戏中真正的奖励。比如掉血就扣分，弹药减少就扣分，捡到补给包就加分，待在原地就扣分，移动就加分。活着会扣一个很小的分数，因为如果不这样做，智能体会只想活着，一直躲避敌人，而扣分会让智能体"好战"一些。

设计奖励是有问题的，因为我们需要领域知识（domain knowledge）。例如，如图 11.1 所示，机器人想要学会把蓝色的板子从柱子穿过。机器人很难学会，我们可以设计奖励。一个貌似合理的说法是，蓝色的板子离柱子越近，奖励越大。但是机器人靠近的方式会有问题，它会用蓝色的板子打柱子。而机器人要把蓝色板子放在柱子上面，才能让蓝色板子穿过柱子。因此，这种设计奖励的方式是有问题的。至于哪种设计奖励的方式有问题，哪种设计奖励的方式没问题，会变成一个领域知识，是我们要去调整的。

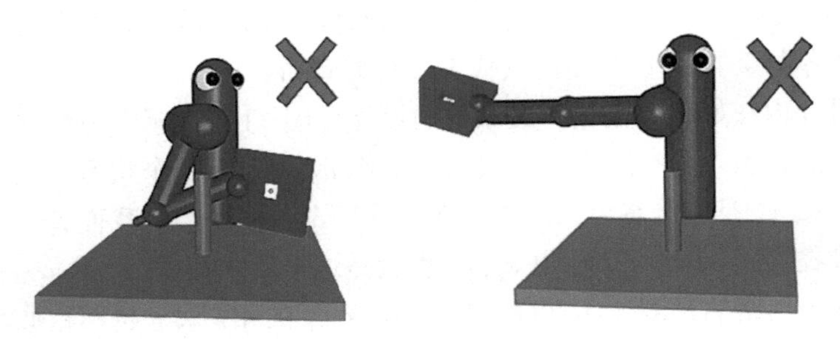

图 11.1　设计奖励的问题

11.2 好奇心

接下来介绍各种我们可以自己加入并且一般看起来是有用的奖励。例如，一种技术是给智能体加上好奇心（curiosity），即**好奇心驱动的奖励（curiosity driven reward）**。如图 11.2 所示，我们输入某个状态和某个动作到奖励函数中，奖励函数就会输出在这个状态采取这个动作会得到的奖励，总奖励越大越好。

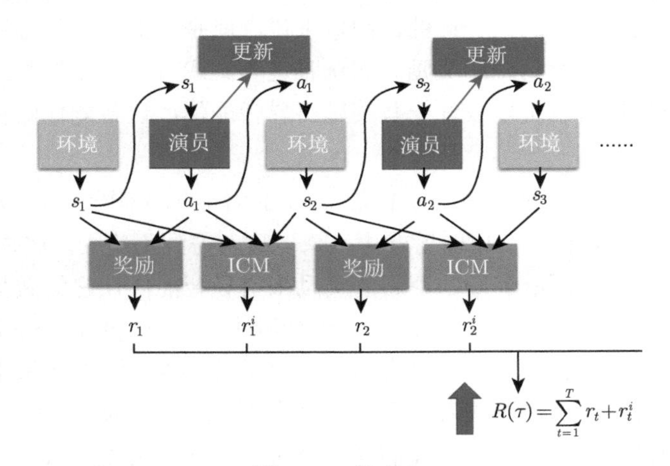

图 11.2 好奇心

在好奇心驱动的技术中，我们会加上一个新的奖励函数——**内在好奇心模块（intrinsic curiosity module，ICM）**，它用于给智能体加上好奇心。内在好奇心模块需要 3 个输入：状态 s_1、动作 a_1 和状态 s_2。根据输入，它会输出另外一个奖励 r_1^i。对智能体来说，总奖励并不是只有 r，还有 r^i。它不是只把所有的 r 都加起来，它还把所有 r^i 加起来当作总奖励。所以在与环境交互的时候，它不是只希望 r 越大越好，它还同时希望 r^i 越大越好，它希望从内在好奇心模块中得到的奖励越大越好。内在好奇心模块代表一种好奇心。

怎么设计内在好奇心模块？最原始的设计如图 11.3 所示，内在好奇心模块的输入是现在的状态 s_t、在这个状态采取的动作 a_t 以及下一个状态 s_{t+1}，输出一个奖励 r_t^i。那么 r_t^i 是怎么算出来的呢？在内在好奇心模块中，我们有一个网络，这个网络会接收输入 a_t 与 s_t，输出 $\hat{s}_{t+1}$，也就是这个网络根据 a_t 和 s_t 去预测 $\hat{s}_{t+1}$。然后再看这个网络的预测 $\hat{s}_{t+1}$ 与真实的情况 s_{t+1} 的相似度，越不相似得到的奖励就越大。所以奖励 r_t^i 的意思是，未来的状态越难被预测，得到的奖励就越大。这就是鼓励智能体去冒险、去探索，现在采取这个动作，未来会发生什么越难被预测，这个动作的奖励就越大。所以如果有这样的内在好奇心模块，智能体就会倾向于采取一些风险比较大的动作，它想要去探索未知的世界。假设某一个状态是它无法预测的，它就会特别想要接近该状态，这可以提高智能体探索的能力。

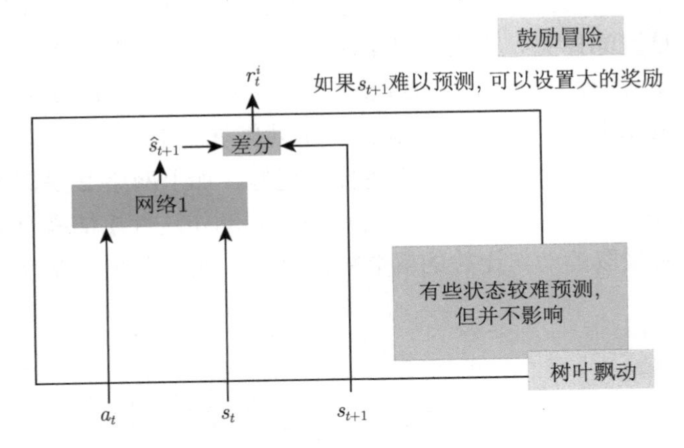

图 11.3 内在好奇心模块设计

网络 1 是另外训练出来的，训练的时候，我们会给网络 1 输入 a_t、s_t，让网络 1 学习根据给定 a_t、s_t 预测 $\hat{s}_{t+1}$。在智能体与环境交互的时候，要把内在好奇心模块固定住。这个想法有一个问题：某些状态很难被预测并不代表它就是好的、它就是应该要被尝试的。例如，俄罗斯轮盘的结果也是无法预测的，这并不代表人应该去玩俄罗斯轮盘。所以只鼓励智能体去冒险是不够的，因为如果只有这个网络的架构，智能体只知道什么东西它无法预测。如果在某一个状态采取某一个动作，智能体无法预测接下来的结果，它就会采取那个动作，但这并不代表这样的结果一定是好的。例如，可能在某个游戏中，背景会有风吹草动、会有树叶飘动这种无关紧要的事情。也许树叶飘动这件事，是很难被预测的，对智能体来说，它在某一个状态什么都不做，就看着树叶飘动，发现树叶飘动是无法预测的，接下来它就会一直看树叶飘动。所以智能体仅仅有好奇心是不够的，还要让它知道，什么事情是真正重要的。

怎么让智能体知道什么事情是真正重要的呢？我们要加上另外一个模块，我们要学习一个**特征提取器（feature extractor）**。如图 11.4 所示，黄色的格子代表特征提取器，它输入一个状态，输出一个特征向量来代表这个状态，我们期待特征提取器可以把没有意义的画面，状态中没有意义的东西过滤掉，比如风吹草动、白云的飘动以及树叶飘动。

假设特征提取器可以把无关紧要的信息过滤掉，网络 1 实际上做的事情是，给它一个演员和一个状态 s_t 的特征表示（feature representation），让它预测状态 s_{t+1} 的特征表示。接下来我们再来评价，预测的结果与真正的状态 s_{t+1} 的特征表示像不像，越不像，奖励就越大。怎么学习特征提取器呢？怎么让特征提取器把无关紧要的信息过滤掉呢？我们可以学习另外一个网络，即网络 2。网络 2 把向量 $\boldsymbol{\phi}(s_t)$ 和 $\boldsymbol{\phi}(s_{t+1})$ 作为输入，它要预测动作 $\hat{a}$ 是什么，它希望这个动作 $\hat{a}$ 与真正的动作 a 越接近越好。网络 2 会输出一个动作 $\hat{a}_t$，它会输出，从状态 s_t 到状态 s_{t+1}，要采取的动作与真正的动作越接近越好。加上网络 2 是因为要用 $\boldsymbol{\phi}(s_t)$、$\boldsymbol{\phi}(s_{t+1})$ 预测动作。所以，提取出来的特征与预测动作这件事情是有关的，风吹草动等与智能体要采取的动作无关的就会被过滤掉，就不会在被提取出来的向量中被表示。

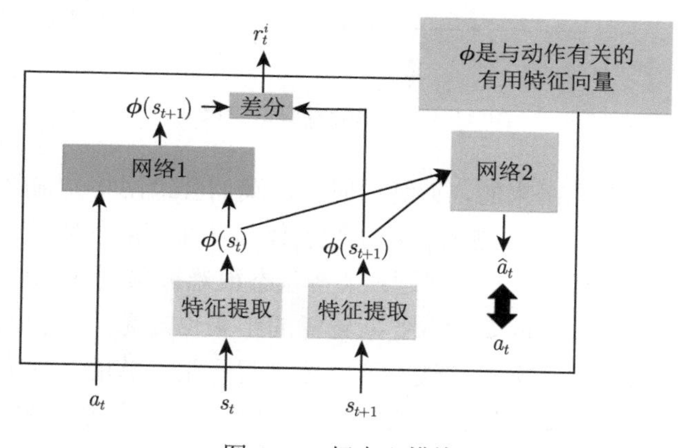

图 11.4　好奇心模块

11.3　课程学习

第二个方向是**课程学习（curriculum learning）**。课程学习不是强化学习独有的概念，在深度学习中，我们都会用到课程学习的概念。具体来说，课程学习是指我们为智能体的学习做规划，给他“喂”的训练数据是有顺序的，通常都是由简单到难的。比如，假设我们要教一个小朋友学微积分，他做错题就惩罚他，这样他很难学会。我们应该先教他乘法，再教他微积分。所以课程学习就是指在训练智能体的时候，训练数据从简单到困难。就算不是强化学习，一般在训练深度网络的时候，我们有时候也会这么做。例如，在训练循环神经网络的时候，已经有很多的文献都证明，先给智能体看短的序列，再慢慢给它看长的序列，通常它可以学得比较好。在强化学习中，我们就是要帮智能体规划它的课程，课程难度从易到难。

例如，Meta 玩 *ViZDoom* 的智能体表现非常好，它参加 *ViZDoom* 的比赛得了第一名。对于 Meta 玩 *ViZDoom* 的智能体，是有为智能体规划课程的，从课程 0 一直到课程 7。在不同的课程中，怪物的速度与血量是不一样的。所以，在越进阶的课程中，怪物的速度越快，血量越多。如果直接上课程 7，智能体是无法学习的。要从课程 0 开始，一点一点增加难度，这样智能体才学得起来。

再例如，对于把蓝色的板子穿过柱子的任务，怎么让机器人一直从简单学到难呢？如图 11.5（a）所示，也许一开始，板子就已经在柱子上了。这时候，机器人只要把蓝色的板子压下去就可以了。这种情况比较简单，机器人应该很快就能学会。因为机器人只有往上与往下这两个选择，往下就得到奖励，任务就结束了，所有它也不知道学的是什么。如图 11.5（b）所示，我们把板子放高一点儿，机器人有时候会笨拙地往上拉板子，然后把板子拿出来。如果机器人可以学会压板子，拿板子也有很大的可能可以学会。假设机器人现在已经学到，只要板子接近柱子，它就可以把板子压下去。接下来，我们再让它学更一般的情况。如图 11.5（c）所示，一开始，让板子离柱子远一点儿。然后，板子放到柱子上面的时候，机器人就知道把板子压下去，这就是课程学习的概念。当然，课程学习有点儿特别，它需要人去为智能体设计课程。

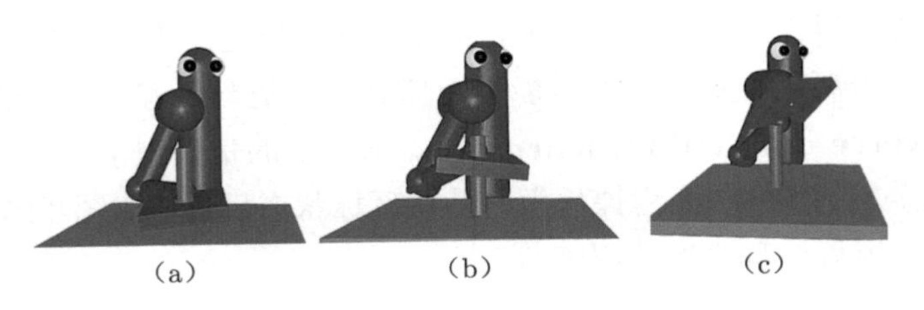

图 11.5　课程学习

有一个比较通用的方法：**逆向课程生成**（**reverse curriculum generation**）。我们可以用一个比较通用的方法来帮智能体设计课程。如图 11.6 所示，假设我们一开始有一个状态 s_{g}，这是**目标状态**（**goal state**），也就是最后最理想的结果。如果以板子和柱子的实验为例，目标状态就是把板子穿过柱子。如果我们以训练机械臂抓东西为例，抓到东西就称为目标状态。接下来我们根据目标状态去找其他的状态，这些其他的状态与目标状态是比较接近的。例如，在让机械臂抓东西的例子中，机械臂可能还没有抓到东西。假设与目标状态很接近的状态称为 s_1。机械臂还没有抓到东西，但它与目标状态很接近，这种状态可称为 s_1。至于什么是接近，这取决于具体情况。我们要根据任务来设计怎么从 s_g 采样出 s_1。接下来，智能体再从 s_1 开始与环境交互，看它能不能够达到目标状态 s_g，在每一个状态下，智能体与环境交互的时候，都会得到一个奖励。

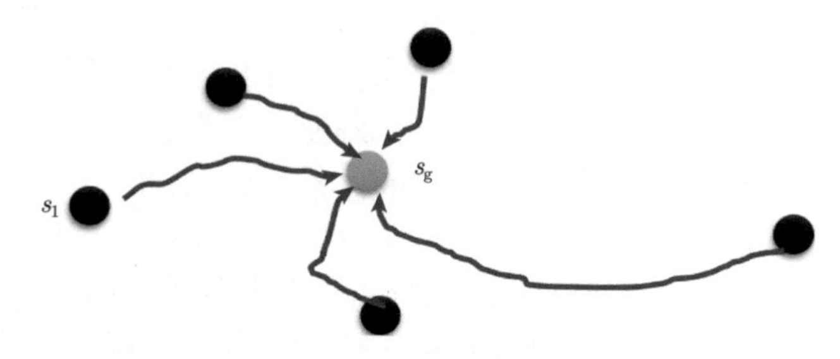

图 11.6　逆向课程生成

接下来，我们把奖励特别极端的情况去掉。奖励特别极端的情况的意思是这些情况太简单或是太难了。如果奖励很大，就代表这个情况太简单了，就不用学习了，因为智能体已经会了，它可以得到很大的奖励。如果奖励太小，就代表这个情况太难了，依照智能体现在的能力它学不会，所以就不学这个，只学一些奖励适中的情况。

接下来，再根据这些奖励适中的情况采样出更多的状态。假设一开始，机械臂在某个位置可以抓得到后。接下来，机械臂就再离远一点儿，看看能不能抓到；又能抓到后，再离远一点儿，看看能不能抓到。这是一个有用的方法，称为**逆课程学习（reverse curriculum learning）**。前面讲的是课程学习，就是我们要为智能体规划学习的顺序。而逆课程学习是从目标状态反推，如图 11.7 所示，就是从目标反推，所以这称为逆课程学习。

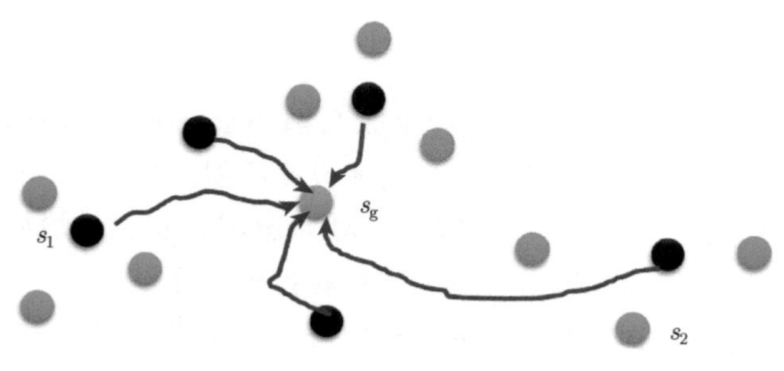

图 11.7　逆课程学习

11.4 分层强化学习

第三个方向是**分层强化学习**(**hierarchical reinforcement learning,HRL**)。分层强化学习是指，我们有多个智能体，一些智能体负责比较高级的任务，如负责定目标，定完目标后，再将目标分配给其他的智能体执行。这样的想法也是很合理的。例如，假设我们想写一篇论文，首先我们要想创新点，想完创新点后，还要做实验。做实验以后，我们要写论文。写完论文以后还要投稿、发表。每一个动作下面又会再细分，比如怎么做实验呢？我们要先收集数据，收集完数据以后，要标注标签，还要设计一个网络，然后又训练不起来，要训练很多次。重新设计网络架构好几次，最后才把网络训练起来。所以，我们要完成一个很大的任务的时候，并不是从非常底层的动作开始做，其实是有一个计划的。我们会先想，如果要完成这个最大的任务，要将之拆解成哪些小任务，每一个小任务要怎么拆解成更小的任务。例如，我们直接写一本书可能很困难，但先把一本书拆成几章，每章拆成几节，每节又拆成几段，每段又拆成几个句，这样可能就比较好写，这就是分层强化学习。

如图 11.8 所示，假设校长、教授和研究生都是智能体，并且我们所在的学校只要进入百大学校（QS 排名前 100 的学校）就可以得到奖励。假设进入百大学校，校长就要提出愿景并告诉其他的智能体，现在我们要达到什么样的目标。校长的愿景可能是教授每年都要发 3 篇期刊论文。这些智能体都是分层的，所以上面的智能体，他的动作就是提出愿景。他把他的愿景传给下一层的智能体，下一层的智能体会接收这个愿景。如果他下面还有其他智能体，他就会提出新的愿景。比如，校长要教授发期刊论文，但教授自己没时间实验，他也只能够让下面的研究生做实验。所以教授就提出愿景，做出实验的规划，研究生才是执行这个实验的人。把实验做出来以后，大家就可以得到奖励。现在是这样的，在学习的时候，每一个智能体都会学习，他们的整体目标就是要得到最后的奖励。前面的智能体，他们提出来的动作就是愿景。但是，假设他们提出来的愿景是下面的智能体达不到的，就会被讨厌。例如，教授都一直让研究生做一些很困难的实验，研究生做不出来，教授就会得到一个惩罚。所以如果下层的智能体无法达到上层智能体所提出来的目标，上层的智能体就会被讨厌，它就会得到一个负奖励。所以他要避免提出的那些愿景是下层的智能体做不到的。每一个智能体都把上层的智能体所提出的愿景当作输入，决定他自己要产生什么输出。

但是就算看到上面的愿景让我们做某件事情，最后也不一定能做成这件事情。

如图 11.9 所示，假设本来教授的目标是要发期刊论文，但他突然切换目标，要变成一个 YouTuber。这时，我们需要把原来的愿景改变成 YouTuber。因为虽然本来的愿景是发期刊论文，但是后来变成 YouTuber，这些动作是没有被浪费的。假如，本来的愿景就是要成为 YouTuber，我们就知道成为 YouTuber 要怎么做了。这就是分层强化学习，其是可以实现的技巧。

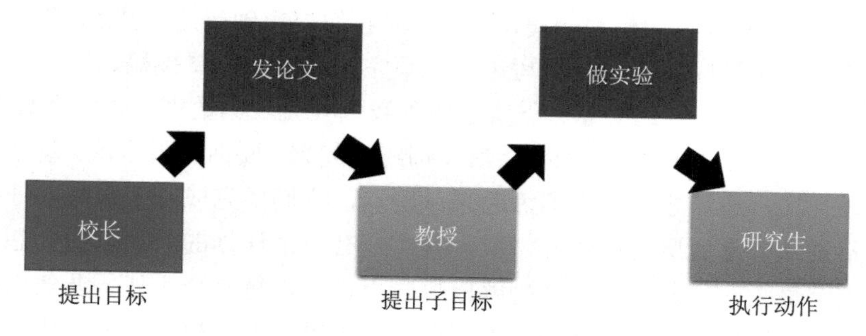

图 11.8 分层强化学习例子

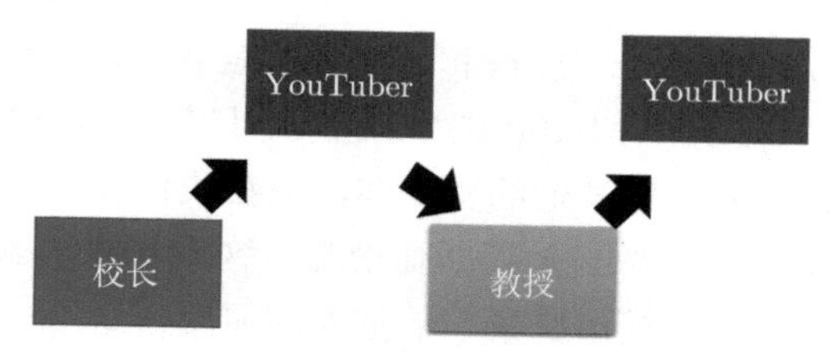

图 11.9 分层强化学习：改变愿景

图 11.10 是真实游戏的例子。第一个游戏是走迷宫，蓝色的是智能体，蓝色的智能体要走到黄色的目标。第二个游戏是单摆，单摆要碰到黄色的球。愿景是什么呢？在走迷宫游戏时，只有两个智能体，下层的智能体负责决定要怎么走，上层的智能体负责提出愿景。虽然，实际上我们可以用很多层，但这只用了两层。走迷宫的游戏中紫色的点代表的就是愿景。上层的智能体告诉蓝色的智能体，我们现在的第一个目标是先走到某个位置。蓝色的智能体到达以后，再说新的目标是走到另一个位置。蓝色的智能体再到达以后，新的目标会在其他位置。接下来蓝色的智能体又到达这个位置，最后希望蓝色的智能体可以到达黄色的位置。单摆的例子也一样，紫色的点代表的是上层的智能体所提出的愿景，所以这个智能体先摆到这边，接下来，新的愿景又跑到某个位置，所以它又摆到对应的位置。然

后，新的愿景又跑到上面。然后又摆到上面，最后就走到黄色的位置。这就是分层强化学习。

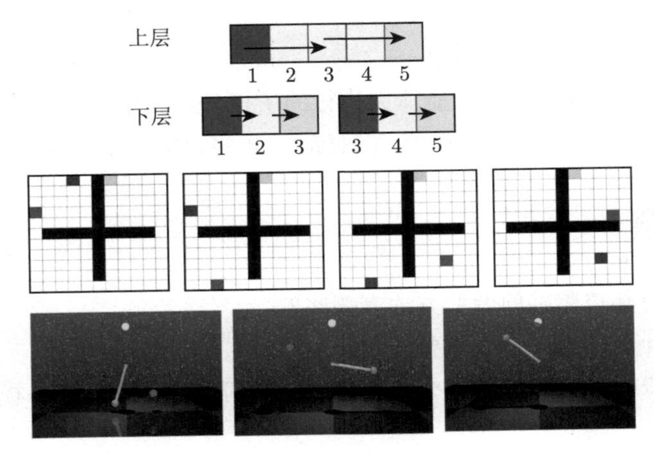

图 11.10 走迷宫和单摆的例子 [1]

最后，我们对分层强化学习进行总结。分层强化学习是指将一个复杂的强化学习问题分解成多个小的、简单的子问题，每个子问题都可以单独用马尔可夫决策过程来建模。这样，我们可以将智能体的策略分为高层次策略和低层次策略，高层次策略根据当前状态决定如何执行低层次策略。这样，智能体就可以解决一些非常复杂的任务。

11.5 关键词

设计奖励（reward shaping）：当智能体与环境进行交互时，我们人为设计一些奖励，从而"指挥"智能体，告诉其采取哪一个动作是最优的。需要注意的是，这个奖励区别于环境的奖励。其可以提高我们估算 Q 函数时的准确性。

内在好奇心模块（intrinsic curiosity module，ICM）：其代表好奇心驱动这个技术中的增加新的奖励函数以后的奖励函数。

课程学习（curriculum learning）：一种广义的用在强化学习中训练智能体的方法，其在输入训练数据的时候，采取由易到难的顺序进行输入，也可以人为设计它的学习过程。这个方法在机器学习和强化学习中普遍使用。

逆课程学习（reverse curriculum learning）：相较于课程学习，逆课程学习为更广义的方法。其从目标状态开始，依次去寻找距离目标状态最近的状态作为想让智能体达到的阶段性的“理想”状态。当然，我们会在此过程中有意地去掉一些极端的状态，即太简单、太难的状态。综上，逆课程学习是从目标状态反推的方法。

分层强化学习（hierarchical reinforcement learning）：将一个大型的任务，横向或者纵向地拆解成由多个智能体去执行的子任务。其中，有一些智能体负责比较高层次的任务，如负责定目标，定完目标后，再将目标分配给其他的智能体执行。

11.6 习题

11-1 解决稀疏奖励问题的方法有哪些？

11-2 设计奖励存在什么主要问题？

11-3 内在好奇心模块是什么？我们应该如何设计内在好奇心模块？

参考文献

[1] LEVY A, PLATT R, SAENKO K. Hierarchical reinforcement learning with hindsight[C]//Proceedings of the International Conference on Learning Representations. ICLR, 2019.

第 12 章 模仿学习

模仿学习（**imitation learning, IL**）讨论的问题是，假设我们连奖励都没有，要怎么进行更新以及让智能体与环境交互呢？模仿学习又被称为**示范学习**（**learning from demonstration**）、**学徒学习**（**apprenticeship learning**）、**观察学习**（**learning by watching**）。在模仿学习中，有一些专家的示范，智能体也可以与环境交互，但它无法从环境里得到任何的奖励，它只能通过专家的示范来学习什么是好的，什么是不好的。其实，在多数情况下，我们都无法从环境里得到非常明确的奖励。棋类游戏或电玩会有非常明确的奖励，但是多数的情况都是没有奖励的。以聊天机器人为例，机器人与人聊天，聊得怎样算是好，聊得怎样算是不好，我们是无法给出明确的奖励的。

当然，虽然我们无法给出明确的奖励，但可以收集专家的示范。例如，在自动驾驶汽车方面，虽然我们无法给出自动驾驶汽车的奖励，但可以收集很多人类开车的记录。在聊天机器人方面，我们可能无法定义什么是好的对话，什么是不好的对话，但可以收集很多人的对话当作范例。因此模仿学习的实用性非常高。假设我们不知道该怎么定义奖励，就可以收集专家的示范。如果我们可以收集到一些示范，可以收集到一些很厉害的智能体（比如人）与环境实际上的交互，就可以考虑采用模仿学习。在模仿学习中我们介绍两个方法：**行为克隆**（**behavior cloning, BC**）和**逆强化学习**（**inverse reinforcement learning, IRL**）。逆强化学习也被称为**逆最优控制**（**inverse optimal control**）。

12.1 行为克隆

其实行为克隆与监督学习较为相似。以自动驾驶汽车为例，如图 12.1 所示，我们可以收集到人开自动驾驶汽车的数据，比如可以通过行车记录器进行收集。看到图 12.1 所示的观测的时候，人会决定向前，智能体也采取与人一样的行为，即也向前。专家做什么，智能体就做一模一样的事，这就称为行为克隆。

怎么让智能体学会与专家一模一样的行为呢？我们可以把它当作一个监督学习的问题，先收集很多行车记录器的数据，再收集人在具体情境下会采取什么样的行为（训练数据）。我们知道人在状态 s_1 会采取动作 a_1，人在状态 s_2 会采取动作 a_2，人在状态 s_3 会采取动作 a_3……接下来，我们就学习一个网络。这个网络就是演员，输入 s_i 的时候，我们希望它的输出是 a_i。

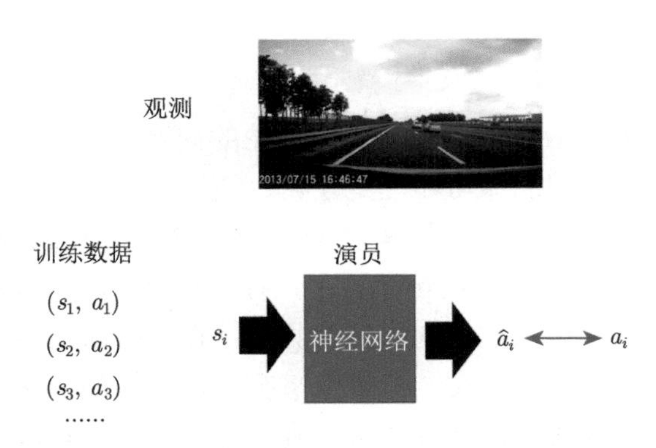

图 12.1　自动驾驶汽车例子

行为克隆虽然非常简单，但它的问题是，如果我们只收集专家的示范，可能我们的观测以及状态是非常有限的。例如，如图 12.2 所示，假设我们要学习自动驾驶一辆汽车通过图中的弯道。如果是专家，它将顺着红线通过弯道。但假设智能体很笨，它开车的时候撞墙了，它永远不知道撞墙这种状况要怎么处理。因为训练数据中没有撞墙相关的数据，所以它根本就不知道撞墙这种情况要怎么处理。打电玩也是一样的，让专家去玩《超级马里奥》，专家可能非常强，它从来不会跳不上水管，所以智能体根本不知道跳不上水管时的处理方式。所以仅仅使用行为克隆是不够的，只观察专家的示范是不够的，还需要结合另一个方法：**数据集聚合（dataset aggregation，DAgger）**。

我们希望收集更多样的数据，而不是只收集专家的观测，希望能够收集专家在各种极端的情况下所采取的行为。如图 12.3 所示，以自动驾驶汽车为例，一开始我们有演员 θ_1，并且让其去驾驶这辆车，同时车上坐了一个专家。这个专家会不断地告诉智能体，如果在这个情境中，我会怎么样开。所以 θ_1 自己开自己的，但是专家会不断地表达它的想法。比如，一开始的时候，专家可能说往前走。在拐弯的时候，专家可能就会说往右转。但 θ_1 是不管专家的指令的，所以它会继续撞墙。虽然专家说往右转，但是不管他怎么下指令都是没有用的，θ_1 会做自己的事情，因为我们要记录的是，专家在 θ_1 看到这种观测的情况下，它会做什么样的反应。这个方法显然是有一些问题的，因为我们每开一次自动驾驶汽车就会失去一个专家。我们用这个方法，失去一个专家以后，就会知道人类在快要撞墙的时候，会采取什么样的行为。再用这些数据训练新的演员 θ_2，并反复进行这个过程，这个方法称为数据集聚合。

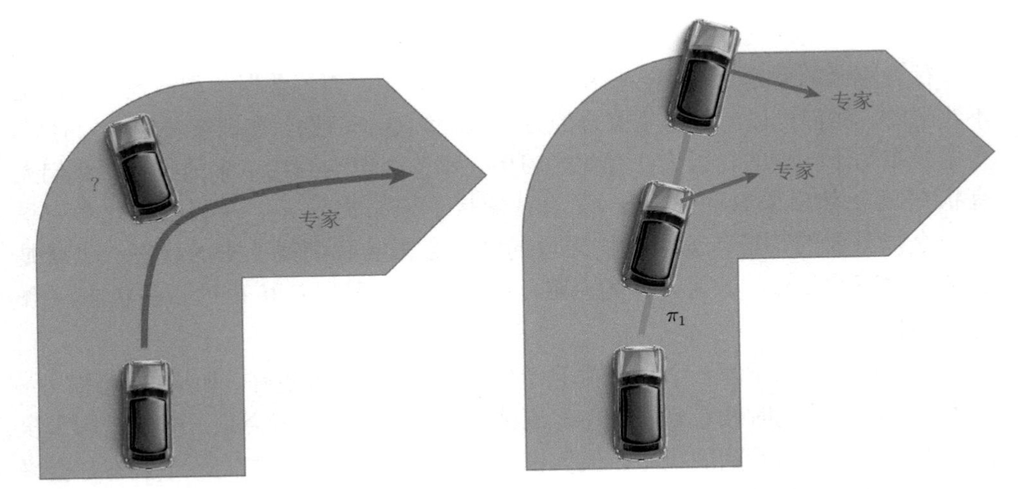

图 12.2　行为克隆的问题　　图 12.3　数据集聚合

行为克隆还有一个问题：智能体会完全模仿专家的行为，不管专家的行为是否有道理，就算没有道理，没有什么用，只是专家本身的习惯，智能体也会把它记下来。如果智能体确实可以记住所有专家的行为，也许还好，它只是做一些多余的事。但问题是智能体是一个网络，网络的容量是有限的。就算给网络足够的训练数据，它在训练数据上得到的正确率往往也不是 100%。这个时候，什么该学，什么不该学就变得很重要。

例如，如图 12.4 所示，在学习中文的时候，老师有语音和手势，但其实只有语音部分是重要的，手势部分是不重要的。也许智能体只能学一件事，如果它只学到了语音，没有问题。如果它只学到了手势，就有问题了。所以让智能体学习什么东西是需要模仿的、什么东西是不需要模仿的，这件事情是很重要的。而单纯的行为克隆没有学习这件事情，因为智能体只是复制专家所有的行为而已，它不知道哪些行为是重要的，是对接下来有影响的，哪些行为是不重要的，是对接下来没有影响的。

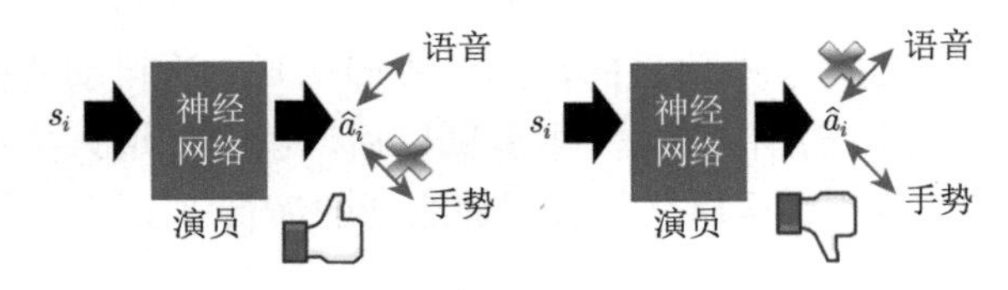

图 12.4 智能体学习中文

行为克隆的问题还在于：使用行为克隆的时候，训练数据与测试数据往往是不匹配的。我们可以用数据集聚合的方法来缓解这个问题。在训练与测试的时候，数据分布是不一样的。因为在强化学习中，动作会影响到接下来的状态。我们先有状态 s_1，然后采取动作 a_1，a_1 会决定接下来的状态 s_2。所以在强化学习里有一个很重要的特征，就是我们采取的动作会影响我们接下来的状态，也就是会影响状态的分布。如果有行为克隆，我们只能观察到专家 $\hat{\theta}$ 的一些状态-动作对 (s,a)。

我们希望可以学习一个 θ^*，并且希望 θ^* 与 $\hat{\theta}$ 越接近越好。如果 θ^* 可以与 $\hat{\theta}$ 一模一样，训练的时候看到的状态与测试的时候看到的状态会是一样的。因为虽然动作会影响我们看到的状态，但假设两个策略一模一样，在同一个状态都会采取同样的动作，我们接下来看到的状态都会是一样的。但问题就是很难让学习出来的策略与专家的策略一模一样。专家是一个人类，网络要与人类一模一样，有点儿困难。

如果 θ^* 与 $\hat{\theta}$ 有一点儿误差，在一般监督学习问题中，每一个样本（example）都是独立的，也许没什么问题。但对强化学习的问题来说，可能在某个地方就是失之毫厘，谬以千里。在某个地方，智能体无法完全复制专家的行为，它复制得差了一点儿，也许最后得到的结果就会差很多。所以行为克隆并不能够完全解决模仿学习的问题，还有另外一个比较好的方法，即逆强化学习。

12.2 逆强化学习

为什么叫逆强化学习？因为原来的强化学习里，有一个环境和一个奖励函数，如图 12.5 所示。根据环境和奖励函数，通过强化学习，我们会找到一个演员，并会学习出一个最优演员。

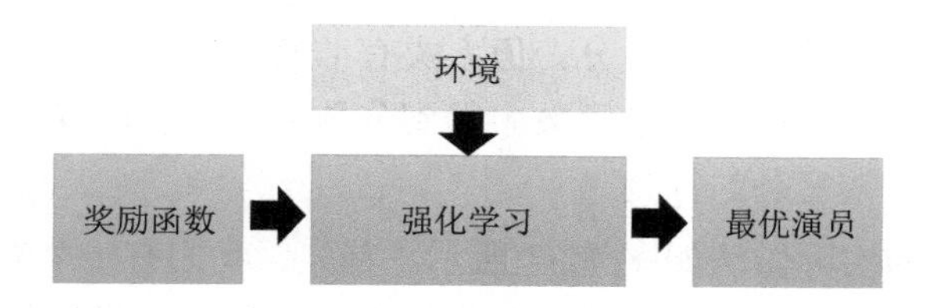

图 12.5　强化学习的学习过程

但逆强化学习刚好是相反的，如图 12.6 所示，它没有奖励函数，只有一些专家的示范，但还是有环境的。逆强化学习假设现在有一些专家的示范 $\hat{\tau}$ 。如果是在玩电玩，每一个 $\hat{\tau}$ 就是一个很会玩电玩的人玩一场游戏的记录。如果是自动驾驶汽车，就是人开自动驾驶汽车的记录。这些就是专家的示范，每一个 $\hat{\tau}$ 是一条轨迹。

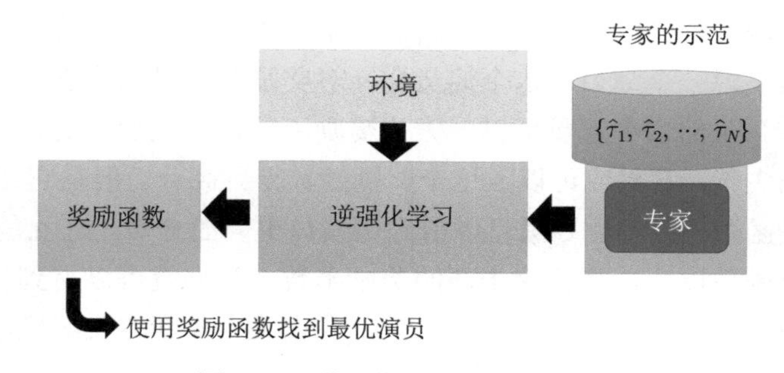

图 12.6　逆强化学习的学习过程

把所有专家的示范收集起来，再使用逆强化学习这一技术。使用逆强化学习技术的时候，智能体是可以与环境交互的。但它得不到奖励，它的奖励必须从专家那里推出来。有了环境和专家的示范以后，可以反推出奖励函数。强化学习是由奖励函数推出什么样的动作、演员是最好的。逆强化学习则反过来，我们有专家的示范，我们相信它是不错的，就反推，专家是因为什么样的奖励函数才会采取这些行为。有了奖励函数以后，接下来，我们就可以使用一般的强化学习的方法去找出最优演员。所以逆强化学习是先找出奖励函数，找出奖励函数以后，再用强化学习找出最优演员。

把这个奖励函数找出来，相较于原来的强化学习有什么好处呢？一个可能的好处是也许奖励函数是比较简单的。即虽然专家的行为非常复杂，但也许简单的奖励函数就可以导致非常复杂的行为。一个例子就是人类本身的奖励函数就只有活着这样，每多活一秒，就加一分。但人类有非常复杂的行为，但是这些复杂的行为都只是围绕着要从这个奖励函数中得到分数而已。有时候很简单的奖励函数也许可以推导出非常复杂的行为。

逆强化学习的实际做法如图 12.7 所示，首先，我们有一个专家 $\hat{\theta}$，其与环境交互，产生很多轨迹 $\{\hat{\tau}_1, \hat{\tau}_2, \cdots, \hat{\tau}_N\}$。如果我们玩游戏，就让某个电玩高手去玩 N 场游戏，把 N 场游戏的状态与动作的序列都记录下来。接下来，我们有一个演员 θ，一开始演员很烂，这个演员也与环境交互。它也去玩了 N 场游戏，也有 N 场游戏的记录。接下来，我们要反推出奖励函数。怎么反推出奖励函数呢？原则就是专家永远是最棒的，是先射箭，再画靶的概念。专家去玩一玩游戏，得到这些游戏的记录，演员也去玩一玩游戏，得到这些游戏的记录。接下来，我们要定一个奖励函数，该奖励函数的原则就是专家得到的分数要比演员得到的分数高（先射箭，再画靶），所以我们就学习出一个奖励函数，这个奖励函数会使专家得到的奖励大于演员得到的奖励。有了新的奖励函数以后，我们就可以使用一般强化学习的方法学习一个演员，这个演员会针对奖励函数最大化它的奖励，也会采取一些的动作。虽然这个演员可以最大化奖励函数，但我们会更改奖励函数。这个演员就会很生气，它已经可以在这个奖励函数得到高分。但是它得到高分以后，我们就改奖励函数，仍然让专家可以得到比演员更高的分数。这就是逆强化学习。有了新的奖励函数以后，根据这个新的奖励函数，我们就可以得到新的演员，新的演员再与环境交互。它与环境交互以后，我们又会重新定义奖励函数，让专家得到的奖励比演员的大。

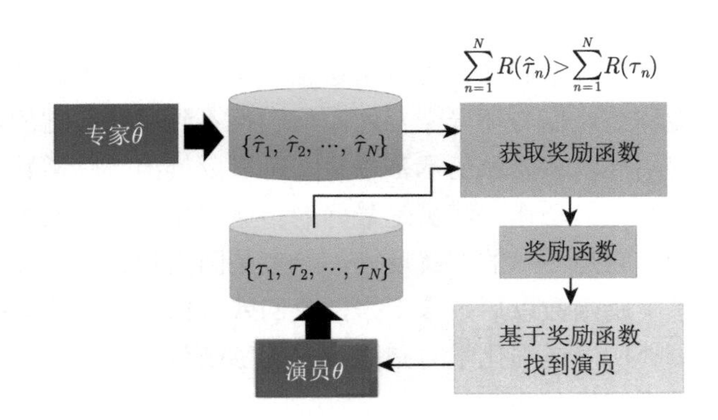

图 12.7　逆强化学习的框架

怎么让专家得到的奖励大过演员呢？如图 12.7 所示，我们在学习的时候，奖励函数也许就是神经网络。神经网络的输入为 τ，输出就是应该要给 τ 的分数。或者假设我们觉得输入整个 τ 太难了，因为 τ 是 s 和 a 的一个很长的序列。也许就向它输入一个 s 和 a 的对，它会输出一个实数。把整个 τ 会得到的实数加起来就得到 $R(\tau)$。在训练的时候，对于 $\{\hat{\tau}_1, \hat{\tau}_2, \cdots, \hat{\tau}_N\}$，我们希望它输出的 R 值越大越好；对于 $\{\tau_1, \tau_2, \cdots, \tau_N\}$，希望 R 值越小越好。

什么可以被称为一个最好的奖励函数呢？最后学习出来的奖励函数应该是专家和演员在这个奖励函数上都会得到一样高的分数。最终的奖励函数无法分辨出谁应该会得到比较高的分数。通常在训练的时候，我们会迭代地去做。最早的逆强化学习对奖励函数有些限制，它是假设奖励函数是线性的（linear）。如果奖励函数是线性的，我们可以证明这个算法会收敛（converge）。但是如果奖励函数不是线性的，我们就无法证明它会收敛。

其实我们只要把逆强化学习中的演员看成生成器，把奖励函数看成判别器，它就是生成对抗网络。所以逆强化学习会不会收敛就等于生成对抗网络会不会收敛。如果我们已经实现过，就会知道逆强化学习不一定会收敛。但除非对 R 执行一个非常严格的限制，否则如果 R 是一个一般的网络，我们就会有很大的麻烦。

我们可以把逆强化学习与生成对抗网络详细地比较一下。如图 12.8 所示，在生成对抗网络中，我们有一系列很好的图、一个生成器 G 和一个判别器 D。一开始，生成器不知道要产生什么样的图，它就会乱画。判别器的工作就是给画的图打分，专家画的图得高分，生成器画的图得低分。生成器会想办法去骗过判别

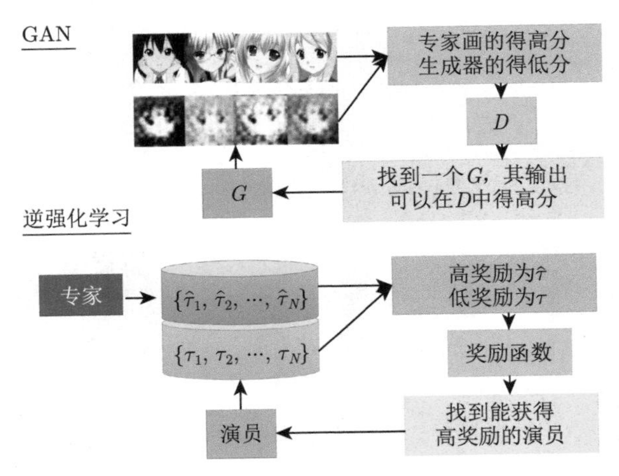

图 12.8 生成对抗网络与逆强化学习的区别

器，生成器希望判别器也给它画的图打高分。整个过程与逆强化学习是一模一样的。专家画的图就是专家的示范。生成器就是演员，生成器画很多图，演员与环境交互，产生很多轨迹。演员与环境交互的记录其实就等价于生成对抗网络中的这些图。然后我们学习一个奖励函数。奖励函数就是判别器。奖励函数要给专家的示范打高分，给演员交互的结果打低分。接下来，演员会想办法，从已经学习出的奖励函数中得到高分，然后迭代地循环。

逆强化学习有很多的应用，比如可以用于自动驾驶汽车，有人用这个技术来学开自动驾驶汽车的不同风格。每个人在开车的时候会有不同风格，例如，能不能压到线、能不能倒退等。每个人的风格是不同的，用逆强化学习可以让自动驾驶汽车学会各种不同的开车风格。

逆强化学习有一个有趣的地方：通常我们不需要太多的训练数据，训练数据往往都是个位数。因为逆强化学习只是一种示范，实际上智能体可以与环境交互多次，所以我们往往会看到只用几笔数据就可以训练出一些有趣的结果。图 12.9 所示为让自动驾驶汽车学会在停车场中安全停车的例子。这个例子的示范是这样

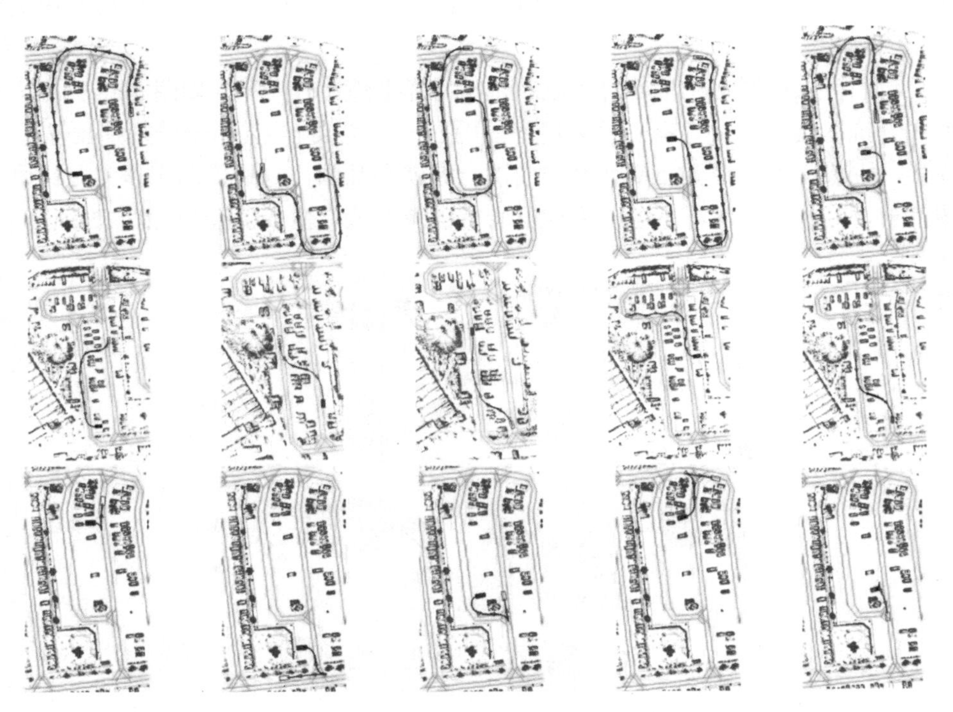

图 12.9　自动驾驶汽车停车例子 [1]

的：蓝色是终点，自动驾驶汽车要开到蓝色终点停车。给智能体只看一行的 4 个示范，让它学习怎么开车，最后它就可以学出，如果它要在红色的终点位置停车，应该这样开。给智能体看不同的示范，最后它学出来的开车的风格就会不太一样。例如，图 12.9 第二行所示为不守规矩的开车方式，因为它会开到道路之外，并且还会穿过其他的车。所以智能体就会学到一些不符合交通规范的行为，例如不一定要走在道路上，而可以走非道路的地方等。图 12.9 第三行所示为倒退停车，智能体也会学会倒退。

我们也可以用逆强化学习训练机器人，让机器人做一些我们想要它做的动作。过去，如果我们要训练机器人，让它做我们想要它做的动作，其实是比较麻烦的。例如，如果我们要操控机械臂，就需要花很多精力编写程序，这样才能让机械臂做一件很简单的事情。有了逆强化学习技术，我们自身可以做示范，机器人就通过示范来学习。比如，让机器人学会摆盘子，拉着机器人的手臂去摆盘子，机器自己动。再如，让机器人学会倒水，人只教它 20 次，杯子每次放的位置不太一样。

12.3　第三人称视角模仿学习

其实还有很多与训练机器人相关的研究，例如，我们在教机器人做动作的时候，要注意的是也许机器人的视角与我们人类的视角是不太一样的。在上面的例子中，人与机器人的动作是一样的。但是在未来的世界中，也许机器人是看着人的行为学习的。假设我们要让机器人学会打高尔夫球，如果与上面的例子相似，就是人拉着机器人手臂去打高尔夫球，但是在未来机器人看着人打高尔夫球，它可能自己就学会打高尔夫球了。这个时候，要注意的是机器人的视角与它真正去采取这个行为的视角是不一样的。机器人必须了解到当它是第三人称视角的时候，看到另外一个人在打高尔夫球，与它实际上自己去打高尔夫球的视角显然是不一样的。把机器人第三人称视角所观察到的经验泛化到它是第一人称视角的时候所采取的行为，需要用到**第三人称视角模仿学习（third person imitation learning）**技术。

第三人称视角模仿学习技术其实不只用到了模仿学习，它还用到了**领域对抗训练（domain-adversarial training）**。领域对抗训练也是一种生成对抗网络的技术。如图 12.10 所示，有一个特征提取器，有两幅不同领域（domain）的图像，通过特征提取器以后，无法分辨出图像来自哪一个领域。第一人称视角和第三人称视角模仿学习用的技术是一样的，希望学习一个特征提取器，智能体在第三人称的时候与它在第一人称的时候的视角其实是一样的，就是把最重要的特征提取出来就好了。

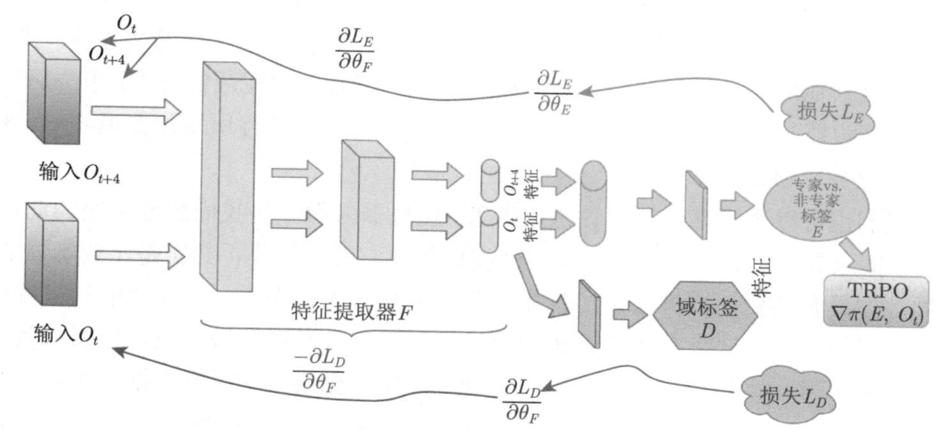

图 12.10 第三人称视角模仿学习框架

12.4 句子生成和聊天机器人

句子生成（sentence generation）或聊天机器人可理解为模仿学习。如图 12.11 所示，机器在模仿人写句子，我们在写句子的时候，将写下的每一个字都想成一个动作，所有的字合起来就是一个回合。例如，在句子生成中，我们会给机器看很多人类写的字。如果要让机器学会写诗，就给它看唐诗三百首。人类写的字其实就是专家的示范。每一个词汇其实就是一个动作。机器做句子生成的时候，就是在模仿专家的轨迹。聊天机器人也是类似的，在聊天机器人中，我们也会收集到很多人交互对话的记录。

如果我们单纯用最大似然（maximum likelihood）来最大化会得到似然，这其实就是行为克隆。行为克隆就是看到一个状态，接下来预测我们会得到什么样的动作，有一个标准答案（ground truth）告诉机器什么样的动作是最好的。在做似然的时候也是一样的，给定句子已经产生的部分，接下来机器要预测写哪一个字才是最好的。所以，其实最大似然在做序列生成（sequence generation）的时候，它对应到模仿学习中就是行为克隆。只有最大似然是不够的，我们想要用序列生成对抗网络（sequence GAN）。其实序列生成对抗网络对应逆强化学习，逆强化学习就是一种生成对抗网络的技术。我们把逆强化学习的技术放在句子生成、聊天机器人中，其实就是序列生成对抗网络与它的种种变形。

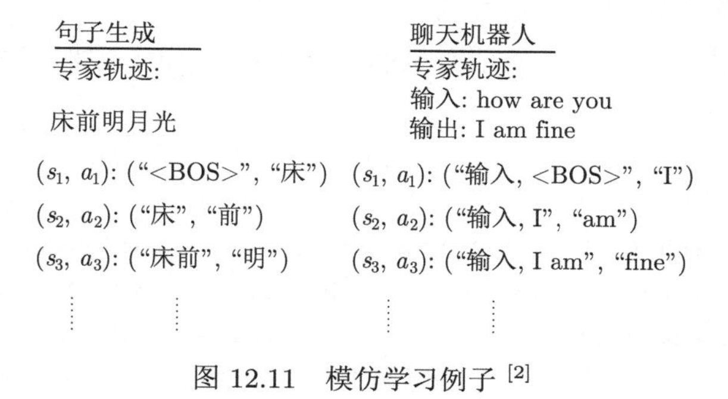

图 12.11 模仿学习例子 [2]

12.5 关键词

模仿学习（imitation learning，IL）：其讨论我们没有奖励或者无法定义奖励但是有与环境进行交互时怎么进行智能体的学习。这与我们平时处理的问题有些类似，因为通常我们无法从环境中得到明确的奖励。模仿学习又被称为示范学习（learning from demonstration）、学徒学习（apprenticeship learning）、观察学习（learning by watching）等。

行为克隆（behavior cloning）：类似于机器学习中的监督学习，通过收集专家的状态与动作等对应信息，来训练我们的网络。在使用时，输入状态就可以输出对应的动作。

数据集聚合（dataset aggregation）：用来应对在行为克隆中专家提供不到数据的情况，其希望收集专家在各种极端状态下的动作。

逆强化学习（inverse reinforcement learning，IRL）：逆强化学习先找出奖励函数，再用强化学习找出最优演员。这么做是因为我们没有环境中的奖励，但是有专家的示范，使用逆强化学习，我们可以推断专家是因为何种奖励函数才会采取这些动作。有了奖励函数以后就可以使用一般的强化学习方法找出最优演员。

第三人称视角模仿学习（third person imitation learning）：一种把第三人称视角所观察到的经验泛化为第一人称视角的经验的技术。

12.6 习题

12-1 具体的模仿学习方法有哪些？

12-2 行为克隆存在哪些问题呢？对应的解决方法有哪些？

12-3 逆强化学习是怎么运行的呢？

12-4 逆强化学习方法与生成对抗网络在图像生成中有什么异曲同工之处？

参考文献

[1] ABBEEL P, DOLGOV D, NG A, et al. Apprenticeship learning for motion planning, with application to parking lot navigation [C]//Proceedings of the IEEE/RSJ International Conference on Intelligent Robots and Systems. IROS, 2008: 1083-1090.

[2] STADIE B C, ABBEEL P, SUTSKEVER I. Third-person imitation learning [C]// International Conference on Learning Representations. ICLR, 2017.

第 13 章 AlphaStar论文解读

13.1 AlphaStar 以及背景简介

相比于之前的深蓝和 AlphaGo，对于《星际争霸 II》等策略对战型游戏，使用 AI 与人类对战的难度更大。比如在《星际争霸 II》中，要想在玩家对战玩家的模式中击败对方，就要学会各种战术，各种“微操”和掌握时机。在游戏中玩家还需要对对方阵容的更新实时地做出正确判断以及行动，甚至要欺骗对方以达到战术目的。总而言之，想要让 AI 上手这款游戏是非常困难的。但是 DeepMind 做到了。

AlphaStar 是 DeepMind 与暴雪使用深度强化学习技术实现的计算机与《星际争霸 II》人类玩家对战的产品，其因为近些年在《星际争霸 II》比赛中打败了职业选手以及 99.8% 的欧服玩家而被人所熟知。北京时间 2019 年 1 月 25 日凌晨 2 点，暴雪公司与 DeepMind 合作研发的 AlphaStar 正式通过直播亮相。按照直播安排，AlphaStar 与两位《星际争霸 II》人类职业选手进行了 5 场比赛对决演示。加上并未在直播中演示的对决，在人类对阵 AlphaStar 的共计 11 场比赛中，人类仅取得了 1 场胜利。DeepMind 也将研究工作发表在了 2019 年 10 月的 *Nature* 杂志上。本章将对这篇论文进行深入的分析，有兴趣的读者可以阅读原文。

13.2 AlphaStar 的模型输入和输出是什么呢？——环境设计

构建深度强化学习模型的第一步就是构建模型的输入和输出，对于《星际争霸 II》复杂的环境，文章第一步就是将游戏的环境抽象成众多独立的数据信息。

13.2.1 状态（网络的输入）

AlphaStar 将《星际争霸 II》的环境状态分为 4 部分，分别为实体（entities）信息、地图（map）信息、玩家数据（player data）信息、游戏统计（game statistics）信息，如图 13.1 所示。

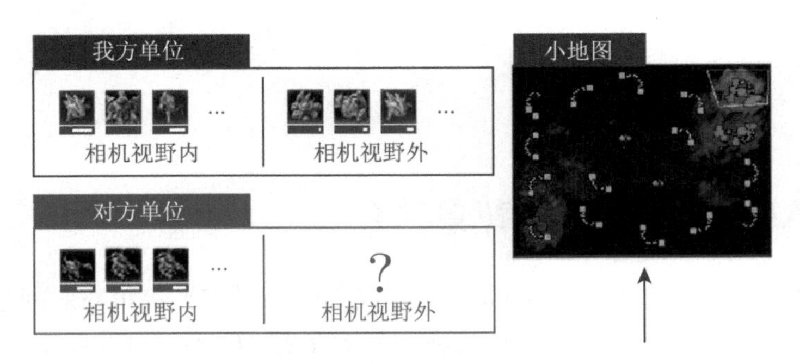

图 13.1 环境状态信息 [1]

第一部分：实体信息，例如当前时刻环境中有什么建筑、兵种等，并且我们将每一个实体的属性信息使用向量表示。例如对于一个建筑，其当前时刻的向量中包含此建筑的血量、等级、位置以及冷却时间等信息。所以对于当前帧的全部实体信息，环境会给神经网络 N 个长度为 K 的向量，分别表示此刻智能体能够看见的 N 个实体的具体信息（向量信息）。

第二部分：地图信息，这部分比较好理解，即将地图中的信息以矩阵的形式输入神经网络中，来表示当前状态全局地图的信息（向量信息或图像信息）。

第三部分：玩家数据信息，也就是当前状态下，玩家的等级和种族等信息（标量信息）。

第四部分：游戏统计信息，视野的位置（小窗口的位置，区别于第二部分的全局地图信息），还有当前游戏的开始时间等信息（标量信息）。

13.2.2 动作（网络的输出）

AlphaStar 的动作信息主要分为 6 个部分，如图 13.2 所示，分别为动作类型（action type）、选中的单元（selected units）、目标（target）、执行动作的队列（queue）、是否重复（repeat）以及延时（delay），各个部分间是有关联的。

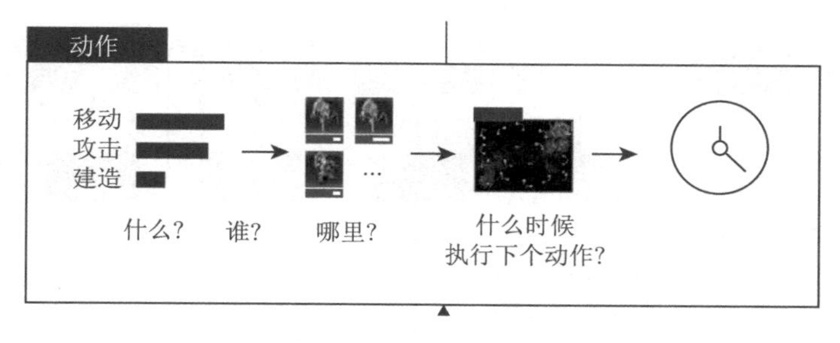

图 13.2 动作信息 [1]

第一部分：动作类型，即下一次要进行的动作的类型是移动小兵、升级建筑还是移动小窗口的位置等。

第二部分：选中的单元，承接第一部分，例如我们要进行的动作类型是移动小兵，那么我们就应该选择具体移动哪一个小兵。

第三部分：目标，承接第二部分，我们移动小兵 A 后，是要去地图的某一个位置还是去攻击对手的哪一个目标等，即选择目的地或攻击的对象。

第四部分：执行动作的队列，即是否立即执行动作，对于小兵 A，是到达目的地后直接进行攻击还是原地待命。

第五部分：是否重复，如果需要小兵 A 持续攻击，那么就不需要再通过网络计算得到下一个动作，直接重复上一个动作即可。

第六部分：延时，即等候多久后再接收网络的输入，可以理解为一个操作的延迟。

13.3 AlphaStar 的计算模型是什么呢？——网络结构

我们在 13.2 节说明了 AlphaStar 网络的输入和输出，即状态和动作，那么从状态怎么得到动作呢？这里我们先给出其网络结构的总览，如图 13.3 所示，后面对此详细讨论。

13.3.1 输入部分

从图 13.4 中的红框可以看出，模型的输入部分主要有 3 个部分：标量特征（scalar features），例如前面描述的玩家等级以及小窗口的位置等信息；实体（entities），是向量，即前面所叙述的一个建筑或一个小兵的当前所有的属性信息；小地图（minimap），即图像数据。

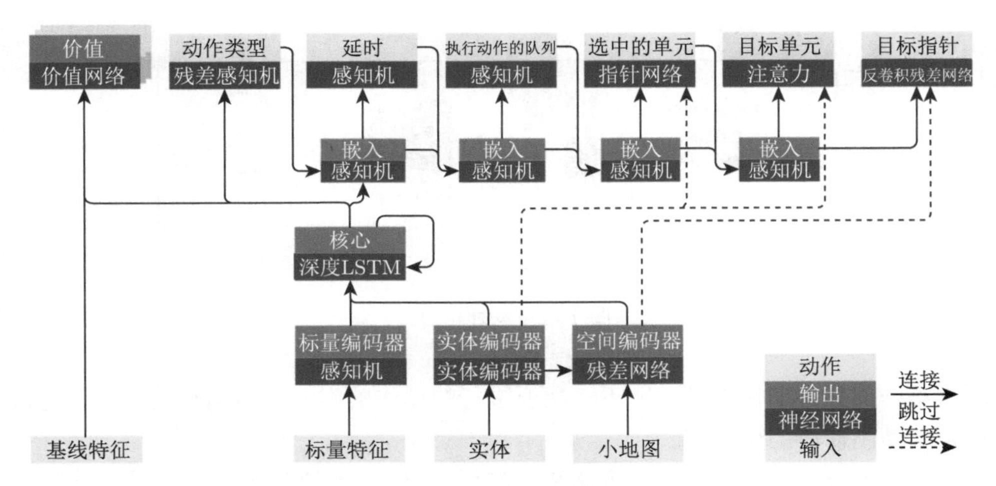

图 13.3 AlphaStar 网络结构总览 [1]

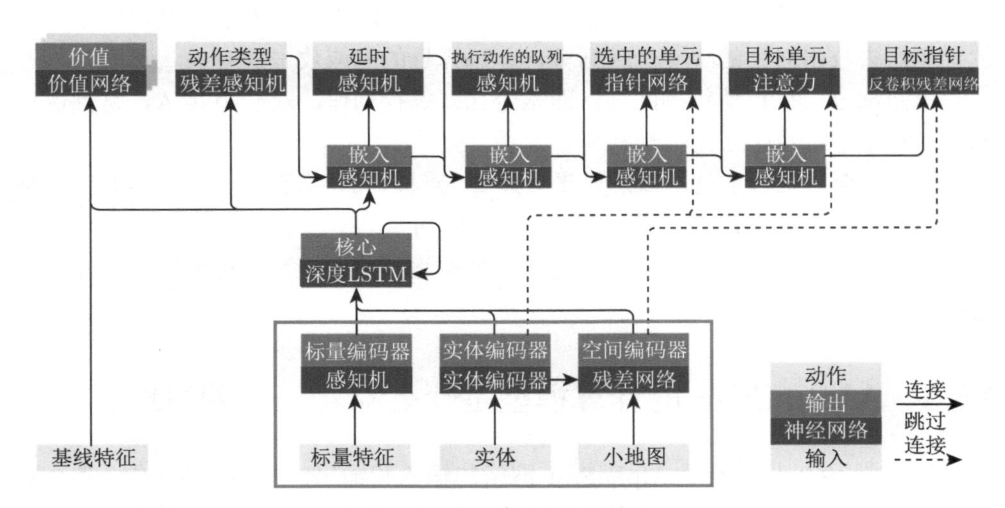

图 13.4 AlphaStar 网络结构输入部分 [1]

- 对于标量特征，使用多层感知机（multilayer perceptron，MLP），就可以得到对应的向量，可以认为是一个嵌入过程。
- 对于实体，使用自然语言处理中常用的 Transformer 架构作为编码器（encoder）。
- 对于小地图，使用图像中常用的残差网络（residual network，ResNet）架构作为编码器，得到一个定长的向量。

13.3.2 中间过程

中间过程比较简单，即通过一个深度长短期记忆网络模块融合 3 种当前状态下的嵌入并进行下一时刻的输出，如图 13.5 所示，并且将该输出分别送入价值网络（value network）、残差多层感知机（residual MLP）以及动作类型的后续的多层感知机中。

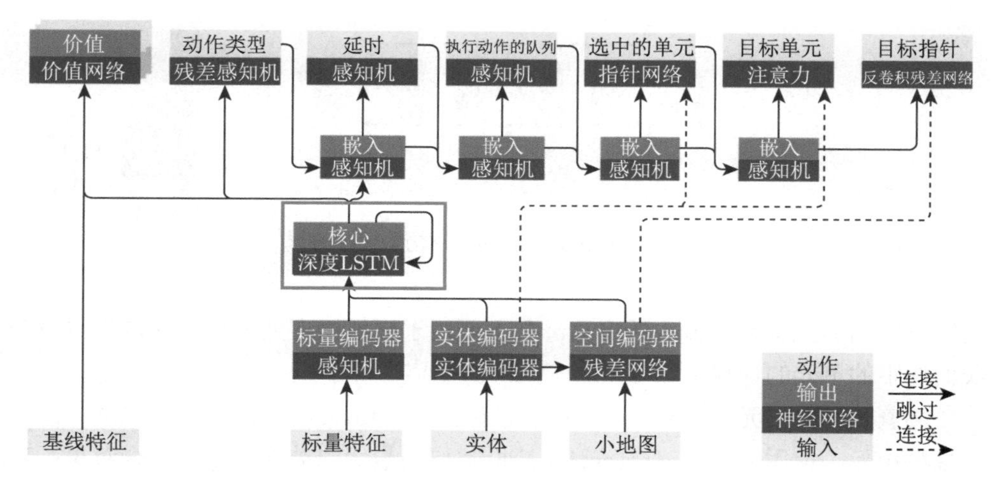

图 13.5 AlphaStar 网络结构中的深度长短期记忆网络模块 [1]

13.3.3 输出部分

正如前面介绍的，输出的动作是前后相关联的，如图 13.6 所示，我们按照顺序一一介绍。

首先是动作类型：使用深度长短期记忆网络的嵌入向量作为输入，使用残差多层感知机得到动作类型的 softmax 激活函数的输出结果，并将其传给下一个子模型进行嵌入。

然后是延时：将动作类型嵌入的结果以及深度长短期记忆网络的结果一起输入多层感知机后得到结果，并传给下一个子模型进行嵌入。

接下来是执行动作的队列：将延时的结果以及嵌入的结果一起输入多层感知机后得到结果，并传给下一个子模型进行嵌入。

然后是选中的单元：将队列的结果、嵌入的结果以及实体编码后的全部结果（非平均的结果）一起送入指针网络（pointer network）中得到结果，并传给下一个子模型进行嵌入。这里的指针网络的输入是一个序列，输出是另外一个序列，并

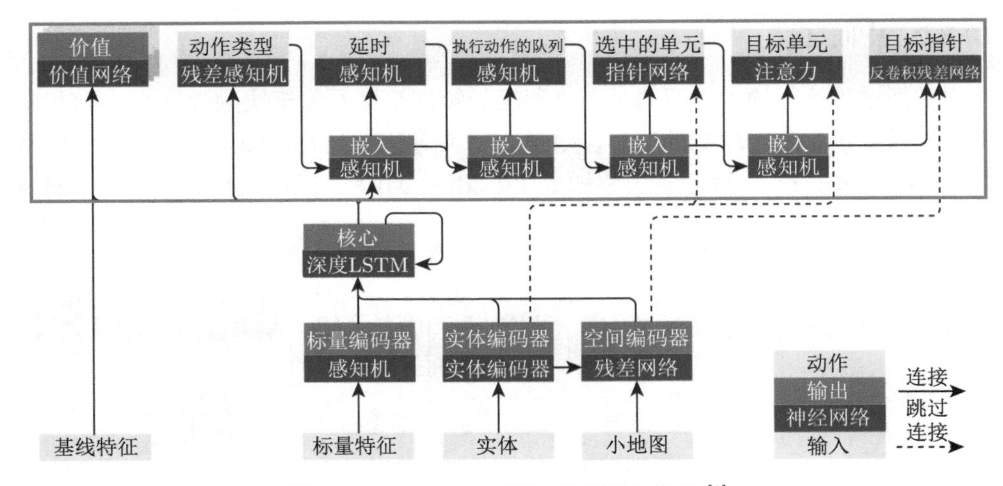

图 13.6 AlphaStar 网络结构输出部分 [1]

且输出序列的元素来自输入的序列。其主要用于自然语言处理中，在这里很适合我们选中的单元的计算。

接着是目标单元（target unit）和目标指针（target point）两者二选一，对于目标单元，使用注意力（attention）机制得到最优的动作作用的一个对象；对于目标区域，使用反卷积残差网络，将嵌入的向量反卷积为地图的大小，从而执行目标移动到某一点的对应动作。

13.4 庞大的 AlphaStar 如何训练呢？——学习算法

对于上面复杂的模型，AlphaStar 究竟如何进行训练呢？总结下来一共分为 4 个部分，即监督学习（主要是解决训练的初始化问题）、强化学习、模仿学习（配合强化学习）以及多智能体学习或自学习（面向对战的具体问题），下面我们一一分析。

13.4.1 监督学习

在训练一开始，AlphaStar 首先使用监督学习即利用人类的数据进行比较好的初始化。模型的输入是收集到的人类的对局数据，输出是训练好的神经网络。具体的做法是，对于收集到的人类对局数据，即对于每一个时刻解码游戏的状态，将每一时刻的状态送入网络中得到每一个动作的概率分布，最终计算模型的输出以及人类对局数据的 KL 散度，并以 KL 散度进行网络的优化，其中在 KL 散度中需要使用不同的损失函数。例如，动作类型的损失，即分类问题的损失就需要使用交叉熵。而对于目标定位等类似的回归问题就需要计算均方误差。当然还有一些细节，大家可以自行阅读论文。总之，经过监督学习，模型输出的概率分布就可以与人类玩家输出的概率分布类似。

13.4.2 强化学习

这里的目标就是通过优化策略使得期望的奖励最大，即

$$J(\pi_\theta) = \mathbb{E}_{\pi_\theta} \sum_{t=0} R(s_t, a_t) \tag{13.1}$$

但 AlphaStar 的训练模型使用非采样模型，即免策略的模型，这是因为其使用的架构为类似于 IMPALA 的架构，即演员负责与环境交互并采样，学习者负责优化网络并更新参数，而演员和学习者通常是异步进行计算的，并且由于前面介绍的输出动作的类型空间复杂，因此导致价值函数的拟合比较困难。

AlphaStar 利用以下的方式进行强化学习模型的构建。

（1）首先是采取经典的演员-评论员（actor-critic）结构，使用策略网络给出当前状态下的智能体的动作，即计算 $\pi(a_t|s_t)$，使用价值网络计算当前状态下的智能体的期望奖励，即计算 $V(s_t) = \mathbb{E}\sum_{t'=t} r_{t'} = \mathbb{E}_{a_t}[R(s_t, a_t) + V(s_{t+1})]$。具体的计算方法是：对于当前的状态 s，计算当前动作 a 相对于“平均动作”所能额外获得的奖励。

$$A(s_t, a_t) = [R(s_t, a_t) + V(s_{t+1})] - V(s_t) \tag{13.2}$$

式 (13.2) 即当前动作的预期奖励减去当前状态的预期奖励。在 AlphaStar 中，向上移动的策略更新（upgoing policy update，UPGO）也得到了应用，向上移动的策略更新使用一个迭代变量 G_t 来取代原来的动作的预期奖励 $R(s_t, a_t)+V(s_{t+1})$，即把未来乐观的信息纳入额外奖励中，式 (13.2) 可改写为

$$A(s_t, a_t) = G_t - V(s_t) \tag{13.3}$$

其中，

$$G_t = \begin{cases} r_t + G_{t+1} & ,\text{如果} Q(s_{s+1}, a_{t+1}) \geqslant V(s_{t+1}) \\ r_t + V(s_{t+1}) & ,\text{否则} \end{cases}$$

（2）基于上面计算得到的动作，更新策略梯度，即 $\nabla_\theta J = A(s_t, a_t)\nabla_\theta \log \pi_\theta(a_t|s_t)$。我们在前面介绍了，如果基于 π_θ 的分布不好求解，或者说学习策略 π_θ 与采集策略 π_μ 不同，我们需要使用重要性采样，即 $\nabla_\theta J = \mathbb{E}_{\pi_\mu} \frac{\pi_\theta(a_t|s_t)}{\pi_\mu(a_t|s_t)} A_{\pi_\theta}(s_t, a_t)\nabla_\theta \log \pi_\theta(a_t|s_t)$。当然我们还需防止 $\frac{\pi_\theta(a_t|s_t)}{\pi_\mu(a_t|s_t)}$ 出现无穷大的情况，我们需要使用 V-trace 限制重要性系数。这也是用于免策略的一个更新方法，在 IMPALA 论文中的 4.1 节有所体现。即将重要性系数的最大值限制为 1，公式如下。

$$\nabla_\theta J = \mathbb{E}_{\pi_\mu} \rho_t A_{\pi_\theta}(s_t, a_t)\nabla_\theta \log \pi_\theta(a_t|s_t) \tag{13.4}$$

其中，

$$\rho_t = \min\left(\frac{\pi_\theta(a_t|s_t)}{\pi_\mu(a_t|s_t)}, 1\right)$$

（3）利用时序差分（λ）来优化价值网络，并同时输入对手的数据。对于我们的价值函数

$$V_{\pi_\theta}(s_t) = \mathbb{E}_{\pi_\theta} \sum_{t'=t} \gamma^{t'-t} R(s_t, a_t) = \mathbb{E}_{a_t \sim \pi_\theta(\cdot|s_t)}[R(s_t, a_t) + \gamma V(s_{t+1})]$$

可以使用时序差分方法计算均方误差损失，有如下几种。

- TD(0)，表达式为 $L = [(r_t + \gamma V_{t+1}) - V_t]^2$，即当前步（step）的信息，有偏小的方差存在。
- TD(1)，即蒙特卡洛方法，表达式为 $L = [(\sum_{t'=t}^{\infty} \gamma^{t'-t} r_{t'}) - V_t]^2$，即未来无穷步的信息，无偏大方差。
- TD(λ)，即以上两个方法的加权平均。平衡当前步、下一步到无穷步后的结果。
  - 已知对于 $\lambda \in (0,1)$，$(1-\lambda) + (1-\lambda)\lambda + (1-\lambda)\lambda^2 + ... = 1$。
  - $r_t = \lim_{T\to\infty}(1-\lambda)(r_t + V_{t+1}) + (1-\lambda)\lambda(r_t + \gamma r_{t+1} + \gamma^2 V_{t+2}) + ...$。

13.4.3 模仿学习

模仿学习额外引入了监督学习损失以及人类的统计量 Z，即对于建造顺序（build order）、建造单元（build unit）、升级（upgrade）、技能（effect）等信息进行奖励，并将统计量 Z 输入策略网络和价值网络。另外，AlphaStar 对于人类数据的利用还体现在前面介绍的使用监督学习进行网络的预训练工作中。

13.4.4 多智能体学习/自学习

自学习在 AlphaGo 中得到了应用。自学习通俗讲就是自己和自己玩，自己和自己对战。AlphaStar 对此进行了一些更新，即有优先级的虚拟自学习策略。虚拟自学习就是在训练过程中，每隔一段时间就进行存档，并随机均匀地从存档中选出对手与正在训练的智能体对战。而有优先级的虚拟自学习指的是优先挑选常能打败智能体的对手进行训练对战，评判指标就是概率。在 AlphaStar 中，其训练的智能体分为 3 种：主智能体（main agent）、联盟利用者（league exploiter）和主利用者（main exploiter）。

主智能体：正在训练的智能体及其祖先。其有 0.5 的概率从联盟中的所有对手中挑选对手，使用有优先级的虚拟自学习策略，即能打败智能体的概率高，不能打败智能体的概率低。有 0.35 的概率与自己对战，有 0.15 的概率与能打败智能体的联盟利用者或者先前的智能体对战。

联盟利用者：能打败联盟中的所有智能体。其按照有优先级的虚拟自学习策略计算的概率与全联盟的对手训练，在以 0.7 的胜率打败所有的智能体或者距离上次存档 2×10^9 步后就保存策略，并且在存档的时候，有 0.25 概率把场上的联盟利用者的策略重设成监督学习初始化的策略。

主利用者：能打败训练中的所有智能体。在训练的过程中，随机从 3 个智能体中挑选 1 个主智能体，如果可以以高于 0.1 的概率打败该智能体就与其进行训练，如果不能就从之前的主智能体中再挑选对手。当以 0.7 的胜率打败全部 3 个正在学习的主智能体时，或者距上次存档 4×10^9 步之后就保存策略，并且进行重设初始化策略的操作。

它们的区别在于：如何选取训练过程中对战的对手；在什么情况下存档（snapshot）现在的策略；以多大的概率将策略参数重设为监督学习给出的初始化参数。

13.5 AlphaStar 实验结果如何呢？——实验结果

13.5.1 宏观结果

图 13.7（a）为训练后的智能体与人类对战的结果（天梯图）。具体地，刚刚结束监督学习后的 AlphaStar 可以达到“钻石”级别，而训练到一半（20 天）以及训练完结（40 天）的 AlphaStar 可以达到“大师”级别。这也表明 AlphaStar 已经可以击败绝大多数的普通玩家。

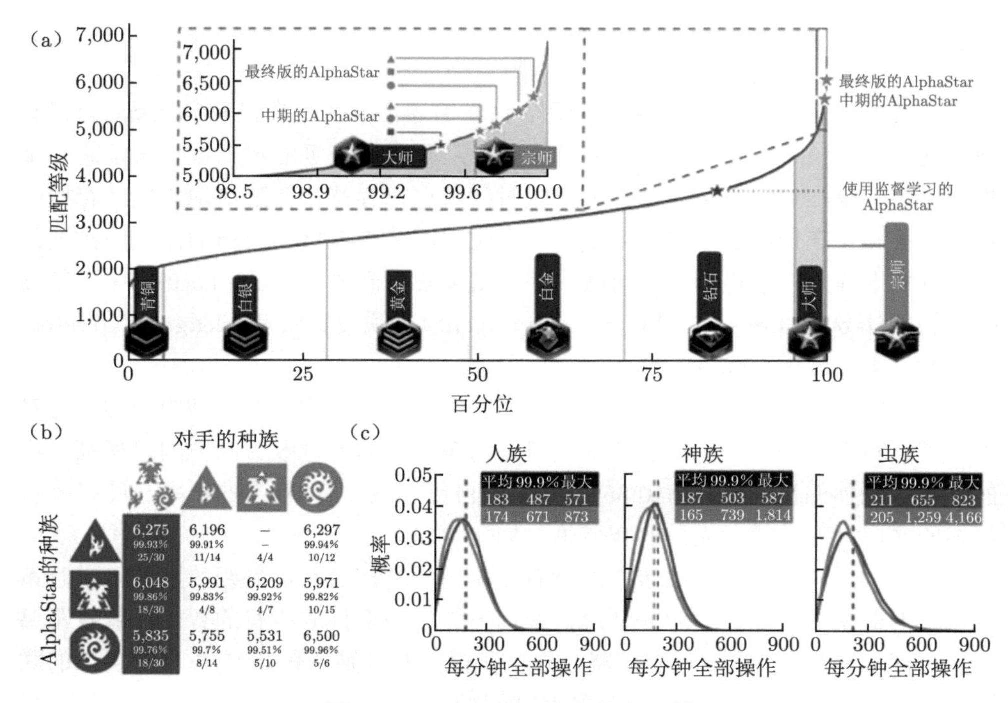

图 13.7 AlphaStar 的实验结果 [1]

图 13.7（b）为不同种族间对战的胜率。

图 13.7（c）为《星际争霸 II》报告的每分钟有效行动分布情况，其中蓝色为 AlphaStar 最终的结果，红色为人类选手的结果，虚线表示平均值。

13.5.2 其他实验（消融实验）

AlphaStar 的论文中也使用了消融实验，即控制变量法，来进一步分析每一个约束条件对于对战结果的影响。下面举一个特别的例子。

图 13.8 所示为人类对局数据的使用情况。可以看出在没有人类对局数据的情况下，数值仅仅为 149，但是只要经过了简单的监督学习，对应的数值就可以达到 936，当然使用人类初始化后的强化学习可以达到更好的效果，利用强化学习加监督学习的 KL 散度可以达到接近于完整的利用人类统计量 Z 的效果。由此我们可以分析出，AlphaStar 中人类对局数据对于整个模型的表现是很重要的，其并没有完全像 AlphaGo 一样，存在可以不使用人类数据进行训练的情况。

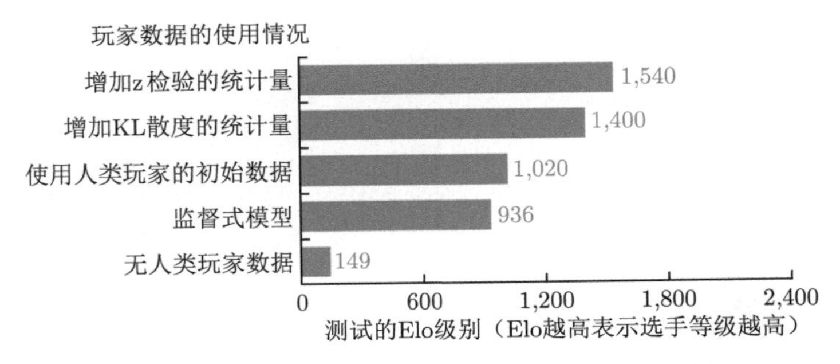

图 13.8 AlphaStar 中人类对局数据使用情况 [1]

13.6 关于 AlphaStar 的总结

关于 AlphaStar 的总结如下。

（1）AlphaStar 设计了一个高度可融合图像、文本、标量等信息的神经网络架构，并且对于网络设计使用了自回归（autoregressive）技巧，从而解耦了结构化的动作空间。

（2）其融合了模仿学习和监督学习的内容，例如人类统计量 Z 的计算方法。

（3）其拥有复杂的深度强化学习方法以及超复杂的训练策略。

（4）其完整模型的端到端训练过程需要大量的计算资源。对于此，原文表述如下：每个智能体使用 32 个第三代张量处理单元（tensor processing unit，TPU）进行了 44 天的训练；在训练期间，创建了近 900 个不同的游戏玩家。

参考文献

[1] VINYALS O, BABUSCHKIN I, CZARNECKI W M, et al. Grandmaster level in starcraft ii using multi-agent reinforcement learning [J]. Nature, 2019, 575(7782): 350-354.